本书研究获国家现代农业（柑橘）产业技术体系建设专项经费资助

聚焦三农：农业与农村经济发展系列研究（典藏版）

园艺经济研究

（第1辑）

祁春节 等　编著

科学出版社

北　京

内 容 简 介

众所周知，园艺产业是我国在加入世界贸易组织（WTO）后具有比较优势的产业，大力发展园艺产品出口、提高园艺产业的国际竞争力对我国具有重要的现实意义。自加入WTO后，如何应对WTO挑战、提升中国园艺产品竞争力，是近些年来我们研究的重点课题。

《园艺经济研究（第1辑）》是华中农业大学园艺经济研究所学术研究报告或论文选集。该书涉及中国柑橘核心竞争力问题、中美柑橘产业资源配置比较问题、中国主要热带水果竞争力问题、中国蔬菜供需平衡问题以及园艺产品出口问题等多个研究领域。从生产与消费、市场与出口、制度与政策等方面分析了中国园艺产品在世界舞台上的竞争地位与未来前景，着重分析了影响我国园艺产品竞争力的障碍因素和国内外形势，并为提高中国园艺产品竞争力提出了相应的政策与措施。

本书可供有关研究机构的专业研究人员和高等院校有关专业的师生参阅，也可供政府有关管理部门干部、涉农企业的主管、从事农产品出口贸易经营管理者等参考。

图书在版编目（CIP）数据

园艺经济研究. 第1辑／祁春节等编著. —北京：科学出版社，2010
（2017.3 重印）

（聚焦三农：农业与农村经济发展系列研究：典藏版）

ISBN 978-7-03-027468-7

Ⅰ.①园… Ⅱ.①祁… Ⅲ.①园艺作物－作物经济－研究－中国
Ⅳ.①F326.13

中国版本图书馆 CIP 数据核字（2010）第 081539 号

责任编辑：林　剑／责任校对：刘小梅
责任印制：钱玉芬／封面设计：王　浩

科学出版社 出版

北京东黄城根北街 16 号
邮政编码：100717
http://www.sciencep.com

北京京华虎彩印刷有限公司 印刷
科学出版社发行　各地新华书店经销

*

2010 年 5 月第　一　版　　开本：B5（720×1000）
2010 年 5 月第一次印刷　　印张：20
2017 年 3 月印　　刷　　字数：381 000

定价：118.00 元

（如有印装质量问题，我社负责调换）

总　序

农业是国民经济中最重要的产业部门，其经济管理问题错综复杂。农业经济管理学科肩负着研究农业经济管理发展规律并寻求解决方略的责任和使命，在众多的学科中具有相对独立而特殊的作用和地位。

华中农业大学农业经济管理学科是国家重点学科，挂靠在华中农业大学经济管理学院和土地管理学院。长期以来，学科点坚持以学科建设为龙头，以人才培养为根本，以科学研究和服务于农业经济发展为己任，紧紧围绕农民、农业和农村发展中出现的重点、热点和难点问题开展理论与实践研究，21 世纪以来，先后承担完成国家自然科学基金项目 23 项，国家哲学社会科学基金项目 23 项，产出了一大批优秀的研究成果，获得省部级以上优秀科研成果奖励 35 项，丰富了我国农业经济理论，并为农业和农村经济发展作出了贡献。

近年来，学科点加大了资源整合力度，进一步凝练了学科方向，集中围绕"农业经济理论与政策"、"农产品贸易与营销"、"土地资源与经济"和"农业产业与农村发展"等研究领域开展了系统和深入的研究，尤其是将农业经济理论与农民、农业和农村实际紧密联系，开展跨学科交叉研究。依托挂靠在经济管理学院和土地管理学院的国家现代农业柑橘产业技术体系产业经济功能研究室、国家现代农业油菜产业技术体系产业经济功能研究室、国家现代农业大宗蔬菜产业技术体系产业经济功能研究室和国家现代农业食用菌产业技术体系产业经济功能研究室等四个国家现代农业产业技术体系产业经济功能研究室，形成了较为稳定的产业经济研究团队和研究特色。

为了更好地总结和展示我们在农业经济管理领域的研究成果，出版了这套农业经济管理国家重点学科《农业与农村经济发展系列研究》丛书。丛书当中既包含宏观经济政策分析的研究，也包含产业、企业、市场和区域等微观层面的研究。其中，一部分是国家自然科学基金和国家哲学社会科学基金项目的结题成果，一部分是区域经济或产业经济发展的研究报告，还有一部分是青年学者的理论探索，每一本著作都倾注了作者的心血。

本丛书的出版，一是希望能为本学科的发展奉献一份绵薄之力；二是希望求教于农业经济管理学科同行，以使本学科的研究更加规范；三是对作者辛勤工作的肯定，同时也是对关心和支持本学科发展的各级领导和同行的感谢。

李崇光

2010 年 4 月

前　言

20世纪90年代以来，我国园艺产业发展迅速，在农业和农村经济发展中的地位和作用越来越突出。水果、蔬菜、花卉等园艺产业种植规模不断扩大，经济效益不断提高，出口竞争力稳中有升。园艺产业已成为我国农业经济的一个十分重要的产业部门，为农业经济的发展作出了重大贡献。园艺产品属劳动密集型产品，在今后相当长的一段时期内，我国的园艺产品在国际市场上具有明显的价格竞争优势，进一步扩大园艺产品出口大有希望和潜力。扩大园艺产品出口对农业结构调整、农民增收、农村劳动力就业、农产品出口结构改善等都具有重要意义。

长期以来，华中农业大学园艺经济研究所将园艺产品或产业经济作为主要研究对象，相继完成了多篇学术论文和专著，取得了一系列主要研究成果。其中最为代表的是《中国柑橘产业经济分析与政策研究》和《中国园艺产业国际竞争力的实证研究》这两本专著，分别获得了第二届中国农村发展研究奖专著提名奖（2006年）和高等学校科学研究优秀成果奖（人文社会科学—经济学）著作类三等奖（2009年）。这些成果的取得，与我们所做出的艰辛努力是分不开的；同时，也显示了我们在这一领域所形成的研究特色。

本书是在园艺经济研究所部分科研成果和论文的基础上修改、补充、加工而成。全文分五个部分。

第一部分中国柑橘核心竞争力分析研究（撰写人邓秀新、祁春节），全文系统研究了我国柑橘生产、贸易与消费的现状与特征，对柑橘及其加工品的国际竞争力进行实证分析，并研究制订提高我国柑橘核心（技术）竞争力的科技行动方案。

第二部分中美柑橘产业资源配置的比较研究（撰写人成维），全文通过建立中美柑橘生产函数模型，分析并测算中美两国柑橘产业的技术进步率与贡献率、生产要素最优配置结构，并对两国柑橘产业的资源配置状况进行了比较分析，为调整中国柑橘生产要素配置结构提供了依据。

第三部分中国主要热带水果竞争力研究（撰写人祁春节），全文采用进出口竞争力指数、国际市场占有率和显示性比较优势系数作为评价国际竞争力的指标。分别对香蕉、菠萝、荔枝、龙眼等热带水果国际竞争力进行实证分析。并就提高热带水果国际竞争力、扩大出口所面临的问题及障碍因素进行剖析，最后提出了"入世"后提升热带水果国际竞争力、扩大热带水果出口的宏观战略、政策措施及对策建议。

第四部分中国蔬菜生产、消费与贸易研究——一个供求平衡的计量经济分析框架（撰写人汪晓银），全文系统地介绍了我国蔬菜生产、消费、进出口贸易情况，预测了未来我国蔬菜产业的供需缺口，并对蔬菜产业的供需平衡和稳定发展提供了政策与建议。

第五部分推进我国园艺产品出口的对策研究（撰写人祁春节），全文在分析全球园艺产品进出口贸易和我国园艺产品出口贸易现状的基础上，通过对我国园艺产品的出口竞争力的计算，指出了影响我国园艺产品出口的若干因素，最后提出了针对性的对策与建议。

本书研究成果中的经济建模方法有一定的特色，值得借鉴。结合经济数据适当地运用了主成分分析、典型相关分析、回归分析、灰色系统、模糊数学等多种数学方法，丰富了农业经济领域的研究手段。

《园艺经济研究（第1辑）》作为园艺经济研究所科研工作的组成部分，凝结了全所科研人员的辛勤汗水与智慧。今后我们将不定期把我们在园艺经济领域的研究成果结集出版，形成系列特色文集，这对总结我们的科研工作、交流相关学术观点、提供政策决策咨询将发挥积极的作用。

本书数据主要来源于 FAO（联合国粮食及农业组织）数据库、联合国贸易数据库、中国农业统计资料、中国统计年鉴、中国海关统计年鉴、农产品成本收益资料汇编等。为能紧跟时代脚步，我们组织科研人员，历时一年，前后查阅了近万个数据，并利用 SAS、MATLAB、EVIEWS 等软件进行了模型的重新建立和数据的重新计算。在数据收集与处理上，在内容对照数据的更新上，在研究结论的重新解释上，都凝结着本书编写人员日日夜夜的汗水和心血。参加数据收集与计算的人员有汪秀清、龚梦、高峰、成峰、周林、朱晓明、潘茹、孙鹏、陈珍珍、王丹、腰晓程等，他们付出了艰辛的努力，在此深表谢意！

在本书写作过程中，得到了华中农业大学科技处、研究生处、经济管理学院和理学院的大力支持，得到了很多同仁和朋友的支持和帮助。本书的出版得到了华中农业大学国家重点学科农业经济管理建设经费资助和国家现代农业（柑橘）产业技术体系建设专项经费的资助。另外，我们在写作过程参考了大量的文献资料，在此对文献的作者一并表示感谢。

尽管我们作了不懈努力，但由于研究水平有限，书中难免存在不足，恳请同行专家和广大读者不吝赐教，提出批评意见和改进建议。我们的电子邮箱是cnyyjj@126.com。

编著者

2009 年 12 月 8 日

于华中农业大学园艺经济研究所

目　录

总序

前言

第一部分　中国柑橘核心竞争力分析研究

第二部分 中美柑橘产业资源配置的比较研究

第三部分　中国主要热带水果竞争力研究

第四部分　中国蔬菜生产、消费与贸易研究
——一个供求平衡的计量经济分析框架

第五部分 推进我国园艺产品出口的对策研究

第一部分 中国柑橘核心竞争力分析研究

加入世界贸易组织，给我国带来了新的发展机遇，也使我国柑橘面临着前所未有的严峻挑战。进口柑橘增加对我国柑橘的冲击不可低估，同时我国柑橘出口形势也不容乐观。

本部分在对世界柑橘生产、贸易、消费及其发展趋势这一背景分析的基础上，首先对我国柑橘生产、贸易与消费的现状与特征进行研究，对构成我国主要柑橘市场竞争力的影响因素进行国内外比较分析，对柑橘及其加工品的国际竞争力进行实证分析，以此为基础提出提高我国柑橘市场竞争力的科技需求；然后就我国柑橘核心（技术）竞争力的现状进行剖析，并研究制订提高我国柑橘核心（技术）竞争力的科技行动方案；最后提出提升我国柑橘核心（技术）竞争力对策与建议。

结果表明全球柑橘种植面积和总产量不断提高，柑橘加工品的产量稳步增长并且其比例不断提高，但未来十年的增长率将低于前十年的增长率。全球的总消费量和人均消费量在不断增长，但增长幅度呈下降趋势，柑橘加工品的消费量和人均消费量增长缓慢。柑橘贸易供求关系基本平衡，价格基本稳定，但加工品质量不容乐观。

我国的生产情况和全球的情况增长趋势大致相同。但我国消费的首要特征是鲜果，加工品消费很少。除此之外我国消费存在在明显的城乡差异。

我国柑橘产品在国际竞争力方面有自己的优势如我国柑橘成本较低，从而价格较低。但劣势也显而易见，如我国柑橘质量状况是"好的不多，多的不好"，与世界柑橘生产新近国家相比还存在较大的差距；中国柑橘生产的土地生产率低于世界平均水平，具体表现为单产水平较低；品种类型及其比例不适应市场的需要，缺乏适于加工的品种；中国的柑橘生产经营方式落后，导致生产要素使用效率低和经营管理相对粗放；柑橘加工业落后，产业链条短。

但当今的竞争已由原来的价格战转化为科技技术战，谁掌握了先进的生产技术，谁就能在国际市场上占据领先地位。本部分专门用一节的内容来描述国际柑橘科技的特点和动向。

本部分最后研究和制定了提高我国柑橘核心（技术）竞争力的科技行动方案。

第1章
中国柑橘核心竞争力研究的意义

1.1 研究背景分析

在我国加入世界贸易组织（WTO）后，我国的柑橘进出口保持了较好的增长势头，进口没有出现预期的大幅度增长，没有对柑橘生产造成大的冲击；但是，挑战与威胁依然存在，不可麻痹大意、掉以轻心。加入WTO，给我国柑橘产业带来了新的发展机遇，也使我国柑橘产业面临着前所未有的严峻挑战。进口柑橘的增加对我国柑橘的冲击不可低估，同时我国柑橘出口形势也不容乐观。如果不能抵御进口柑橘的冲击，扩大柑橘的出口，势必加剧国内柑橘的"卖难"，影响柑橘发展、农民增收和农村就业乃至国民经济发展的大局。要在国内、国际两个市场的激烈竞争中取得主动权，在加入WTO后的新形势下继续保持柑橘产业的稳定发展，最根本、最关键的是要提高我国柑橘的国际竞争力。

国际市场上柑橘竞争的核心是比较优势的竞争，科技进步是提高比较优势和国际竞争力的决定因素。我国是柑橘生产大国，柑橘资源丰富，柑橘生产具有多方面的优势，在国际竞争中的回旋余地较大。充分发挥比较优势，实施扶优扶强的非均衡发展战略，重点培育优势柑橘和优势产区，是尽快提高我国柑橘的国际竞争力和生产力水平，促进新阶段柑橘产业发展的战略措施。为此，农业部制订了《优势柑橘区域布局规划》，于2003年开始实施。在此背景下进行"提高柑橘核心竞争力研究"立项研究，意义重大。

目前，世界柑橘产品的竞争，正在从以往的价格竞争为主，转变为质量、技术含量为主的全方位竞争。21世纪柑橘产品质量的竞争，核心是良种的竞争，谁拥有良种和先进技术，谁就能掌握质量竞争的主动权。世界农业发达国家将依靠丰富的资源、雄厚的资本、产业化的经营方式所生产的质优价廉的产品来不断抢占国际市场，向发展中国家渗透。我国柑橘及其加工品在国际市场上能否经受住考验，最关键是要看我国柑橘产业的竞争力。农业技术创新能够创造出新优势，提高竞争力的源泉是农业技术创新。

基于上述背景，本项研究的目的是：在国际、国内两个市场背景下，结合加入WTO后出现的新情况，分析我国重要柑橘生产和贸易的优势和劣势；从国内外生产技术水平的对比入手，结合我国柑橘优势区域布局，弄清当前影响我国柑橘国际竞争力的主要技术因素，提出增强我国柑橘市场竞争力的主攻方向、核心技术以及技术策略，并提出培育我国柑橘核心竞争力的具体措施和对策建议。

1.2　柑橘及其商品的特殊性

通常所说的柑橘不仅是分别指"柑"和"橘"两类植物，而且是一定植物分类群的总称。其中具有商业意义的主要是柑橘属，该属品种繁多，主要有甜橙、酸橙、橘、柑、柚、葡萄柚和柠檬等。一般认为柑橘或柑橘属水果包括甜橙、宽皮橘、柠檬或酸橙、柚（文旦）和葡萄柚及其他柑橘五类。与大宗农产品如稻谷、小麦、玉米、大豆、棉花不同，柑橘在生产、储运和消费过程中都有自身的特点。

1.2.1　柑橘品种复杂，果实具有多样性

柑橘是指芸香科植物中以生产果实为主的柑橘属，金橘属和作为砧木用的枳属，主要有甜橙、酸橙、橘、柑、柚、葡萄柚和柠檬等。

1）甜橙，果实圆至长圆形，果皮平滑柔韧，果肉不易剥离，瓣瓣紧粘，果肉柔软多汁，优良品种的果实中种子少或无，著名的品种有伏令夏橙、新会甜橙、锦橙、雪橙、暗柳橙、香水橙、华盛顿脐橙、朋娜脐橙、纽荷尔脐橙等。橙类中有部分品种含苦味成分很低，适合加工果汁，是柑橘汁的主要原料品种，世界柑橘产量的约 2/3 是甜橙，而甜橙的 2/3 又是用于加工果汁。

2）酸橙，主要作砧木用，果实很酸不宜食用，幼果可入药，部分品种果实可用于加工果汁。

3）宽皮柑橘，是柑橘属中分布广、抗寒性较强的果树，由于果皮与囊瓣易剥离，而俗称宽皮橘。著名的品种有椪柑、温州蜜柑、南丰蜜橘等；国外把一些甜橙和宽皮橘产生的杂种（杂柑）也放在这一类中，因为可以比较容易剥皮。宽皮橘耐储藏性不如甜橙和柚子，一般储藏时间不超过 3 个月。宽皮橘是加工罐头的主要原料品种，主要是因为橘瓣为半圆形，色泽橙红色，不太适合加工果汁，日本等国开发宽皮橘果汁主要用于与其他果汁勾兑。

4）柠檬，柠檬耐寒性最差，有霜冻的地方不宜种植。柠檬具特殊的香味和含酸量较高，在温暖的地区具有四季开花结果的习性，鲜果可作饮料，果皮可提取香精油，著名的品种有尤力克、里斯本等。柠檬果实消费主要是作饮料配料或佐料，或者用于加工果汁和香精油。

5）柚，树高大，叶、花和果实均大，优良品种有沙田柚、金兰柚、文县柚、

梁柚、安江香柚、四季柚等。

6）葡萄柚，在美国栽培较多，在我国四川、广东、福建、台湾等地有少量栽培，果可鲜食或制果汁用，主要品种有马叙、邓肯等。

不同的品种，柑橘果实在大小、形状、色泽（好看）、口感、养分含量等方面的个体差别很大，满足的消费需求各不相同。

1.2.2 受自然条件影响大，具有很强的区域性和季节性

柑橘果树是在自然条件下栽培生产，多数品种从栽培到生产需要 3～5 年，生长期长，受自然气候条件约束，收获量常有丰歉之分，自然灾害如霜、冻、低温、冰雹、病虫害等对果品的产量和品质影响很大，容易造成货源供给不稳定。优质果品受生态环境、地理条件的制约，具有很强的生产区域性，因此不能根据市场的变化，及时满足供应。柑橘果品生产的周期长，一般一年收获一次，但消费市场则要求保持周年供应。

果品生产季节性很强，一般收获季节供给量大、供给过剩，淡季市场供给品种单一、供给不足，加上部分品种不耐储运，货源供给不均衡，因此易造成果品价格波动大。柑橘生产的季节性，导致上市时间集中，要求做到边收获边调运，以免果品积压在产地腐烂变坏。

1.2.3 柑橘鲜活易腐，不耐储运，适宜薄利快销

柑橘果品属鲜活易腐性商品，如果不及时组织调运和出售，或储藏技术与方法不当，就会失去其原有的使用价值，在长途运输和储藏过程中，极易腐烂、变质，失去商品价值，造成损失。部分极不耐储藏的种类如个别杂柑等只能在适宜的温度条件下储藏有限的天数，而且货架寿命很短，采后需及时销售。

相对较耐储运输果品，如脐橙等也需要在较完备的低温条件下储运，随着储藏时间的延长，消耗和费用不断增高，风险加大，所以果品适宜薄利快销，加快流通。

1.2.4 采后商品化处理或加工的环节多，技术要求高

由于柑橘果实是在自然条件下生长，受外界条件的制约性大。如温度、光照、栽培技术、冰雹、病虫害等都影响到果实正常生长发育。为了保证商品质量，世界各国都对果品质量规格以及包装等有着严格的要求，包括果实的大小、均匀程度、形状、色泽、成熟度、果面洁净度、缺陷、农药残留量等以及包装材

料、数量、规格均有相应的质量标准，果品要标准化生产。柑橘加工品的质量标准就更不用说，从地头田间到餐桌，无论是柑橘鲜果，还是柑橘加工品，采后商品化处理或加工的环节多，技术要求高。

1.2.5　柑橘鲜果的供给弹性小，而需求弹性大，可替代性强

柑橘鲜果的供给弹性小，而且生产决策反应滞后。因为柑橘生产具有很强的季节性和较长的周期性，生产者往往根据当年的市场价格变化来调整下年的生产结构和规模。当收获之后，因供给总量已定，调整余地就很小。大宗农产品的需求弹性小，具有不可替代性。如粮食、油料等农产品，是人人需要，天天需要的最基本的生活消费资料。人们对食物的需求总量在一定时期内总是有限度的，即达到满足之后，不再增加或增加得很缓慢。例如，一个人每月需要 10 千克面粉、5 千克大米和 1 千克植物油，当这些东西满足之后，即便是他的收入增加了，这些食物的市场价格降低了，他也不可能过量消费或大量购买囤积。水果类农产品之间具有较强的可替代性。假如甜橙价格过高，苹果价格较低，在人们的收入有限的情况下，就可能不买甜橙而购苹果，但仍以满足总量需求为限度。与粮食类相比，柑橘类果品的需求弹性就稍大一些。

1.2.6　具有深厚的文化内涵

柑橘因其具有"优秀"品质——"秉德无私，参天地兮"，早在公元前 3 世纪就受到我国伟大诗人屈原的歌颂。从此柑橘就被人们赋予了一定的文化内涵。无论在国内，还是在国外，一些柑橘主产区定期举办柑橘文化节，如在美国佛罗里达州为了柑橘的销售不仅举办柑橘文化节，而且还选柑橘小姐；在我国的浙江台州、江西赣南、湖南石门等地都曾举办过国际柑橘文化节。此外，海外华人对国产红橘、东南亚国家以及广东等地在春节期间对年橘的消费情有独钟，有特殊的消费偏好。在南方，春节送一盆年橘已成为人们表达新年祝福的时尚。中秋佳节分享柚子是东南亚华人的人种文化。在一定程度上，柑橘具有与其他水果不同的文化内涵。

1.3　柑橘国际竞争力与柑橘核心竞争力

1.3.1　柑橘国际竞争力的组成要素

柑橘国际竞争力指的是一国柑橘及其加工品在国际市场上满足消费者需要的

能力。柑橘的国际竞争力是由多方面因素构成的。总体上看，可以分解为三个方面：价格竞争力、质量竞争力和信誉竞争力。这三个方面是相辅相成的。任何一个方面的缺失、缺陷和不足，都会对竞争力产生突出的影响。

（1）价格竞争力

这是竞争力的传统性和基础性要素。在分析价格竞争力时，要注意考虑以下因素：①价格竞争力是由成本决定的，而成本不仅仅包括生产成本，而且还包含流通成本和政策性成本（税费）。生产成本是基础，包括生产的物质装备成本和劳动成本。但是如果流通环节的效率较低，流通成本太高，也可能使得生产成本方面的优势最终不能够表现为价格优势。政策性税费在实质上也构成成本。②价格竞争力高低的直接体现的是国内产品与国际市场同类产品的价格比较关系。根据产品竞争市场的不同，可以将价格竞争力进一步分解为出口竞争力和国内竞争力。如果国产产品价格非常低廉，出口价格加上国际运费等费用之后，仍然低于国际市场同类产品价格，那就是具有出口竞争力。如果国产产品虽然不具备出口竞争力，但是却可能在国内市场上低于进口产品的价格，这时就是具备国内竞争力。具备出口竞争力的产品肯定具备国内竞争力，而具备国内竞争力的产品却不一定具备出口竞争力。两种竞争力的差别相当于国际运费、保险、装卸和进口关税等费用的两倍。③我国是一个大国，同一产品在不同地区之间的竞争力可能不同：在销区不具备竞争力的产品在产区可能具备竞争力。这是因为主产区和主销区的价格可能有较大的差别。也就是说，进口产品的进口价格介于国内产区价格和国内销区价格之间，比产区价格高从而不能进入产区，但是却比销区价格低从而能够进入销区。④资源比较优势是价格竞争力的内在决定因素。尤其是从长远发展看，只有具有资源比较优势的产品，才会具备较为稳定的价格竞争力。而劳动生产率的高低及其发展情况，是其中一个重要的判定指标。

（2）质量竞争力

随着经济的发展和人们生活水平的提高，对农产品和食品的需求，日益从数量方面转变为质量方面。相应的，国际竞争也日益从单纯的价格竞争转变为价格和质量两个方面的竞争。对有些产品，可能仍然是以价格竞争为主，但是对越来越多的产品来说，正在转向以质量竞争为主。分析质量竞争力，需注意以下几点：①农产品质量的含义非常宽广，可以分为两大类：一是产品本身的生物学特性指标，二是食物卫生安全指标。前者包括大小、形状、色泽（好看）、口感（好吃）、养分含量（有益健康）、易于储藏运输（增值）、适于加工需要（专用），等等；后者包括产品是否有病害、各种药物和有害物质含量等。第一类质量指标由产品的生物遗传特性与生产技术和方法共同决定，而第二类质量指标则主要是由生产技术和措施所决定。②产品的质量既是一种客观存在，也带有相当的主观性。在多数情况下，绝大多数消费者对同一质量产品的总体评价是一致的。但是在一些情况下，不同消费者对同质量产品的评价可能有较大差异。对于最终消费者来说，这是由于消费习惯和偏好的不同。对于中间消费者（加工企业）来说，则是使用产品目的的不同。例如，欧美消费者一般喜欢偏酸味的柑橘，而中国消费者则喜欢偏甜味的柑橘。鲜食的柑橘含酸要低，而做果汁的则要求酸度稍高一些。在个别情况下，消费者的主观判断可能起到非常极端的作用。这时，即使最终产品的可验定质量完全一样，但是生产过程和方式不同，消费者的判断也会很不一样。例如，欧美的有机食品与常规食品在成分化验上没有任何差别，但是价格可以相差到几倍。③消费者对产品质量的要求是变化着的。随着人们收入水平的提高，对质量要求的总体发展趋势是：从不太注重质量到高度重视质量变化，从要求的单一性向多样性变化，从关注产品本身的生物特征向关注食品安全变化。④不同产品需求的"质量弹性"不同。某些产品的质量问题，消费者可以有一定的宽容度。也就是说，质量差一些，只要价格低廉合适，消费者也会购买消费和使用。但是，对有些产品来说，产品质量关系到的就不仅仅是价格问题，而是能否销售出去的问题。也就是说，质量差的产品，即使价格很低，消费者也不会购买消费使用。至于在食品卫生安全质量方面，就更是如此了，达不到规定要求的产品，就更无法出口了。随着国内检疫体系的健全，达不到食品卫生标准的产品，在国内市场也将无法售出。

（3）信誉竞争力

这是指产品、品牌和企业的市场信誉。信誉竞争力既包括供给者在供货方面能否不折不扣地履行承诺，也包括供给者或者产品品牌本身的声誉。即使产品的价格和实际质量相同，消费者也倾向于购买名牌产品而不是购买非名牌产品。这是因为，对于最终消费者来说，有时候很难判断和检验产品的质量，因此，只好根据产品的声誉和口碑进行选择。在另外的情况下，信誉竞争力涉及企业的市场诚信行为。如果缺乏市场诚信的话，即使产品本身并没有问题，同样也会缺乏竞争力的。签订了合同之后不能供货，或者不能严格按合同规定时间供货，或者不能按规定的质量或者其他条件供货，或者横生枝节提出额外的附件条件，等等，均会严重地影响信誉竞争力。

1.3.2　柑橘核心竞争力

影响柑橘国际竞争力的深层次因素很多，其中科学技术是核心要素。现代技术对农业发展的影响已经渗透到各个方面。制造技术决定着农业生产工具、设施、设备的效能与效率，工程技术决定农业生产基础条件营造的质量和水平，与生物有关的技术则直接决定农产品生产的成熟期、质量、产量与成本，而信息技术对柑橘生产经营的管理决策、资源的优化配置、生产经营的过程控制产生重大影响。技术作为一个最具活力的要素，直接和间接参与柑橘竞争力的形成。某些关键技术（如品种技术、植物生长调节技术、灌溉技术、植物营养技术等）的每一次重大突破，都使柑橘竞争力发生革命性变化。同时，由于技术进步的延续性，又使它对柑橘竞争力的影响具有长期性和持续性的特征。技术的先进与否决定生产效率的高低，从而对产品的成本和价格也产生巨大的影响。另外，技术对产品的质量、结构以及新产品的开发有决定性的影响。因此，技术进步对柑橘国际竞争力的影响变得越来越重要。

与柑橘相关的生产机械、设施、设备及水利、交通、能源、通信等基础设施，对柑橘资源利用程度与效率、劳动生产率、投入产出水平，以及生产经营管理决策、生产布局、产品质量和生产成本，施加直接和间接的影响。并在柑橘市场适应能力、质量与价格竞争能力、营销服务能力的形成过程中，多方面发挥重要作用。随着农业现代化和全球化进程的加快，生产装备和基础设施的水平和完善程度，对柑橘竞争力的影响越来越大。农业装备和基础设施要经过提高和改善，才能对柑橘竞争力的提高发挥重要作用。通过农田基本建设、水利建设，以及农村交通、能源、通信建设，为提高生产效率、改善品质和降低生产成本打下坚实的基础。通过生产工具的改进、生产设施的建设、加快生产过程的机械化、自动化进程，为专业化、规模化生产创造条件。不同农产品的生产对装备和设施的需求差异很大，针对不同生产类型，对关键装备进行更新、对关键设施加以完善，可以取得更好的效果。

因此可以说，柑橘技术的竞争力是柑橘核心竞争力。柑橘技术竞争力的提高，要通过技术创新过程来实现。创新性技术成果的研究开发是基础，先进实用技术成果的普及应用是手段。通过建立全国和区域性高效能柑橘技术研究开发体系，为柑橘生产及营销各环节、各方面源源不断提供高新技术成果，为柑橘竞争力的提升全方位提供技术支撑。通过建立完善的技术成果传播体系和推广应用体系，加快先进实用技术成果在柑橘生产与经营中的应用，使其在提高资源利用效率及劳动生产率、提高柑橘产量和品质、降低生产成本、提高营销服务质量等方面发挥促进作用。

第 2 章
世界柑橘生产与消费的供求分析

2.1 生 产

2.1.1 全球柑橘总产量和栽种面积

从 1980 年至今全球柑橘生产迅速发展，柑橘总产量和栽培面积连年提高。1980 年柑橘总产量为 6122 万吨，2007 年则达到了 11 240.5 万吨，净增加了约 5000 万吨；栽培面积则由 1980 年的 409.6 万公顷增加到 2007 年的 799.44 万公顷，净增加了约 390 万公顷。从 1990 年以来全球柑橘的种类构成没有大的变化，甜橙平均占总柑橘产量的 63%，红橘（宽皮橘）平均占 16.8%，柠檬平均为 9.9%，葡萄柚为 5.1%。从发展趋势看，葡萄柚的比例出现下降的趋势，从 1991 年的 5.2% 下降为 2007 年 4.5%。其他品种相对稳定。总之，全球柑橘总产量和栽种面积不断提高，品种结构基本稳定。

2.1.2 全球柑橘加工品产量与加工比例

柑橘产品除了鲜果外，还可加工成橙汁、橘瓣罐头以及柑橘香精油、果胶等产品。其中世界柑橘最主要的加工产品为柑橘汁（主要是橙汁）和橘瓣罐头。柑橘加工品按原料（鲜果）的类型划分，44.10% 为甜橙，也就是说柑橘加工主要是甜橙；葡萄柚为 24.34%，柠檬和宽皮橘占 32.53%。

随着人们对柑橘消费方式的改变和技术的发展，柑橘加工品的产量近年来稳定增加，加工比例也有所提高。特别是浓缩橙汁产量增长迅速，1980 年加工产量为 160.5 万吨，2008 年时达到了 2741.7 万吨，增长了 17 倍。加工量占到了产量的 33.50%（表 2-1），其中以橙的加工为主。

表 2-1　2008/2009 年度全球柑橘加工量及加工比例

项　目	产量/万吨	加工量/万吨	加工比例/%
柑　橘	196.51	17.22	2.10
橙	509.05	224.50	27.43
柚（主要为葡萄柚）	51.60	12.56	1.54
柠檬和酸橙	61.15	19.89	2.43

资料来源：USDA/FAS，Feb，2009

2.1.3　全球柑橘生产的发展趋势预测

世界柑橘生产自 20 世纪 80 年代中期以来经历了一个强劲的增长时期。橙、橘、柠檬和酸橙都增长很快，随着交通和包装方面的费用降低和质量提高，柑橘加工产品的增长更快。随着有些柑橘品种产量快速增长和需求的缓慢增长，柑橘鲜果和加工品的价格有所降低，特别是在生产者这一层次，其结果导致新种植增长缓慢。从而，预期 2010 年后柑橘的生产增长速度将慢于上一个 10 年。

预计 2010 年橙产量为 6400 万吨，高于 1996/1998 年度产量的 10%。预计年增长率为 0.76%，显著低于 1986/1988 ～ 1996/1998 年年均 3.9% 的增长率。且产量中用于加工的份额将显著增长。世界橘产量预计将从 1996/1998 年度的 1505 万吨增加到 2010 年的 1540 万吨，年增长率为 0.17%，该增长率要远低于 1986/1988 ～ 1996/1998 年 4.6% 的增长率。预计 2010 年世界葡萄柚产量为 550 万吨，高于 1996/1998 年度产量的 10%。几乎所有预期的增加都来自于发展中国家。葡萄柚总产量中鲜果和加工品的份额预计将保持其历史水平。世界柠檬和酸橙产量在 2010 年预期达到 1060 万吨，较 1996/1998 年度增长 15%。预计年增长率为 1.1%，较 1986/1988 ～ 1996/1998 年 4.4% 的增长率显著下降。面对柠檬和酸橙价格下跌，预计产量增长缓慢。

2.2　消　　费

2.2.1　世界柑橘消费在不断增长，但增长幅度呈下降趋势

尽管世界柑橘总产量不断上升，但人均消费量的增长呈下降趋势，发达国家鲜果消费量下降更为明显。20 世纪 60 年代，年增长 7%，70 年代年增长 4.5%，而 80 年代年增长仅为 2%。特别是发达国家，柑橘鲜果消费每年以 1.5% 的速度下滑，而加工品则以年增长 3% 的速度上升。鲜果下滑主要是价格和品种的原因。

联合国粮食及农业组织（FAO）曾经对美国的果品市场进行了调查，在五类大众水果中，葡萄柚和甜橙的零售价 80 年代以来分别增长了 162.2% 和 119.6%，而香蕉、苹果和葡萄分别增长了 30.1%、18.6% 和 78.7%。也就是说柑橘的价格增长远大于其他水果，人们在选择水果时，价格已成为左右人们是否买柑橘的主要因素。

2.2.2　全球柑橘消费发展趋势预测

（1）柑橘鲜果的总消费量和人均消费量都将稳步提高

全球柑橘鲜果的总消费量到 2010 年可望达到 6146.7 万吨，比 1999 年的 5120.4 万吨增加近 20%，但柑橘鲜果的总消费量增长率将会放慢，由 1999 年以前的年均增长 3.7% 下降到 1.2%；全球柑橘鲜果的人均年消费量将稳步提高，由 1999 年的 9.17 千克/人提高到 2010 年的 9.72 千克/人；发展中国家由 1999 年的 8.49 千克/人提高到 2010 年的 9.18 千克/人，发达国家由 1999 年的 11.44 千克/人提高到 2010 年的 11.73 千克/人。

（2）柑橘加工品的总消费量和人均消费量增长将趋缓慢

全球柑橘加工品的总消费量到 2010 年可达到 3444.7 万吨，比 1999 年的 3214.3 万吨增加 7.2%，但柑橘加工品的总消费量增长率将会放慢，由 1999 年以前的年均增长 3.9% 下降到 0.9%；全球柑橘加工品的人均年消费量将具有减少的趋势，由 1999 年的 5.76 千克/人下降到 2010 年的 5.44 千克/人；发展中国家由 1999 年的 0.36 千克/人提高到 2010 年的 0.66 千克/人，发达国家由 1999 年的 23.60 千克/人下降到 2010 年的 23.44 千克/人。

（3）易剥皮的柑橘将受到欢迎

以前在发达国家消费的柑橘鲜果类型主要是甜橙和葡萄柚，随着生活节奏的加快，人们更加喜欢果汁和容易剥皮的宽皮柑橘。在 1996 年的国际柑橘会议上，柑橘市场的人士就指出，英国人希望有像克里曼丁橘那样容易剥皮、而又有甜橙香味的甜橘。有些柑橘类型对欧洲的消费者还很陌生，如柚子等。近年来，美国宽皮橘的销量以每年 5% 的速度在上升。美国的宽皮橘生产量很小，主要从别国进口。中国是宽皮橘生产第一大国，但出口到美国的宽皮橘量很小。目前美国进口的宽皮橘类型主要是来自西班牙和土耳其的克里曼丁橘。

（4）非冰冻浓缩汁越来越受到青睐

过去 10 年，在美国、英国等发达国家，柑橘果汁市场的另一大变化趋势是，人们越来越喜欢非浓缩柑橘汁，现在有一些果汁加工厂已完成了技术改造，生产非浓缩柑橘汁。即鲜果加工成果汁，杀菌后直接进入市场，不经过浓缩和还原的过程。20 世纪 80 年代，英国有几家小的加工厂，将进口的柑橘进行榨汁，近来也转向生产非冰冻浓缩汁，以满足英国消费者的要求。

（5）葡萄柚加工产品的人均消费将下降

葡萄柚加工品将直接同加工橙产品竞争，由于发达国家的消费者继续从葡萄柚汁转向橙汁消费，葡萄柚生产者需要寻找新的市场或新的品种。

2.3 进出口贸易

2.3.1 全球柑橘总贸易量分析

柑橘作为最重要的国际性贸易商品之一，在全球农产品贸易中占有十分重要的地位。每年柑橘鲜果的世界贸易（出口）额约 70 亿美元。柑橘及其加工品的生产与出口为世界上许多国家带来了很重要的收益。

1991 年以来，世界柑橘总贸易量不断增加。其中，温州蜜橘和橙汁出口量呈现快速增长态势，特别是普通橙汁增长最快。

2.3.2 全球柑橘贸易结构分析

世界柑橘的 10.4% ~ 13.4% 是用于鲜果出口的，宽皮橘出口的比例较大，为 14% 左右，甜橙主要由于加工，鲜果出口比例最低。世界宽皮橘出口比例不断上升，19 世纪 70 年代出口柑橘的 13.6% 是宽皮橘，2001 年宽皮橘出口占整个柑橘出口量的 23.7%，全世界出口宽皮橘 236 万吨。过去 20 年，世界宽皮橘出口最多的国家是西班牙，每年出口达到 132 万吨，占世界柑橘出口量的 55.7%，其绝对量 20 年增加了近两倍；其次是摩洛哥，出口量占世界的 11.5%，达到 27 万吨。中国 2001 年出口 14.8 万吨，占世界的 6.3%，20 年增加了 12 万吨，但是与西班牙相比，相差近十倍。2008 年全世界宽皮橘出口 386.84 万吨，占整个柑橘出口的 28.64%。其中出口最多的是西班牙，2008 年出口达 151.40 万吨，占世界宽皮橘出口的 39.14%；其次是中国，2008 年中国出口宽皮橘 60.69 万吨，占世界宽皮橘出口的 15.69%；而摩洛哥 2008 年宽皮橘出口为 29.62 万吨，占 7.65%。

2.3.3 全球柑橘贸易发展趋势预测

全球柑橘鲜果供求基本平衡，价格基本平稳，柑橘加工品的贸易不容乐观。未来 5 ~ 10 年全球柑橘鲜果的出口供应量和进口需求量趋于平衡，国际市场价格基本平稳。随着世界贸易逐步自由化和柑橘果品及其制品的相对过剩，市场竞争渐趋激烈。柑橘贸易趋向高品质、多样化与国际化，这一方面造成消费者对产品质量、花色品种更加挑剔，另一方面使柑橘市场更加国际化。重视果品质量、提高市场竞争能力，就成为许多国家为开拓市场、迎接挑战的最佳选择。未来几年传统的柑橘加工品的贸易不太乐观，柑橘副产品加工生产与贸易的地位将不断上升。

2.4 主生产国家、主消费国家、主进出口地区的布局分析

2.4.1 全球柑橘主要生产国家布局分析

世界65%的柑橘产于发展中国家。按地域划分，32%来自南半球，44%来自北半球，24%来自地中海沿岸。柑橘生产增长最快的主要是巴西、中国。按产量排序，2000年柑橘生产大国依次为巴西（占23.7%）、美国（15.9%）、中国（10.8%）、墨西哥（5.5%）和西班牙（4.6%），这几个国家的产量合计占世界的60.5%。值得指出的是近年墨西哥柑橘生产发展较快，总产由原来的第五位上升到第四位。世界柑橘栽面积已达到1.185亿亩①，栽培面积最大的依次为中国（23%）、巴西（12%）、尼日利亚（8%）、美国（6%）和墨西哥（6%）。

由于有着丰富的土地和良好的气候，巴西和美国是世界最大的柑橘加工国。巴西是主要的果汁生产国，其产量约占世界产量的80%，差不多有一半在世界市场销售。橙汁业已成为巴西的支柱产业，产量远远超过了世界市场的需求，巴西的冷冻浓缩橙汁产量达到130万吨（65brix），1999/2000年度比前年储存量的28万吨还要高出10万吨。墨西哥、西班牙、意大利和以色列也是主要的柑橘加工国。尽管中国有着很大的柑橘产量，但是柑橘加工业并不发达。

世界上最大的两个柑橘生产国，巴西和美国预计将保持他们的领先地位，巴西的圣保罗和美国的佛罗里达将继续是世界上最大的加工橙产品的地区。宽皮橘消费量的增长将使西班牙扩大橘子生产，中国也将实现橙和橘生产与消费上的增长。中国同样将成为一个加工柑橘产品和鲜葡萄柚的重要市场。其他拉丁美洲生产国，如阿根廷、墨西哥、古巴、伯利兹和哥斯达黎加预期也将继续以较慢的速度扩大生产。除西班牙外，其他欧洲国家预计将会经历产量的小幅度下降。

2.4.2 全球柑橘主要消费国家布局分析

全球柑橘的消费主要集中在欧洲地区，特别是欧盟国家。以橙为例，欧盟

15 国每年进口的橙约占世界总进口量的50%（表2-2），但是在1991年后这一比例有下降的趋势。亚洲是世界柑橘消费的另一重要地区，该地区橙的进口量平均占22%左右，另外北美发达国家也是主要的柑橘消费地区，但是其消费的加工品更多些。

表2-2　重要橙进口地区进口量占世界进口量的比例　　　　　单位:%

年　份	亚　洲	北　美	欧洲各发达国家	合　计	年　份	亚　洲	北　美	欧洲各发达国家	合　计
1991	14.50	5.36	62.45	82.31	1999	21.28	6.04	55.34	82.66
1992	18.66	4.59	55.16	78.41	2000	24.09	5.43	56.60	86.12
1993	20.86	5.38	53.92	80.16	2001	23.11	5.26	57.53	85.9
1994	20.99	4.78	54.34	80.11	2002	23.60	5.32	54.26	83.18
1995	24.79	4.71	50.60	80.1	2003	25.40	5.19	52.68	83.27
1996	22.48	5.16	52.75	80.39	2004	23.33	5.24	54.34	82.91
1997	24.75	5.64	51.13	81.52	2005	24.89	5.68	50.91	81.48
1998	22.97	5.73	51.45	80.15	2006	25.35	5.14	48.07	78.56

资料来源：FAO数据库

在许多发达国家鲜橙消费量下降的同时，许多发展中国家，尤其是经济新兴的墨西哥、印度、阿根廷和巴西鲜橙消费在增长，在中国也看到消费增长的强势。橙加工产品的消费主要集中在北美和欧洲的发达国家，这两个地区共占世界消费量的88%。美国是世界最大橙汁消费国。每年的橙汁消费量占世界橙汁消费总量的2/3。其他地区，特别是拉丁美洲的加工橙产品市场正在发展。1986/1988～1996/1998年，墨西哥橙加工产品消费增长1倍，巴西的消费量增长了50%。北美和欧洲人均消费量预计不会有太大的变化。在这些地区相对平稳的消费增长，是缓慢的国内生产增长和预期的主要加工橙产品供应者巴西产量小幅增长的直接结果。消费的大量增长将出现在发展中的柑橘生产国，如印度、巴基斯坦、中国、墨西哥和巴西。

大多数的宽皮橘在产地国消费。宽皮橘最大的消费国是中国、日本、巴基斯坦和埃及。安哥拉、墨西哥、以色列、澳大利亚、阿根廷、巴拉圭、玻利维亚、塞浦路斯、约旦、黎巴嫩、韩国和美国等国家的国内产品在本国也有相当的消费量。欧洲除西班牙、意大利、希腊和葡萄牙外，其他国家是橘子的主要进口国。

大多数的葡萄柚主要在本国市场消费，鲜果出口总量不足世界产量的40%。

柠檬和酸橙的消费见于世界各地。进口量占世界消费量的18%。除北美和欧洲的发达国家外，柠檬和酸橙在东欧和前捷克斯洛伐克及一些发展中国家如印度、伊朗、墨西哥、巴西、阿根廷、玻利维亚、秘鲁和牙买加也有消费。中东国家，包括约旦、塞浦路斯、黎巴嫩和埃及也有较高的人均消费水平。

2.4.3　全球柑橘进出口布局分析

柑橘鲜果销售以周边国家就近销售为主。西班牙的柑橘主要销售到德国、法国、英国等欧盟国家，美国的鲜食柑橘主要销售到北美、欧洲以及日本市场，地中海沿岸的柑橘主要销售到欧盟国家，中国的柑橘主要销售在周边的国家和地区，包括东南亚、中国北面的俄罗斯和蒙古等。

东欧、中亚以及俄罗斯是一个潜在的大市场，历史上我国柑橘出口到这些地区，21世纪初土耳其以及西班牙等国家的柑橘在这些区域积极开拓市场，中国的柑橘在这些区域应有一席之地。

西班牙预期继续作为主要的宽皮橘出口国，宽皮橘的成功将帮助它保持这一地位。摩洛哥是第二大鲜橘出口国。植物卫生方面的考虑限制了墨西哥和巴西扩大其出口鲜橙的能力。墨西哥东部的主要柑橘产区目前还存在果蝇。近期在巴西暴发的柑橘溃疡病限制了那里的生产者继续扩大橙及其他柑橘品种鲜果的出口。

美国是最大的葡萄柚鲜果出口国，占世界出口量的40%。南非和以色列是紧随其后的重要的出口国，土耳其是新近加入葡萄柚鲜果市场的国家。

西班牙、阿根廷和墨西哥将继续作为最大的鲜柠檬出口国。美国将成为鲜柠檬和酸橙的最大进口国，到2010年其进口量将占世界总进口量的20%。美国最近同阿根廷达成的贸易协定将准许淡季柠檬进口。柠檬和酸橙由于它们不同的消费方式决定了他们不会像其他鲜柑橘产品那样面对其他水果的竞争。

第3章
我国柑橘生产与消费的供求分析

3.1 生 产

3.1.1 栽培面积与总产量不断增加

20世纪90年代以后，我国柑橘生产进入了一个快速增长的阶段。17年来，柑橘种植面积已由1991年的112.3万公顷增长为2007年的194.1万公顷，年均增长4.28%；柑橘总产量也由1991年的633.3万吨增长为2007年的2058.3万吨，年均增长13.24%。可以说我国柑橘的生产能力已由90年代初的600万吨左右上升为2007年的2000多万吨。按产量比较我国是世界第二大柑橘生产国，按栽培面积比较则是世界第一大生产国。

3.1.2 品种结构逐步优化

从柑橘鲜果种类品种的构成看，在20世纪80年代中期，我国柑橘的大致比例是甜橙占30%，宽皮柑橘占65%以上，柚、金柑、柠檬等不到5%，结构不合理。到1996年这一局面尚未改变，宽皮柑橘占总面积的58.7%和总产量的65.0%、甜橙占总面积的28.2%和总产量的27.4%、柚占总面积的11.8%和总产量的7%，此外还有少量的金柑和柠檬。2000年中国柑橘类水果中，甜橙占32%、宽皮橘占59.5%、柚占10.6%、柠檬占0.2%。2007年中国柑橘类水果中，甜橙占19.19%、宽皮橘占74.53%、柚占3.11%、柠檬和酸橙占3.16%。这说明中国柑橘的品种结构正在逐步优化，柑橘种植积极向经济效益高的柑橘品种调整。2005年以来发展最快的是脐橙、柚类和椪柑。

3.2 消 费

3.2.1 中国柑橘消费方式及其变化

长期以来，中国柑橘消费的首要特征是鲜果与加工品消费的巨大差别，即绝大部分是鲜果消费，加工品消费很少。这与中国柑橘的品种结构有很大关系。目前，近60%的产量仍然是宽皮橘，宽皮橘除作橘瓣罐头外，加工成橘汁的潜力不大。从消费者的角度看，传统上人们喜欢购买能剥皮的柑橘，加上生活水平现状和生活习惯，家庭购买新鲜水果是比较实惠和安全健康的，这些因素从另一方面促成了中国柑橘果品以鲜食为主的格局。2000年加工比例不到5%，主要是加工成橘瓣罐头，出口日本和欧盟国家、美国等地。在中国的商店中，自20世纪90年代初期柑橘罐头逐步消失。2001年以来，在一些经济比较发达的城市与地区橙汁消费量在不断增加，具有强劲的消费趋势。有调查表明，2001年橙汁已经成为我国最受欢迎的果汁（表3-1）。

表3-1　我国果汁市场中不同果汁饮料的受欢迎程度　　　　　单位:%

果　汁	橙　汁	苹果汁	梨　汁	桃　汁	其　他
受欢迎程度	36.60	22.30	21.80	14.90	8.8

3.2.2　柑橘消费存在明显城乡差异

中国是一个典型的二元经济结构的国家，居民收入水平存在着巨大的城乡差别，这反映在柑橘消费上存在着很大的城乡差异。2000年城镇家庭人均纯收入是农村家庭人均纯收入的2.67倍。城镇居民和农村居民人均水果与瓜果消费量分别为50千克和20千克。柑橘是中国水果消费的主要品种，据估算柑橘的消费量占水果与瓜果消费量的1/6～1/8。广东省是中国经济发达的地区，2001年该省居民柑橘鲜果的年人均消费量为3.22千克，甜橙的年人均消费量为1.3千克。研究表明，中国农村居民柑橘消费的收入需求弹性比中国城镇居民柑橘消费的收入需求弹性大得多，这说明随着收入水平的提高，中国农村存在着巨大的柑橘需求。

3.2.3　柑橘消费需求的季节差异

中国柑橘80%集中在10月中下旬到12月成熟，元旦至春节前后是柑橘的销售旺季，中国自己生产的柑橘从9月底面市到4月以前可以满足市场的需求。这也是中国柑橘消费需求的旺季。但是，4月以后，晚熟的品种如夏橙的量很少，在大中城市也难以见到，这之后到9月，市场上进口的柑橘占主体。中国的柑橘果实除少部分进入超市以外，大多数是在农贸市场销售，在超市和高档的商场，一年四季可以购买到进口的甜橙（脐橙和夏橙）以及葡萄柚。由于进口的柑橘果实价格一般高出国产同类产品的1倍以上，普通消费者购买进口果实的不多，特别是在国产的柑橘集中上市季节。

3.3 进出口贸易

3.3.1 柑橘及其加工品进出口总量的变化

入世后中国柑橘汁和柑橘罐头出口的数量在逐年增长，而柑橘鲜果的出口在1997年后有下降的趋势。2002年后出口量开始回升，2002年出口橘和橙196 635吨，创汇5116.4万美元，分别比2001年增长31.3%和43.1%。

中国柑橘鲜果的出口量和出口额在全球柑橘贸易中处于微不足道的地位。2007年中国柑橘鲜果的出口量占世界柑橘鲜果贸易量的2.4%，出口额占全球柑橘鲜果出口额的1.04%，国际柑橘市场占有率十分低下。

我国柑橘产品进出口保持较快增长的势头（表3-2）。1995~2007年柑橘鲜果进口数量由5032.90吨增至74 421.28吨，增加了13.8倍。柑橘罐头和柑橘汁分别从1995年的53.93吨、1698吨增加到2007年的40 059.66吨、65 324吨，分别增加了742倍和37倍。说明我国正在成为柑橘加工品的重要消费市场。出口同样增长迅速，柑橘鲜果、柑橘罐头、柑橘汁分别由1995年的143 321吨、78 578吨、1237吨增长到2007年564 471吨、339 189吨和11 941吨。

表3-2　1995~2007年中国柑橘产品进出口量　　　　单位：吨

年　份	柑橘鲜果		柑橘罐头		柑橘汁	
	进　口	出　口	进　口	出　口	进　口	出　口
1995	5 032.90	143 321	53.93	78 578	1 698	1 237
2000	61 860.82	200 271	295.38	175 862	9 554	2 920
2001	67 860.29	171 240	278.11	176 032	18 635	3 686
2002	58 194.76	216 847	705.57	218 819	37 956	3 716
2003	76 636.73	292 034	1 095.65	251 137	53 057	4 214
2004	66 889.30	361 385	3 437.01	282 644	48 255	3 266
2005	61 530.34	465 623	17 828.37	299 080	61 189	3 848
2006	78 931.26	435 120	26 795.15	316 504	64 456	8 984
2007	74 421.28	564 471	40 059.66	339 189	65 324	11 941

资料来源：海关总署，1995~2007

3.3.2 进出口品种结构

从柑橘鲜果的出口结构来看，绝大多数是椪柑、温州蜜柑、蕉柑等宽皮柑橘类。1995~2007 年我国宽皮柑橘年出口量为 13 万~22 万吨，占总出口量的 85%~90%；其次是脐橙、红江橙等橙类和柚类，柠檬出口量极少。2007 年度宽皮橘类（0805）出口量占 69.90%，蕉柑出口量占 5%（表 3-3）。

表 3-3　2007 年中国柑橘鲜果进出口量和进出口额海关统计表

商品编号	商品名称	出　口		进　口	
		数量/千克	金额/万美元	数量/千克	金额/万美元
0805	鲜或干的柑橘类水果	564 470 836	25 763.259 4	74 421 276	5 467.012 4
08051000	橙	75 114 162	3 284.136 9	35 790 064	2 997.679 8
08052010	蕉柑	3 123 710	158.2	17 745	1.2
08052090	其他柑橘、杂交柑橘	394 540 759	17 092.1	26 750 251	1 526.2
08053000	柠檬及酸橙	3 515 664	120.894 6	6 007 738	519.122 6
08054000	柚	82 814 035	4 873.5	3 450 340	283.3
08059000	未列名柑橘属水果	5 358 808	234.25	20	0.022 2

资料来源：海关总署，2007

　　从柑橘加工品的出口结构来看，绝大多数是橘瓣罐头，每年约 30 万吨的出口量。2007 年柑橘水果罐头出口量约 33.9 万吨，创汇约 26 059 万美元；其次是冷冻橙汁，2007 年度冷冻橙汁出口量 2142.094 吨，创汇 357.2 万美元。其他柑橘加工品出口量较少（表 3-4）。

表 3-4　2007 年中国内地柑橘类水果加工品进出口量和进出口额海关统计表

商品编号	商品名称	出　口		进　口	
		数量/千克	金额/万美元	数量/千克	金额/万美元
20079100	柑橘果酱等	1 350 024	160.9	192 147	28.1
20083010	柑橘水果罐头	339 188 990	26 059.1	759 163	88.4
20091100	冷冻橙汁	2 142 094	357.2	61 838 205	11 787.2
20091900	非冷冻橙汁	2 478 971	316.1	378 409	39.3
20092000	柚汁	1 380 943	87.4	1 255 834	210.9
20093000	其他柑橘汁	410 732	44.8	384 031	77.3

资料来源：海关总署，2007

　　中国入世以来进口柑橘量不断上升。1998/1999 年市场年度进口柑橘 24 857 吨，其中，甜橙占 76.4%、宽皮橘占 7.6%、柠檬占 10.0%、葡萄柚占 6.1%。而 2007 年 10 月~2008 年 8 月，进口量增加到 74 421.276 吨，其中，甜橙比例上升到 83.6%、宽皮橘下降为 4.8%、柠檬下降为 6.2%、葡萄柚下降为 5.6%。2007 年甜橙进口金额为 2997.68 万美元、柠檬及酸橙 519.12 万美元、柚 283.3

万美元。

中国进口其他柑橘制品的情况：1998/1999 年进口果酱、果冻 207 吨，1999/2000 年度进口柑橘罐头 176 吨，1998/1999 年进口冷冻橙汁 4901 吨余、非冷冻橙汁 3286 吨。2007 年柑橘加工品进口金额超过 100 万美元的品种有：冷冻橙汁 11 787.2 万美元、柚汁 210.9 万美元。

3.3.3 进口来源地区结构

根据中国海关统计，2006 年和 2007 年度进口地主要集中在美国、新西兰。即出现进口来源地单一化现象。进口增长最为明显的是美国对中国的出口大幅度上升，这主要是中国执行《中美农业合作协议》的结果，美国官方统计也证实了这一趋势。另外，有趣的是来自于新西兰的大量柑橘进口，实际上新西兰并不生产甜橙（表 3-5）。

表 3-5　2007 年我国柑橘鲜果重要进口来源地及占比例

国　家	橙		杂交柑橘		柠檬及酸橙	
	进口量/千克	占总进口比例/%	进口量/千克	占总进口比例/%	进口量/千克	占总进口比例/%
美　国	27 569 255	37.4	400	0.001	1 697 847	28.26
新西兰	340 470	0.46	16 582 865	59.97	2 786 095	46.38

资料来源：海关总署，2007

中国内地柑橘加工品进口主要来自于巴西、美国、澳大利亚、以色列、中国台湾、西班牙、丹麦和泰国等（表 3-6）。

表 3-6　2007 年我国柑橘加工品重要进口来源地及占总进口比例

国家	冷冻橙汁		非冷冻橙汁		柚　汁	
	进口量/千克	比例/%	进口量/千克	比例/%	进口量/千克	比例/%
巴　西	40 399 760	65.33	3 732	0.20	—	—
以色列	18 031 376	29.16	201 493	10.91	171 150	13.63
美　国	458 322	0.74	413 672	22.41	819 890	65.29
丹　麦	—	—	—	—	—	—
澳大利亚	—	—	597 871	32.38	29 022	2.31

资料来源：海关总署，2007

值得指出的是，中国内地市场上除了直接进口外国柑橘外，还有相当一部分是从中国香港通过转口贸易进来的。从中国香港进入中国内地的柑橘，其主要来源分别是：甜橙来自美国、南非和智利；宽皮橘来自以色列和澳大利亚；柠檬及酸橙来自美国、智利、南非和阿根廷；葡萄柚来自智利、美国和以色列。中国香港柑橘加工品的转口的来源地主要是美国、巴西和澳大利亚。

3.3.4 出口的流向

从出口外销市场看，近一个时期以来东南亚国家市场、中国香港及俄罗斯是我国内地柑橘的主要出口地区，占总出口量的75%以上，其次是加拿大，其他如日本、韩国、中东等市场所占份额较低。2001年度，甜橙主要出口到中国香港、越南、新加坡和中国澳门；蕉柑主要出口到新加坡、马来西亚、印度尼西亚等地；宽皮橘主要出口到菲律宾、马来西亚、印度尼西亚、中国香港、俄罗斯、加拿大、新加坡等地；柠檬及酸橙主要面向俄罗斯和新加坡；柚大部分出口到中国香港、加拿大、菲律宾和中国澳门；其他柑橘属水果主要出口中国香港、加拿大、印度尼西亚和马来西亚。

柑橘加工品（柑橘罐头、柑橘汁等）主要出口到日本、美国、中国香港等地。

第4章
我国主要柑橘市场竞争力的国内外
比较分析与技术需求

4.1 我国主要柑橘市场竞争力的国内外比较分析

4.1.1 质量（品质）

质量是构成竞争力的重要因素。质量包括外观、内质以及安全性。从总体上讲，我国柑橘质量状况是"好的不多，多的不好"，与世界柑橘生产先进国家相比还存在较大的差距。在柑橘外观质量上，国产柑橘的果实大小、整齐度、果形、色泽、果面光洁度等指标与进口柑橘还有较大差距。这既有果园立地条件方面的差异，也有苗木问题和栽培管理的原因，另外，采后商品化处理未跟上也影响了外观品质的改进。在内质方面，大部分国产柑橘能达到或超过进口同类品种水平。然而，由于我国柑橘的品种布局未能充分体现"适地适栽"的原则，有些品种在一些地方不能充分表现其固有品质，致使在市场上同一品种的内质差异较大。而在内质优良产区，因栽培管理方面的技术不到位引起的外观不佳的问题同样比较突出，外观质量能达到优质果标准的比例还不高，一般仅为25%左右。国产柑橘的农药残留问题严重影响到柑橘竞争力。

具体来说，①脐橙。外观上，虽然美国脐橙产前色泽不如我国同类产品，但经商品化处理后，规格一致、外观漂亮。内质上，美国脐橙可溶性固形物含量较我国脐橙低，一般为10%左右，风味偏淡，含酸量稍高；我国脐橙一般可以达到11%以上，风味较浓。但是，在我国局部产区，农药和激素使用量偏大，导致农药残留超标和皮粗果大。②宽皮柑橘。无论外观还是内质，基本上可以与世界同类产品相媲美。由于外国消费者的偏好不同，柑橘不同品种的含糖量（TSS）和含酸量、香味和风味等因素也影响柑橘的国际竞争力。③橘瓣罐头。总体上，我国产品与国际同类产品质量相当。但在去除囊衣和降低碎瓣率等方面有待改进。

4.1.2 价格

我国柑橘价格具有竞争优势。我国脐橙价格一般为 3 元/千克左右，而美国加利福尼亚州脐橙的零售价约为 10 元/千克，运到中国市场后增加为 15.5 元/千克；我国宽皮柑橘的平均零售价格为 1～2 元/千克，而西班牙的宽皮柑橘零售价约为 18 元/千克，日本和韩国的温州蜜柑零售价为 10～15 元/千克。

我国橙汁原料价格偏高。我国用于榨汁的甜橙原料除没有足够的产量和较长的供应期作保障外，2001 年的原料价格较高，如重庆长寿的夏橙产地为 1.5 元/千克以上，锦橙为 1.2 元/千克以上，远高于美国 0.82 元/千克，更高于巴西 0.42 元/千克。可以看出，2001 年我国加工甜橙原料价格没有优势。将来浓缩橙汁关税降至 15%，进口浓缩橙汁价格将降至 13 000 元/吨，据此测算，我国橙汁原料价格不能高于 1 元/千克。通过规模化经营、提高单产、降低成本，使原料价格由 2001 年的 1.2～1.5 元/千克下降到 1.00 元/千克以下是完全可能的。

我国橘瓣罐头价格具有绝对优势。由于橘瓣罐头属高度劳动密集型产品，我国劳动力价格低廉，加之原料价格便宜，与西班牙和日本等橘瓣罐头生产国相比具有竞争优势。

4.1.3 成本

21 世纪初，中国柑橘生产成本比较优势存在，柑橘生产成本低于世界平均水平。我国柑橘鲜果生产属于劳动密集型产业，育苗中的嫁接、整枝、树体管理过程中的修剪和果实采收均需要大量的劳动力，在美国等国家，果实采收开支约占总生产成本的 40%。根据 21 世纪初的调查，我国甜橙生产成本为 0.7～1.3 元/千克，宽皮橘为 0.4～0.7 元/千克，大约为美国的 1/2（甜橙），日本的 1/20（宽皮柑橘）。

我国柑橘生产如果有成本优势的话主要是劳动力成本低的优势，柑橘的采收成本在美国达到柑橘总成本的 40%～60%。中国廉价的劳动力使得采收成本很低，导致柑橘成本还有一定优势。中国柑橘生产具有规模效益递增趋势，在技术条件没有大的变化时，扩大生产规模，可获得更大的规模经济效益。但是，柑橘成本构成中，其他生产性投入与国外相比，我国较高。

我国柑橘生产的物质费用投入存在着严重的报酬递减现象，这可能与没有科学、合理施用农药、化肥等有关，也可能与农药、化肥的质量以及"假、冒、伪、劣"有关。减少物质费用投入、降低成本、对柑橘生产进行科学管理，是当务之急。

中国果农生产柑橘还要支付"成本外支出"，这是由所有制形式和经营体制决定的。它在一定程度上加重农民的负担。同时，该项指标由乡镇各级的行政部门决定，没有统一合理标准，无规章制度保证，很容易增加不合理的"成本外支出"，造成农民负担过重。进而增加柑橘成本，降低其产品竞争力。

4.1.4 土地生产率

中国柑橘生产的土地生产率低于世界平均水平，具体表现为单产水平较低。据测算，柑橘生产成本与单位面积产量呈负相关，即单产越低产品成本就越高。

与二十年前相比，中国柑橘单位面积产量提高了75%，为560千克/亩，但同世界柑橘平均单产1吨/亩比较，为世界平均水平的56%，与美国单产2.5吨/亩相比差距更大，列世界柑橘生产国倒数第五位。

除了客观原因如我国的果园立地条件较差外，主要还是栽培水平的差异。此外，我国许多新建的柑橘园尚未投产，近年来大力开展品种结构调整，许多柑橘园高接换种后暂时没有产量。由于在重视生产发展的同时，后期管理工作没有跟上，因此未能实现产量与面积同步增长，单位面积产量一直处于较低水平。如果中国的柑橘市场打开，中国柑橘市场受供给量增加和外商降价促销共同作用，结果中国柑橘势必降价，中国柑橘低产出下的低成本优势将失去，经营效益的劣势会越来越突出。

在中国不同省区，柑橘单产以上海为最高，达1970千克/亩，江苏省次之，为1291千克/亩。在主产区中，以浙江省柑橘单位面积产量最高，达1063千克/亩，超过了世界平均水平。而湖南、江西、四川等柑橘主产区由于生产发展力度较大，许多新建柑橘园尚未投产，再由于近年来大力开展品种结构调整工作，使许多柑橘园高接换种后暂时没有产量，这是中国柑橘单产较低的主要原因之一，但从另一个角度看，也说明中国柑橘产量增长的潜力巨大。

4.1.5 品种结构与熟期（上市）结构

品种类型及其比例不适应市场的需要，缺乏适于加工的品种。

自20世纪80年代后期以来，我国柑橘品种结构一直在进行调整，已取得了一些成效，但品种结构的不合理依然存在。2001年，甜橙产量约占30%，宽皮橘仍然占较大比例，约59%，柚子占10%左右，余下的是柠檬、金柑等。而且各类型的主栽品种在不同产区之间差别不大，品种类型比较单调，地区间及不同生态条件下品种特色不明显，成熟期集中。2001年，我国甜橙品种的种植面积及其比例还需增加，品种必须丰富，特别是选育并种植具有我国自主知识产权的甜橙品种十分重要。这可以从几个方面进行证明：我国每年进口近 7 万吨柑橘鲜果，其中 80% 是甜橙；我国生产的脐橙在港澳市场的比例逐年增加；国产优良甜橙果品，在国内市场上的售价就超过 4 元/千克。

柑橘汁特别是橙汁在我国有广阔的市场，但我国栽培的柑橘品种绝大多数是鲜食品种，加工用品种较少，晚熟的加工品种基本上是引进的，因此，在我国这样一个适于生产优良柑橘果品的柑橘生产大国，每年仍要花大量的外汇从国外进口橙汁。

延长鲜果市场供应期和加工期，是品种结构调整的重要内容。21 世纪初，果实成熟期过分集中，我国柑橘的中熟品种比例占 83%，早、晚熟分别仅占 15% 和 2%。美国的早、中、晚熟品种比例为 15:40:45。我国的柑橘 95% 集中在 10~12 月成熟上市，如脐橙品种成熟期主要集中在 11~12 月；温州蜜柑的成熟期集中在 10 月中旬至 11 月下旬；我国特色品种椪柑成熟期集中在 11 月底至 12 月中旬；柚子情况稍好，成熟期可以从 9 月至翌年 3 月，但主要也是在 11~12 月。这一时期成熟的果实占全年柑橘总产量的 95% 以上。晚熟品种的比例低，周年供应鲜果的能力弱，3~9 月柑橘鲜果市场基本上是国外的产品。我国中熟品种比例过高，熟期过分集中，致使大量的柑橘鲜果同期上市，势必造成市场短期内饱和，储藏、加工与运输的压力随之增大。

许多产区因市场信息不灵、储运环节不力和市场营销体系薄弱等原因，迫使果农低价倾销或因积压造成果实大量腐烂，从而给果农造成巨大经济损失。由于品种结构不合理而造成的这种现象已在我国多次出现，如不加大力度调整，将会造成更大的经济损失。

美国驻广州总领事馆通过对中国市场多年的调研，提供给美国柑橘营销商打开中国柑橘鲜果市场大门的秘诀，就是避开春节前中国柑橘鲜果上市高峰，重点在春、夏季占领和垄断中国柑橘市场。美国柑橘鲜果在我国市场主要是打"时间差"。南半球柑橘成熟期正好是北半球的淡季（5~7 月），因此，南半球柑橘主产国的柑橘也可能对我国打"时间差"，从而抢占我国柑橘市场。由此可见，柑橘品种结构不合理的状况将是影响我国柑橘业的生存和发展、应对国外柑橘竞争挑战的严重障碍。

4.1.6 生产经营方式

中国的柑橘生产经营方式落后，导致生产要素使用效率低和经营管理相对粗放。

中国柑橘物质资料使用效率低。尽管中美两国农业都是以家庭经营为基础的，但两国在柑橘经营规模上存在着明显区别。中国农民在生产中投入大量的如化肥、有机肥、农药物质资料，但是，机械化程度低。其结果是，一方面生产效率低下，另一方面各种物质的利用率低、效果差。

我国柑橘生产的集约化商品生产水平低下。我国柑橘生产的规模化程度不高，单家独户种植与经营，小生产的特征明显，柑橘园科学管理水平普遍较低，因而导致产量低、品质差，难以形成知名品牌，不利于开拓和占领市场，生产效益低下也就在所难免。目前，我国柑橘产区平均每位果农仅拥有200株柑橘树，为美国、巴西柑橘业主的1/100～1/150。怎样建立起类似新奇士公司的产业化机构来促进我国柑橘业的健康、持续发展，是我国柑橘产业结构调整中应十分重视的问题。

中国柑橘生产的物质技术装备条件差，经营管理粗放。其一，机械化程度低，前文已述。其二，灌溉次数少，灌溉方式落后，受自然条件影响大。美国柑橘生产中灌溉是一项重要的作业，一年每月进行，尤其4～6月频繁，采用高效率的微型喷灌技术。而中国仍然普遍用落后的喷洒、沟渠灌溉等方式。其三，美国重视石灰、农膜等材料的使用，每亩占用50元以上的成本。中国对这些材料运用少，经营管理相对粗放。

4.1.7　产业链

柑橘加工业落后，产业链条短。据统计，在世界柑橘总产量中，用于加工的柑橘大约占35%。而美国用于加工的柑橘占其总产量的70%，巴西则高达80%以上，我国仅为5%左右（约50万吨）。我国柑橘加工业，除橘瓣罐头加工量约25万吨，初具一定规模外（占世界橘瓣罐头产量的50%），橘饼和柑橘果酱等糖制品产量为1万～2万吨，而世界最大宗的柑橘加工品——橙汁的生产量，我国一年不到5万吨，与其他柑橘主产国相比差距甚大。由于我国柑橘品种结构中适宜加工橙汁的甜橙比例偏低，因此鲜果原料价格偏高，再则我国柑橘加工品在市场上尚未树立起良好的信誉，以次充好、以假充真的现象十分严重，最终限制了市场消费，阻碍了以橙汁生产为主的柑橘加工业的发展。在我国的甜橙主产区，特别是以锦橙、夏橙栽培为主的重庆以及西南部分河谷富热区，因具有良好的生态、品种优势，可大力发展鲜食加工皆宜的甜橙生产，建立橙汁加工原料生产基地和橙汁加工厂，以推动我国橙汁加工业的发展。同时，还可以在对中、低等级果实加工实现增值的同时，让优质鲜果有充足的市场空间和理想的销售效益。

4.2　市场竞争力预测模型及其结果分析

4.2.1　市场竞争力预测模型

这里主要用国际市场占有率（MS）和净出口竞争力指数（NTB）对我国柑

橘的国际竞争力进行分析。

（1）国际市场占有率

国际市场占有率指一国或地区某类产品出口额（量）占世界同类产品出口额（量）的比例。计算公式为

$$MS = X_k/X_w \times 100\%$$

式中，X_k 为 k 国家或地区的某类产品的出口额或出口量；X_w 为世界同类产品出口额或出口量。

一般认为，某产品或产业 MS 越大，表示该产品或产业国际竞争力越强；反之则表示该产品或产业国际竞争力较弱。但是有时候 MS 的下降并不意味着某一产品或产业的国际竞争力的下降。主要原因是有些情况下 MS 的变化反映的是国家产业结构或产品的调整；有些情况下反映的是一国或地区消费结构的变化。

（2）净出口竞争力指数

净出口竞争力指数指某国家或地区某一产品的净出口额与其进出口总额之比，亦称为贸易专业化指数或贸易竞争指数。在国外大多数学者将其称为"可比净出口指数"（normalized trade balance，NTB）。其计算公式如下：

$$NTB_{jk} = (X_{jk} - M_{jk})/(X_{jk} + M_{jk})$$

式中，NTB 代表出口竞争力指标，即净出口竞争力指数；j 代表商品；k 代表国家；X 代表出口值；M 代表进口值。选用 NTB 指标的优点是 NTB 作为一个与贸易总额的相对值，它剔除了通货膨胀、经济膨胀等宏观总量方面波动的影响，即无论进出口的绝对量是多少，它均介于 -1 和 +1 之间，因此在不同时期、不同国家之间是可比的。采用这一指标来衡量某类（种）商品的国际竞争力时，可以完全避免检验结果与客观事实之间的悖论，因而具有应用价值和实际意义。

NTB 等于 -1 表示该国家或该产业、该产品只进口不出口，等于 1 表示只出口不进口。

一般认为，若 NTB > 0 则该产品具有国际竞争力，NTB = 0 为中性竞争力，NTB < 0 则表示该产品缺乏竞争力。若 NTB > 0.8 则认为该产品具有较强出口竞争力。但是因为普遍存在鼓励出口和限制进口的政策，使得净出口竞争力指数不能正确反映产品竞争力的实际优劣状况，但是作为比较静态分析，它可以考察特定时间、特定保护程度下的竞争力。

4.2.2　市场竞争力的计算结果分析

（1）柑橘国际市场占有率分析

我国柑橘鲜果具有一定的国际竞争力，但是 MS 呈现波动上升趋势（表4-1），

在 1998～2001 年下降趋势尤其明显。其中，红橘和温州蜜橘等是我国最具有国际竞争力的柑橘类鲜果，其国际市场占有率总体上不断提高，最高时达到了 5.8%，而橙的国际市场占有率却很低，2007 年的国际市场占有率仅为 1.01%。

表 4-1　我国柑橘国际市场占有率变化表　　　单位:%

年　份	宽皮橘	橙	年　份	宽皮橘	橙
1994	3.68	0.33	2001	2.48	0.02
1995	3.42	0.19	2002	3.04	0.13
1996	3.42	0.15	2003	3.41	0.31
1997	4.07	0.18	2004	3.91	0.45
1998	2.94	0.05	2005	4.37	0.71
1999	2.65	0.05	2006	4.79	0.74
2000	3.21	0.02	2007	5.78	1.01

注：宽皮橘包括红橘、蜜橘、细皮小柑橘、温州蜜橘

（2）柑橘及加工品出口竞争力指数分析

根据出口竞争力指数的计算分析（表 4-2）的结论如下：

第一，柑橘类水果具有一定的比较优势，从总体上出现上升趋势。第二，柑橘鲜果中蕉柑及杂交柑橘和其他未列名柑橘类具有很强的出口竞争力，柚的出口竞争力逐步加强，而橙、柠檬及酸橙则完全没有竞争力。第三，柑橘加工制品中柑橘罐头以及其他柑橘制品等加工制品具有很强的比较优势，柑橘汁则完全没有优势。

我国的柑橘罐头一直具有极强的国际竞争力，其净出口竞争力指数基本上每年都为 1，橘瓣罐头是一个劳动密集型产品，我国具有生产柑橘罐头的劳动资源优势，可以预计在未来若干年内，我国橘瓣罐头仍将会有较强的国际竞争力。

我国柑橘汁完全没有国际竞争力，其历年的净出口竞争力指数都小于 0，且有不断变小的趋势，从橙汁加工大国巴西和美国看，橙汁竞争力除依靠技术外，更重要的是依靠廉价、较好的土地资源和高度的机械化。美国、巴西和澳大利亚等国，机械化程度高，人均管理柑橘 46.7～66.7 公顷（700～1000 亩）；我国人均管理柑橘不足 0.3 公顷（5 亩）。由于生产效率高，巴西加工橙汁的甜橙树上价为 0.43 元/千克，美国为 0.84 元/千克，我国可用于加工橙汁的锦橙，市场售价 1.6～2 元/千克。由于原料价格高，制约了我国橙汁加工业的发展。另外，从我国的柑橘品种结构分析，宽皮柑橘占 65% 左右，甜橙占 30% 左右，宽皮橘除了做柑橘罐头外，加工成为橙汁的潜力不大。以上因素制约了我国柑橘汁的国际竞争力。由此可以看出，在今后要促进我国柑橘汁加工业的发展、提高柑橘汁的国际竞争力，必须依靠技术进步和技术创新，改善品种结构、不断提高我国柑橘

生产率、降低生产成本。

表4-2　2002～2007年中国柑橘及加工品出口竞争力指数变化表

商品类别	年份	2002	2003	2004	2005	2006	2007
柑橘鲜果	柑橘类水果	0.331	0.224	0.369	0.523	0.494	0.650
	橙	−0.988	−0.672	−0.496	−0.313	−0.344	0.046
	蕉柑及杂交柑橘	0.915	0.875	0.908	0.955	0.908	0.824
	柠檬及酸橙	−0.980	−0.994	−0.964	−0.967	−0.979	−0.622
	柚	0.053	0.279	0.325	0.638	0.752	0.890
	未列名柑橘	0.995	0.971	0.991	0.964	0.959	1.00
加工品	柑橘罐头	0.993	0.989	0.972	0.854	0.820	0.751
	柑橘汁	−0.853	−0.894	0.876	−0.875	−0.841	−0.842
	其他柑橘制品	0.535	0.882	0.809	0.844	0.732	0.702

资料来源：海关总署，2002～2007

4.2.3　提高柑橘市场竞争力的重大技术需求

加入WTO后，我国柑橘产业面对国际大市场的冲击，在果品质量上存在产品质量档次低、技术水平含量低、农药残留量高、果品加工转化能力差，以及竞争力弱等一系列问题；同时，果品出口面临国外技术性贸易壁垒挑战。因此，保证我国柑橘产业健康、稳定发展，促进柑橘及其加工品出口，增加农民收入，其根本就在于依靠科技进步，优化种植结构、全面提高果品质量、增强市场竞争力。

根据上述构成我国主要柑橘市场竞争力因素的国内外比较分析，今后要围绕改善果品质量、提高单位面积产量、降低生产成本、调整结构改良品种、加强栽培管理、重视采后商品化处理、促进果品加工延长产业链等方面提高我国柑橘市场竞争力。从柑橘产前、产中和产后三个领域来看，相关科技需求有：

（1）产前领域

产前领域包括引导果农生产的市场信息、种苗、柑橘生产的物质投入品（如农药、化肥）、水利设施、适合柑橘生产的农机具机械、果农生产技术准备等领域。①柑橘种质资源收集、保存、鉴定、评价和开发利用等方面的技术；②优质、高产、多抗遗传育种技术，无病毒柑橘种苗新品种与新技术；③果品及苗木标准制订和生产技术规程制订的科技需求；④柑橘及其加工品市场信息收集、整理与发布的科技需求；⑤适合柑橘生产的农药、化肥的技术需求；⑥以节水灌溉为主的果园喷灌、滴灌、微灌、间歇灌等节水技术；⑦适合柑橘生产的中小型农机具机械的研究与开发；⑧柑橘技术推广应用与果农的技术培训；⑨其他基础性工作和能力建设。

（2）产中领域

产中领域包括品种改良、果树栽培、果园管理、病虫害防治等领域。①柑橘高接换种及品种改良技术；②优质、高产、高效配套栽培技术；③优质无公害果品生产技术；④高效集约设施化种植技术；⑤光、热、土、肥、水等农业资源高效利用技术；⑥柑橘病虫害有效可持续控制技术；⑦果园管理规范、规程及其操作技术；⑧优良柑橘品种种植基地建设。

（3）产后领域

产后领域包括果实采收、采后商品化处理、储藏、保鲜、包装、运输、品牌创立、加工及综合利用、营销、贸易、检疫检验等领域。①果品采后储藏保鲜加工等商品化处理技术，包括果品的清洗、打蜡、包装及品牌的创立；②柑橘采收、分级、包装、储藏、运输、保鲜、销售等完整冷链流通系统工程及其技术；③果品质量检测技术（尤其是对农药残留的快速检测技术）、转基因果品的安全评价技术体系的建立；④优质柑橘罐头加工技术；⑤橙汁加工技术；⑥其他柑橘加工和综合利用技术；⑦植物检疫检验技术；⑧市场营销战略研究、营销技术开发、加速柑橘营销体系科技进步；⑨促进柑橘及加工品出口的贸易技术。

第 5 章
我国柑橘核心技术竞争力分析

5.1 国外柑橘主产国柑橘科技的特点和动向

世界各国的柑橘研究主要表现在遗传育种、生物技术、栽培技术、病虫害防治、采后商品处理和加工技术等几个方面。国外柑橘技术的特点及发展趋势如下。

5.1.1 种质资源

在种质资源方面，发达国家均投入重金开展资源收集、保存、评价和利用工作。近年美国、日本等国特别重视柑橘近缘属的收集，并通过常规杂交或体细胞融合，创造出许多属间、属内新种质。西班牙、美国、日本等国研究超低温保存技术已获突破性进展，开始用于柑橘种质的长期保存。

5.1.2 生物技术

生物技术是目前最活跃的研究前沿，并已渗透到其他众多领域。细胞融合技术与常规育种相结合，可创造柑橘新种质，其中培育出的一些三倍体品种和砧木品种已正式应用于商业化生产。在基因工程方面，已建成较完整的遗传转化体系并获得一些转化植株。分子生物学技术近年已取得可喜成就，已构建柑橘的 cDNA 和基因组文库，从中筛选出许多有用的探针进行分子标记，用于柑橘杂种鉴定、品种鉴定和基因作图等。

巴西主要对柑橘病源菌（杂色花叶病病菌）进行了测序，目前正在开展溃疡病病源菌测序研究。西班牙的工作主要集中在柑橘遗传转化上，获得了一个比较完整而高效的遗传转化体系，特别是在成年态的转化方面获得专利。

日本自 1995 年就把研究重点放在特异序列标签（EST）文库的构建上，目前已获得了几千个 EST 标记。同时把研究重点放在与柑橘品质有关的糖代谢相关基因的克隆上，已获得蔗糖合成的一些关键酶基因序列。法国的研究主要在分子标记上，利用分子标记对柑橘胞质基因组进行分析。美国生物技术研究开始较早，比较注意解决生产的问题。一方面开展细胞工程研究获得一批替细胞杂种，并应用于育种实践。此外，在柑橘抗速衰病（CTV）基因克隆方面做了大量研究，取得一些进展。目前还在进行柑橘采收的分子生物学研究，旨在解决柑橘采收花费大量人力的问题。加利福尼亚州开展果皮色泽的 cDNA 文库的构建，已建立了外果皮、白皮层和汁胞的 cDNA 文库。克隆了脐橙的 8-羟番茄红素合成酶基因、脐橙番茄红素环化酶基因。

巴西配制杂交组合 PERA 甜橙×CRAVO 橘群体 110 株，建立 RAPD 和 SSR 标记连锁图谱。在 PERA×MURCOTT 组合 320 株，建立了 SSR 标记图谱。在 SUNKI 橘×枳壳组合 340 株，建立 AFLP、SSR 和 RAPD 标记的连锁谱。计划通过几年时间获得 2 万个 DNA 克隆、24 万个 EST。西班牙获得了许多 cDNA 文库，包括克里曼丁橘叶片和茎段——Veg1，克里曼丁橘花瓣和花——IF1，克里曼丁橘 GA 处理后子房脱落、衰老——OF1，克里曼丁不授粉和 GA 处理子房——OF2，低温处理克里曼丁外果皮——FlavFr1，克里曼丁橘成熟果皮——FlavRip1，克里曼丁橘衰老果皮——FlavSen1，干旱条件下的克里曼丁橘叶片——Drought1，干旱条件下的印度酸橘根——Drought2，卡里佐枳橙根——Roots1，现有 3300 个克隆的微巨阵，拟通过 3 年时间获得 2 万个 EST，建立起 1 万个克隆的微巨阵。在 EST 基础上开发了 CAPs 标记，作了 CAPs 连锁图。

2003 年 4 月，由西班牙等国发起，建立柑橘基因组研究协作组，已在柑橘遗传作图，功能基因组、EST 和转化等方面进行国际合作，选择甜橙作为共同研究对象。

法国把倍性育种改良柑橘种子性状作为主要目标，利用克里曼丁×（克里曼丁×枳壳）的组合 85 株建立连锁图谱。利用 STMS（sequence tagged micro-satellite）技术对柑橘起源进化进行研究。

世界各国均将这一领域作为战略性研究和前瞻性研究，特别是日本、西班牙、巴西、美国集中了大量的国家财力进行柑橘基因组和功能基因组研究工作。

5.1.3　品种选育

品种选育与农业科技进步息息相关，品种在农业产业发展中的作用已被广大种植者所认识。柑橘品种选育是一个长期的过程，根据美国的统计，培育一个品种需要 28 年，砧木需要 35 年。近十多年来，美国、日本等国依靠其掌握的遗传资源、先进的设备条件和充足的资金保障，育出了一系列柑橘新品种（如美国的 Ambersweet、Fallglo、Sunburst 等，日本的天草、清峰、津之香等），品种更新速度和市场竞争力大大提高。从世界柑橘发展的现状、品种选育的历史和取得的成就看：世界上发展柑橘的国家或地区可以分成三类，一类是像巴西、美国和阿根廷等国，生产的柑橘果品主要用于加工。第二类是中国、日本、西班牙、南非等国，生产的柑橘果实以鲜食为主。如日本以鲜食品种，尤其是优质特早熟与晚熟品种为选育目标，在近三十年的时间内已先后不断推陈出新许多优良的鲜食熟品种，如特早熟、早熟高糖型品种"扇温州"，晚熟优质"不知火"、"清见"等著名品种。第三类是像澳大利亚、以色列、意大利等国，其柑橘果实用于加工和鲜食的比例大致相当。比较世界各国柑橘育种和品种更新换代的规律可以看出，生产鲜食柑橘的国家相对而言更加重视品种的选育和换代。世界上柑橘品种更新的周期为10～15年，这是市场的需求，且鲜果市场的需求变化远比果汁或者橘瓣罐头等加工品市场快而明显，这对选育鲜食柑橘品种提出了更迫切的要求。我国的柑橘产品主要用作鲜食，加工仅占5%左右，且加工品种缺乏。现在世界各国柑橘品种的选育目标均是针对市场要求进行的。如澳大利亚选育晚熟脐橙，多年来坚持不懈，已成为世界上晚熟脐橙品种的主供地和主栽地。西班牙针对市场对无籽宽皮柑橘果实的巨大需求，从克里迈丁橘中选育出了一批无籽品种，这些品种已成为西班牙近年来进军美国市场的排头兵。

在上述三类国家和地区中，后面两类均十分重视品种的选育，而且选育者在注意内质的同时，把许多注意力放在了果实外观上。而以加工为主的国家，品种选育重点则放在加工品质（内质）上，相对而言更加重视砧木的育种工作。但是，不管哪一类型的国家，要使其柑橘产业得到可持续发展，保持其地位，均十分重视品种选育工作。而且一般会走好"品种三步曲"，即产业中推广一批品种，形成规模、形成商品；试验示范一批品种，为未来几年的品种更新换代做好储备，形成试销样品；选育一批品系或单株，拿出样品，为更加长远的目标作储备。"三步曲"是与柑橘育种周期较长、培育一个品种要在20年以上的特点分不开的。

从育种手段来看，世界各国目前主要还是依赖常规的育种手段选育品种，这些手段包括杂交育种、芽变和实生选种和诱变育种。通过芽变选种，美国从晚熟的伏令夏橙中选出了提早10～15天成熟的Vernia夏橙，其果实糖度高，果汁颜色较"路德红"夏橙有所改善。通过实生选种美国从巴西引进的PERA甜橙种子实生苗中选出比哈姆林甜橙更早成熟的"早金"（ERALY GOLD）橙。美国加利福尼亚州大学和美国农业部通过杂交育种近年选育出高糖宽皮橘GOLD NUG-GEUT（金块）和无苦味的葡萄柚。摩洛哥通过诱变育种选出了无核的MUR-COTT。日本通过杂交育种在过去的二十年中选育出一批杂柑（橘橙和橘柚）品种，如清见、天草等。意大利通过杂交育种结合胚胎抢救获得了三倍体无核的橘橙品种"TACLE"。西班牙针对克里曼丁橘进行改良，以获得具不同熟期、大果的克里曼丁红橘，使上市期从10月延长到翌年2月。澳大利亚对晚熟脐橙品种的改良和选育，目的是为进一步提高晚熟脐橙的品质和商品性能，改善晚熟脐橙果肉易粒化、果实大小不齐的缺点。但是，必须认识到这些品种的选育均是 10 ~ 20 年前的工作。近来，世界各国均注意到将生物技术手段应用于柑橘育种中，目前，应用的技术包括细胞融合、胚胎抢救、分子标记和转基因等。这些技术目前大多是处于资源创新和技术平台的建立阶段。这些技术的应用大大加快了柑橘育种的进程。例如，通过细胞融合全世界获得了近二百个前所未有的柑橘种间或属间杂种，为进一步育种选择提供了宝贵的材料；分子标记可以很快地鉴别杂种，胚胎抢救大大提高了倍性杂交育种的效率，等等。可以相信，在不久的将来通过生物技术获得的新品种将应用于柑橘产业中。

通过对世界各国的育种方向进行分析，可以得出选育种发展趋势的以下几点结论。

1）早熟和晚熟的甜橙品种是各国的育种目标之一。鲜果销售和加工用果均希望一年四季均衡成熟。在柑橘的几大类型中，成熟期育种比较有成效的是甜橙。而柠檬由于自身的特点在许多产区可以分季节采收。宽皮橘相对而言，晚熟的品种较少。美国近年选出比传统榨汁早熟品种哈姆林更早熟的 EARLY GOLD 和 ITABORAI 两个新品种，新品种成熟更早，而且色泽较哈姆林好。

2）鲜食品种更加注重果品外观和内质，随着柑橘商品化、产业化水平的提高，为适应消费水平和营养化要求，鲜食品种更加注重果品外观内质，因此选育种目标要求大果、外观色泽鲜艳、果皮光滑，而且要求剥皮容易。内质要求少核、含糖量高、囊壁细嫩、甜酸适口、香气浓郁、耐储耐运的品种。栽培上还要求丰产稳产、适应性强。

3）加工品种注重加工性能。作为橙汁加工品种，高糖度、丰产性、成熟期是最重要的要求，其他如出汁率、果汁色泽、苦味物质含量都是评价加工品种的重要指标。

4）在世界市场趋于一体化的进程中，各国均注意到发挥自己的特色和气候优势，尽量避免产品的冲突。各国十分注意特色品种的选育，如加利福尼亚州选育高糖品种，地中海沿岸的西班牙注意克里曼丁橘的品种选育，美国农业部把注意力放在葡萄柚上，日本则抓住温州蜜柑早熟品种的选育。而澳大利亚十分注意晚熟脐橙的选育，瞄准北半球 8 ~ 10 月没有脐橙上市的空挡进行了 30 多年的育种工作，如今他们掌握了晚熟脐橙品种的绝大部分，而且，许多是专利品种。

5.1.4 栽培技术

过去几年，各国都在朝着省工节本方向发展。柑橘特别是宽皮橘修剪需要较多的人工，目前，国际上采取稀植或者简易修剪的办法降低成本。另外，巴西等国开始启动类似中国绿色产品的计划,个别农场还在试验有机栽培。在巴西和美国,信息技术已成功应用于柑橘果园管理中。果园的土壤信息和栽培的品种等信息以及气象资料综合起来,可以有效地预测巴西果园的成熟、采收最佳时期,遥感技术已在巴西的一些大加工原料果园应用。

栽培生理方面,美国将卫星遥感技术应用于柑橘园光合作用和水分生理状态分析。日本、以色列在对果实成熟、衰老生理过程研究中,进行了 ACC 基因克隆及与乙烯产生有关的激酶蛋白基因克隆。

就栽培而言,日本柑橘生产的核心技术即"高品质、省力化",围绕高品质目标,进行省力化栽培。在具体栽培操作中,品质优先于产量。与日本的柑橘产品相比,中国内地的柑橘鲜果90%以上品质较差。

5.1.5 病害防治

病害防治方面,在柑橘病毒病、类似病毒病害诊断上除了 ELISA 技术外,近年采用 PCR 等分子生物学技术进行诊断。以色列已成功推出一种可防治青绿霉的酵母菌生物防腐剂,该剂可与4D、GA 混用或混入果蜡液中。果实采后储前热处理(热空气或热水)减少青绿霉菌侵害的研究已获成功,并开始在美国、以色列、南非应用。

国际上十分重视常见病虫害以及新出现的病虫害研究。特别注意天敌资源的引进和应用。这一方面,过去几年,我国基本上处于停顿状态。没有多少人和经费对我国的柑橘病虫害进行研究。国际上除了进行生物技术的研究外,把生物防治作为重点进行研究。

5.1.6 采后商品化处理

日本于20世纪80年代为提高柑橘的商品化处理水平,开始研究柑橘果实的无损伤光敏内质(糖、酸)检测技术,并于90年代初将这项技术应用于生产,仅短短的2年时间即在全国的柑橘产区普及该项技术。目前,日本是世界上唯一拥有该项技术的国家。经上述设备商品化处理后的果实,不仅能达到外观一致,而且可同一风味。这无疑将大大提高其他国家柑橘鲜果进入日本市场的门槛。

产后鲜果处理,意大利等国利用计算机技术和光谱技术对果实外观色泽进行识别和分级。

柑橘品质综合提升技术,主要研究推广包括修剪与疏果技术、营养诊断配方施肥(有机肥为主)技术、反光膜覆盖控水技术、完熟采摘技术等综合配套栽培技术,使柑橘品质得以不断提高,一般可溶性固形物可提高2%以上。日本的柑橘鲜果让人尤感满意的是质地好与口感极为化渣，当然其国内鲜果价格也是世界上最贵的。

5.1.7　加工技术

（1）橙汁

1）柑橘汁加工方面。当今世界柑橘汁的主流产品是传统的冷冻浓缩橙（橘）汁（FCOJ 及 FCTJ）和新兴的非浓缩还原橙汁（not-from concentrate，NFC）两大类。我国在 20 世纪 80 年代已引进以真空加热浓缩为关键技术的冷冻浓缩橙汁生产线 30 多条，而国外的相关技术已有所发展，主要采用真空闪蒸浓缩法和反渗透浓缩法和超滤浓缩法。NFC 品质优良、新鲜感强，90 年代迅速发展起来，10 年中，美国 FCOJ 的年出口量几乎没有变化，而 NFC 的出口量增加 7 倍，在柑橘汁的出口份额中也从 10% 增至 50%。因此 NFC 和 FCOJ 已处于同等重要的地位。NFC 的发展与榨汁机的创新（如 FMC 公司制造的 PJE 榨汁机和 Brown 公司制造的布朗榨汁机）有重要关系。

2）关键工艺技术方面。二次榨汁技术及树脂吸附和酶法分解的柑橘汁脱苦技术。目前，美国推出"Fresh Note"膜浓缩专利技术，把超滤和反渗透等膜技术合理组合，可把 12°Brix 柑橘原汁在常温下浓缩到 45°Brix 或更高。近年美国市场出现的 NFC 新产品，是在无菌条件下压榨制汁包装，不含任何添加剂，在冷链条件下运销，完全保持了原汁原味原营养，一上市就受到消费者欢迎，短短几年就占据美国柑橘汁市场份额的 40% 左右。

（2）罐头

1）传统的马口铁罐头在生产自动化及某些专用技术方面，日本、西班牙仍占有一定的优势。目前，随着日本橘子罐头加工业的衰落，剥皮分瓣机的制造已停止，加上日本同行不愿输出该机及有关技术，我国有关食品机械企业至今未开发成功。橘子罐头品质改良添加剂，主要是防止汤汁白色混浊的橙皮苷分解酶及甲基纤维素（MS），前者国内空白，后者有国产品，但外商对中国制品的纯度及安全性不信任，要求在出口橘子罐头中使用进口品。另外，在杂柑类罐头中为减少苦味而添加的柚皮苷分解酶也必须依靠进口。

2）新兴的气密型塑料软罐头。以 EVOH 阻氧材料为中层的复合塑料杯橘子等水果软罐头正在国际市场兴起，大有取代部分马口铁商品罐型制品及玻璃瓶装罐头的势头，是柑橘等水果罐头产业新的增长点。关键设备是灌装封口机（packshearer），日本生产该装置的企业存在对我国封锁的倾向。

（3）深加工

在深加工方面，处于世界领先地位的主要有丹麦、美国的果胶产业化技术

[在近年交流中，丹麦方面已进行了用浙江温州蜜柑果皮提制果胶的试验，从其果胶得率（产量）、品质、效益分析，得出了不可行的结论]，美国、巴西的柑橘皮奶牛饲料产业化技术，日本的柑橘纤维素产业化技术等。日本、美国在柑橘功能性物质 β-隐黄素、柠檬苦素及多甲氧基黄酮类的分离技术上处于领先地位。如日本已申请以温州蜜柑皮提取 β-隐黄素技术的发明专利，美国和日本合作开发研究具有抗癌功能的柠檬苦素取得一定成果，但均未见实现商业性生产。日本已确立橙皮苷的深加工产品——橙皮素单葡萄糖苷的产业化生产技术。美国、巴西、西班牙等国由于柑橘汁加工业发达，使其甜橙类果皮的集中程度高，确保了其在果胶、香精油玛茉莱果酱、奶牛饲料的产业化生产及功能性物质开发研究方面的原料优势。

在某种程度上可以说，没有柑橘汁加工业的发展，就不能形成甜橙类果皮的集中性，也就难以实现柑橘加工副产品的深加工产业化。同时，特有柑橘品种也是某些深加工制品的必要条件，如日本特有的香橙确保了"七味调味料"生产中香橙皮粉的需求；国外流行的玛茉莱果酱生产中所用的柑橘皮要求香味浓郁、果皮色素层橙红色、白色层不松散、切片性良好。

5.1.8 柑橘科研、教育与推广体系

在美国、日本等国都建立有层次分明、重点突出、服务对象明确、效率高、资金有保障和针对性强的柑橘科研、教育与推广体系。

美国联邦政府在柑橘主产区建立了专业化程度高、精干高效的理论性和基础性的研究所或试验站，以稳定而高强度的资金投入来资助基础性或重大项目的研究，为全美柑橘产业的发展提供技术支撑和服务。联邦政府也对一些州及州立大学的专门科研机构给予一定的资助，这类机构进行一些涉及区域性问题的应用基础或重大栽培问题的研究，解决较大范围发生的生产问题。各州政府提供一定的资助，依托其大学的相关学科或试验站，建立主要作物的研究中心、研究教育中心或试验站，研究解决当地生产发展中的重要技术问题并组织新品种、新技术的推广应用。这些科研项目的经费预算来自于税金，因此其成果均免费提供给作为纳税人的果农使用。大型农场或中小型农场的合作组织，根据自己的需要筹集一定资金（每箱鲜果提取 1 美分）建立果农科技基金，并提出研究项目以招标的方式委托科研单位执行，以满足自己生产发展的需要。一些大型公司（如新奇士、施格兰公司等）则建立自己的研究所，开展有关研究工作，这些研究工作主要为公司自身的生产发展服务。这种层次分明、力量强大、各有侧重的科研与推广体系，保证了美国柑橘产业的持续发展。

5.2　柑橘技术水平高低与市场竞争力关联度分析

分析柑橘产业的发展不难看出技术对于传统种植业所起的作用。从一家一户种植柑橘到规模化种植，病虫害防治技术起了关键作用，从果品生产到商品化生产过程的产后环节更是工业技术进入的具体表现；从果品就近销售到远距离销售依靠的也是保鲜和冷藏技术；而从生产果实到生产果汁、香精油、果胶则更是技术投入的结果。

5.2.1　科技技术使果农生产出优质批量的果实

品种是种植业的最重要的因素。一个优良品种可以改变一个产业，我国在20世纪80年代以前，脐橙种植很少，主要原因是品种的丰产性不好，80年代以后，引进了新一代丰产的品种，使脐橙产业迅速发展。一个新品种可以改变市场，提升市场竞争力。近年西班牙出口北美市场的宽皮橘量大幅上升，主要得益于他们过去20年对"克里迈丁"品种的改良，使原来果实较小的品种变成果实较大的品种，而原来有籽变成了无籽，两个方面的改良大大提升了克里迈丁橘的市场竞争能力，使其在北美市场销量上升，以致美国不得不采取技术壁垒进行限制。同样，以前以色列本来出口到中国的柑橘鲜果不多，由于他们引进美国的新品种并从中进行选择，培育出 Sweetie 柚，十分适合中国人的口味，近年出口中国的量较大。

5.2.2　科技使得柑橘品种突破了原有的时空局限，成熟期拉开，鲜果供应期大大延长

新鲜农产品的季节性差异造成的价格差异有时超过了内在品质和外观品质。过去农产品打时间差、季节差异最简单的办法就是南北半球的差异。柑橘科技的进步使得在同一地区可以实现周年鲜果供应。柑橘是所有水果中能通过品种实现周年供应为数不多的种类。这一技术得益于品种改良和栽培措施的配套。在日本还通过工程措施如温室栽培实现某一个品种类型（温州蜜柑）的周年鲜果供应，实现了新鲜农产品像工业品那样一年四季均可上市的梦想。

5.2.3　科技使生产成本降低，提升产品的竞争力

世界各国均在研究降低成本的技术，如机械化采收，自动化灌溉施肥、病虫害综合防治，科学的管理和组织形式。例如巴西的加工用甜橙成本只有我国的

1/2 ~ 1/3,主要依赖于规模化，机械化。而美国目前生产的柑橘其成本与我国稍微高一点，主要是采收成本比我们高，其他如农药化肥等开支比我国要低，相比之下我国的施肥技术和病虫害综合防治能力与他们有较大差距。如果柑橘果实突破了机械化采收问题，美国的柑橘生产成本将会比我国低。

5.2.4 科技使产业链条延伸，达到利润的最大化

根据对世界柑橘产业的分析，发现一个规律，即在柑橘产业比较发达的国家，柑橘成本与零售价的比例大约为1:10的关系。也就是说柑橘产业最后形成的产值中80%是靠产后实现的。柑橘果实是一个有生命的物体，从离开树体后每延长一天均是向衰老走近了一天。依靠科技使得柑橘保鲜成为现实，并可以远距离运输。科技更进一步突破了种类和品种的时空局限，使产业链条得到延伸，产业链条的延伸提升了竞争力，实现了产品的利润最大化。

过去我国柑橘处于供不应求的状况，绝大多数没有考虑产后处理问题，近年果品生产出现相对过剩，各地引进采后处理包装线，使一部分果实的竞争力得到提高，出口量也增加，如广东中山杨氏兄弟，引进了柑橘打蜡包装线，将湖南、江西、湖北的柑橘打蜡处理后出口，销往加拿大、中国香港等地，在实现他们公司效益的同时，使中国的柑橘有了自己的品牌，批量进入成熟的国际市场。

全世界柑橘果实的34%左右是用于加工的。我国的加工品主要是罐头，而橙汁主要依赖进口，就罐头而言，我国引进日本的一些技术，使过去那种锅煮手搬的状况得到改进，提升了出口竞争力，加上劳动力优势，"我国成为世界罐头主要出口国"，有望将西班牙挤出日本市场。同样，橙汁加工中目前世界各国大都采用的是美国的技术（浓缩汁技术），而美国在20世纪80年代之后非浓缩技术逐步开发成熟，目前，北美市场中橙汁消费增长最快的是非浓缩橙汁。

5.2.5 质量标准、知识产权（品牌、专利）是柑橘产业发展的基础

一个好的商品没有品牌、没有标准同样缺乏竞争力，近十多年来，国际农产品生产销售逐步按工业产品的模式进行。21世纪，世界橙汁市场如果追其来源，大约50%来自巴西，但巴西的橙汁进入日本后，大多贴上美国的商标，按美国标准进行生产。巴西榨汁工业中，每年要给美国支付大笔的专利费用。我国目前使用的柑橘果蜡大多进口FMC等公司的专利产品。据美国新奇士（Sunkist）公司的资料，该公司每年从直接销售柑橘产品中收入10亿美元，而从出售自己的知识产权（包括商标、专利等）获得另外10亿美元的收入。这些事实说明柑橘产业不仅要注意商品，还要注意商品的外延——文化的内涵、质量、品牌等。加

入 WTO 后，我国柑橘产业的发展缺乏标准、品牌，只能成为世界柑橘产业链条中的一环（生产果实），大多数利润转移到商标、专利拥有者手中。

5.3 我国柑橘科研工作取得的主要成就及评价

资源研究方面，经过几十年的柑橘种质资源收集、保存工作，在 20 世纪 80 年代末正式建立起国家柑橘种质圃，21 世纪初收集保存柑橘属及近缘属植物材料 944 份，其规模和数量居世界第五位。柑橘种质资源收集、保存、评价、利用体系不断完善，并有重点地开展了砧木筛选、抗性鉴定等工作。70 年代末 80 年代初开展的全国柑橘区划试验，摸清了我国柑橘生产现状，提出了柑橘生产的生态最适宜区和适宜区，并对甜橙和宽皮柑橘类进行了国家和省一级区划。

品种选育方面，近二三十年来我国自己选育和引进的主要柑橘栽培品种有近 120 个。可以说，我国目前推广应用的柑橘良种，差不多是集世界之大成，自 20 世纪 80 年代及其以前国外选育出的新品种已大体收齐，其中许多已通过试种评价，在生产上成为主栽品种，对促进我国柑橘业的健康发展作出了积极贡献。

在生物技术方面，20 世纪 70 年代我国已建立和完善柑橘组织培养体系并在国际上首次获得柑橘胚乳培养的三倍体植株。目前，我国在利用细胞工程技术创造柑橘新种质和基因工程育种方面已达到或接近世界先进水平，在分子生物学技术方面也取得一定进展。

栽培生理及现代栽培技术研究方面，柑橘矮化密植、早结丰产研究，柑橘大小年结果生物学特性及花果量预测、控制研究，细胞激动素和赤霉素等植物生长调节剂作用机理并用于提高脐橙等无核少核品种着果率研究，柑橘营养指标、施肥技术、菌根应用、铁锌等微量元素效用及其机理研究等，均取得若干成果或进展，并应用于生产。

主要病虫害防治研究上，在病害方面，着重对黄龙病、裂皮病、碎叶病、温州蜜柑萎缩病等柑橘病毒病和类似病毒病害的病原、鉴定及脱毒技术进行了研究，并取得较大进展。20 世纪 70 年代和 80 年代初，在广东、广西、福建等省份应用热处理和四环素浸泡接穗繁殖无病苗木并建立一批无黄龙病、溃疡病的苗圃和母本园；80 年代中期以来，四川、湖南等省份相继采用茎尖嫁接脱毒和热处理以及指示植物鉴定技术建立无黄龙病、裂皮病、碎叶病的母本园和苗圃。在虫害方面，着重研究了蚧、螨类害虫的发生规律、测报方法及综合防治技术，筛选出多种有效的杀虫、杀螨剂，取得若干成果并应用于大面积生产。

在产后鲜果储藏方面，主要研究了简单易行的通风储藏库结合药剂处理、薄膜包果储藏技术，提出了一整套储藏保鲜技术，使甜橙可储藏半年以上，腐损率控制在 5%~10%，已在生产上广泛采用。

在果实加工及综合利用方面，"六五"期间进行了柑橘罐藏良种选育及有关加工工艺研究，确定了 12 个罐藏良种，改进了工艺流程；"七五"期间开展了柑橘汁用品种筛选及加工适应性等研究，基本明确了锦橙等系列榨汁用良种；"八五"期间进行了柑橘皮渣再生利用研究，研制出皮渣发酵饲料、安全无热量的新型甜味剂——二氢查尔酮以及高档低糖鲜香蜜饯柑橘晶瓣和皮金条。这些成果为我国柑橘加工业的发展打下了基础。

5.4 我国柑橘产业存在的主要技术差距和问题

尽管我国已跃居世界柑橘生产大国之列，但研究力量与美国、意大利、日本、以色列等发达国家相比仍有较大差距。我国在某些研究领域，如常规育种、辐射育种及细胞工程技术等方面达到或接近世界先进水平，某些领域才刚起步（如分子生物学技术），而其他一些领域基本上尚未涉及（如计算机技术与其他新技术的结合等）。与国外同类技术比较，我国存在的主要技术差距与问题如下。

（1）对种质资源（包括砧木）的评价、研究和利用还不够深入系统

如对种质资源（包括砧木）的评价、研究和利用还不够深入系统。特别是 20 世纪 80 年代中期以来，由于体制变化等原因，整个柑橘研究均走下坡路，育种工作逐渐萎缩，21 世纪已处于停滞的状态，从事相关工作的单位和人员已寥寥无几，21 世纪生产上推广的良种，多数为从外面引进的品种，这与柑橘生产大国的地位极不相称。尤其需要指出的是，在种质资源保存方面，由于无固定维持经费，管理粗放，遭受病虫危害和自然灾害侵害严重，柑橘种质丢失严重。国家圃由 80 年代末期的 1200 份保存量减至目前的 944 份，地方圃保存量减少近 1/2，并有进一步减少的趋势。这使我国柑橘种质保存量的世界排名由第三位退至第五位。

（2）柑橘育种特别是杂交育种进展不大

我国柑橘育种工作由于历史原因，起步较晚，加上中间各种原因造成的工作不连续，使得育种工作，特别是杂交育种进展很小。过去二十年，通过杂交育种选出的优良品系有橘橙 439、红玉柑（浙江黄岩柑橘研究所），通过锦橙与宽皮柑橘的杂交育种，还获得了晚熟性状明显的晚蜜 1 号、晚蜜 2 号杂柑（中国农业科学院柑橘研究所），显著延长了果品采收期。我国过去二十年选育出的一大批品种均是来自于芽变选种和实生选种，如华中农业大学通过芽变选种先后选育出国庆一号、国庆四号早熟温州蜜柑及华红脐橙。中国农业科学院柑橘研究所选出了脐橙 4 号、塔罗科新系、少核的锦橙；通过诱变育种获得了中育 7 号锦橙。此外，其他省市研究单位通过选种获得了晚熟的芦柑（福建）、无核大红甜橙（湖南）等。

我国柑橘产业中引进的品种较多，目前栽培的脐橙品种和夏橙品种大多是由华中农业大学和中国农业科学院柑橘研究所在 20 世纪 70～80 年代引进的。进入

90 年代，引种工作一直没有中断，近年，这两家单位先后通过正规渠道引进了一大批甜橙和杂柑品种，为进一步选择提供了基础。自 70 年代末期以来，这两家单位开展了生物技术的研究，目前在柑橘细胞融合、分子标记和转基因方面与国际水平相当，创造了 30 多个柑橘种间和属间体细胞杂种。开展了新的杂交组合，获得了一批三倍体后代。

总体上分析，我国柑橘育种与发达的国家相比，差距在于杂交育种缺乏连续性，因此，育种材料的积累不及他人。在芽变选种、实生选种方面由于我们人多眼多，而且资源丰富，我们并不比其他国家落后。在育种的新技术和新手段方面与其他国家相当。

（3）无病毒苗木繁育体系尚未形成

无病毒栽培在一些发达国家已经普及，我国还刚起步。苗木繁育体系的不规范导致苗木良莠不齐、病虫传播得不到控制、成本增加、果园生产效率低。

鉴于无病毒苗木繁育体系建设技术性强且要求注册管理，需要主管业务部门与科研单位和生产部门合作，建立完整的体系。20 世纪 70 年代末和 80 年代初，中国农业科学院柑橘研究所及华中农业大学分别主要从美国和西班牙引进一些无病毒脐橙品种等在国内推广应用，取得良好结果。"柑橘良种及配套技术引进与推广项目"（农业部"984"项目，1999～2002 年）由农业部种植业司、中国农科院柑橘研究所和华中农业大学共同主持执行（参加单位有 6 个柑橘主产省市），加上美国施格兰公司对重庆市忠县的援助项目（1998～2004 年）的实施，已储备了较多的国外无病毒良种材料。经过几十年的不断积累，中国农业科学院柑橘研究所已基本建立起柑橘无病毒良种库，现已储备无病毒柑橘优良品种（系）150 余个。为了加速全国柑橘栽培无病毒化进程，2000 年农业部确定在重庆北碚中国农业科学院柑橘研究所建立国家柑橘苗木脱毒中心，在湖北武汉华中农业大学建立国家果树脱毒种质资源室内保存中心。2001 年农业部确定为重庆市和湖北省各建一个省级无病毒果树良种苗木繁育中心（场）。

（4）品种选育工作断断续续，缺乏系统稳定的育种计划

世界柑橘主产国把品种选育作为产品开发的先锋，稳定持续的育种计划培育出一大批新品种。一个以生产鲜果为主的国家，十分重视柑橘新品种的选育，保证品种领先。我国今天栽培的大多数脐橙品种和温州蜜柑品种均为国外引进，缺乏自己的产权。我国的柑橘育种工作在大抓粮食生产的时代投入很少。20 世纪 90 年代以后，农业部有一些投入，进入"九五"后，由于机构改革，中途中断投入达 3 年之久。加上机构调整等原因，柑橘育种工作实际上自 90 年代中后期是在下滑。进入 21 世纪，国家重新抓柑橘育种研究，目前处于恢复阶段。

（5）检疫性病害危害比较严重

黄龙病和溃疡病是柑橘的两大检疫性病害，我国在20世纪90年代以前，对这个病害还有一些研究。90年代中期以后，研究很少。加上农业种植体制的变化和苗木体系的不健全，过去几年，这两个病害在广东和广西等地危害较重。溃疡病还时有在以前的非疫区发现。如果这两个病害得不到有效控制，它们将威胁整个产业，导致成本上升、效益下降，而且会成为柑橘果实出口的一大"心病"。一些发达国家对柑橘病害的研究投入很大，每一个病均有专门的研究人员进行研究。像速衰病，美国研究人员不下10人。他们对于各种病害的发生传播规律研究较清楚。黄龙病是我国和一些东南亚国家的柑橘病害，目前对其传播规律，如其传播媒介木虱的迁飞缺乏研究，在防治过程中显得十分被动。

（6）无公害栽培的整套技术缺乏组装

无公害栽培技术是所有农产品发展的方向，然而，对于适合我国的无公害（低残留）的整套栽培技术还没有规范，有的还缺乏关键技术，如针对某一个产区的肥料配方还缺乏等。

（7）产后处理和加工技术基本上是引进

我国生产上应用的中型和大型打蜡设备基本上是进口，打蜡用的果蜡也基本上是进口。加工罐头的设备部分为国产，而橙汁生产和勾兑的设备基本上是进口，缺乏自己的技术和设备。浙江一带生产的小型打蜡设备基本上是仿照日本20世纪70年代的产品。

（8）缺乏对国内外柑橘市场的研究分析，柑橘经济研究刚起步

柑橘产业在我国目前为100亿元的产业规模。但是，我国缺乏对市场、成本等方面持续稳定的研究，而在柑橘产业发达的国家具有柑橘经济方面的人才对技术的经济可行性进行研究。我国在加入WTO后，已经开始了这方面的研究。

（9）技术创新与推广体系不健全

我国在柑橘产业发展方面的科技投入严重不足、科技保障不力、技术创新与推广体系不健全，仅有的一个全国性专业研究机构也处于"半饥饿"状态，科技服务与推广体系也处于"线断人散"的局面。其结果导致柑橘科学研究难以深入、生产中的问题难以及时研究解决、新品种选育与推广工作严重滞后于生产发展的需求、新技术与新成果难以及时有效地推广、生产经营效益难以快速提高，这些已经成为影响我国柑橘业健康持续发展的重要因素。在此情况下，我国本身就相当脆弱的柑橘业要与蜂拥而至的国外柑橘产品竞争，前途堪忧。

成果应用与生产的结合不够紧密、科技成果转化缓慢、不少技术没有应用、针对生产上的问题开展应用研究或应用基础研究缺乏强有力的推动机制。

第6章
提高柑橘核心技术竞争力的
科技行动方案

6.1 我国柑橘产业发展定位及科技主攻方向

6.1.1 我国柑橘产业发展定位

通过对我国柑橘鲜果及其加工品的研究分析，可以看出有些方面有比较优势，有些方面有一定的差距，有些我们近期还无法跟上，有些在国际上也只是刚起步或还是空白。我们对2010年后我国柑橘产业发展的战略作如下定位：

第一，我国具有比较优势的产品有宽皮橘、脐橙鲜果以及柑橘罐头，这些产品由于我国具有劳动力低成本的优势，在较长的时期内具有国际竞争力，可以做大做强，积极开拓国际市场空间，扩大出口，保持我国橘瓣罐头的优势。作为鲜食为主的国家，应该把品种选育作为重要任务，保持品种和产品的新颖。

第二，我国比较优势不明显、但国内有较大市场需求的产品，包括加工用甜橙、浓缩汁及无病毒苗木。对于这类产品要积极开发替代产品，保住和扩大国内市场份额。为此应该积极开发出自己的专利深加工技术，同时加强非浓缩橙汁技术在中国的应用。

第三，我国不存在比较优势的产品，同时在一段时间难以赶上先进国家技术，主要有非浓缩汁及其生产技术。对于该类产品一方面要在有条件的地区发展橙汁专用加工甜橙生产基地，另一方面在条件成熟时引进消化非浓缩汁生产技术和设备，实施进口替代战略。

第四，在国际上刚起步或还是空白的领域，如柑橘深加工产品、活性物质等。属于世界均刚起步的技术领域，我们应该迅速起步，努力获得具有知识产权的技术、工艺和产品。

6.1.2 柑橘科技主攻方向

柑橘产业发展需要各方面的共同努力，有的是产业组织问题、有的是建立法规和制度、有的是政策调整问题。我们认为柑橘科技的主攻方向有如下几个方面。

1) 从单纯数量增长型科技发展转向数量、质量、效益兼顾型，在牢牢抓住柑橘总量增长的同时，发展柑橘高产、优质、低耗、高效技术。

2) 把优质作为柑橘业未来 15 年科技发展的主导方向，通过育种、栽培和采后处理、加工等技术的综合攻关，大幅度提高柑橘产品质量，加速名、特、稀、优、新产品的研究开发，提高优质产品的市场占有率和市场效益。

3) 突出柑橘产业结构调整与优化，瞄准调整和优化柑橘产业结构和品种结构的技术需求，研究建立柑橘鲜果—采后商品化处理的优质品牌果品—柑橘罐头、橙汁及柑橘精深加工综合利用三元结构的综合技术体系，延长产业链条，实现柑橘产业的利润最大化。

4) 着眼于有效提高土地、水、光、热、气等自然资源的利用率，加强不同柑橘地带高产综合栽培技术体系和水、肥资源管理技术体系的研究与开发。

5) 以可持续控制为技术发展方向，研究适应于可持续发展的柑橘控害减灾技术体系，增强柑橘业整体防灾减灾能力。

6) 从 21 世纪上半叶柑橘业科技发展的长远战略储备角度，集中财力加强基础性研究，加强基础性、前瞻性研究的战略储备，如柑橘基因组和分子育种研究，特别关注基础性研究中的自主创新能力的发展。

7) 以抢占高新技术战略制高点为基本目标，加强柑橘业高新技术的研究开发与应用，并尽快产业化，提高柑橘业科技总体水平。

6.1.3　柑橘技术方向的调整

1) 柑橘种质资源收集、保存、鉴定、评价、育种材料创新等方面的技术由注重收集、保存向重基因资源鉴定、功能基因克隆、材料创新的技术方向发展。

2) 资源收集由国内转向国外；资源保存由常规方法转向超低温、超干燥、离体基因库等保存技术与常规种植相互补充转变。

3) 育种技术和方法由以常规技术为主转向以常规技术与现代生物技术相结合转变。

4) 品种培育上，由选择早熟、无核等为育种目标向早熟、晚熟、无核、抗病、特色方向发展。由种植"洋"品种向开发地方良种、特色品种转变。育种路线上由依赖进口逐步向自主选育为主、引进为辅转变。

5) 柑橘生物技术由注重基础研究、应用基础研究转向基础研究、应用基础研究和产业化并重。

6) 柑橘育苗由传统的露地育苗，逐步向温室大棚容器育苗转变。

7）栽培观念由追求产量向追求品质和效益的方向转变，由注重内质向注重外观和内质方向转变；由过去生产一般的果品向生产无公害果品转变。由20世纪80年代的计划密植向合理密度、适当稀植方向转变，以减少病虫害危害、提高品质。由强调精细修剪向大枝修剪省力方向发展。

8）施肥方面，由一种肥料全国使用向产区专用配方肥料方向发展。

9）病虫害防治由单一的农药防治向综合防治方向发展。柑橘重大病虫害灾情监测预警技术向遥感监测技术自动化、预测决策智能化、信息收集和发布网络化方向发展，重大病虫的致害及其变异机理、品种抗病虫性遗传机制、抗病基因产物的作用机理等研究向分子水平发展，农药及其施用技术向环境相容的高效、安全、新型的生物农药、植物源农药等方向发展。

6.2 提高我国柑橘竞争力的核心技术

基于目前我国柑橘产品在国内外市场上的竞争能力以及产前、产中、产后环节的不足，为提高我国柑橘产品的市场竞争力而筛选的核心技术包括下列几个方面。

（1）品种选育

满足不同成熟期和不同用途的鲜食及鲜食加工兼用的配套品种选育，通过芽变选种等育种途径获得不同成熟期的品种，实现我国柑橘品种的熟期合理搭配。

柑橘由于具有多胚现象，有性杂交很难得到杂种；柑橘许多品种是性器官培育，无法通过有性杂交实现基因重组；加上育种周期长等原因，要在短期内实现我国柑橘品种的熟期配套，最佳育种路线是通过芽变选种。结合现代的分子生物学方法，可以获得清楚的变异单株的特异DNA标记，为新品种保护提供科学依据。目前通过芽变选种我国已经获得了一批有价值的柑橘变异单株，例如，晚熟椪柑，2月成熟，比现有品种晚2个月；晚熟脐橙，3月才成熟，比目前栽培的品种晚2~3个月；早熟脐橙，10月上旬能上市。

（2）无公害栽培的关键技术、措施与组装配套

无公害栽培是提升我国柑橘竞争力的重要举措。研究其中的规律和关键技术、配套成体系是向柑橘产区全面推广的基础，如生物农药的筛选和复配、农药合理有效使用技术、农药残留代谢规律研究、生物防治。

（3）提高品质降低成本的关键技术

目前，我国柑橘品质，特别是温州蜜柑品质与20世纪80年代相比不但没有提高，反而有所下降。近年来，我国一些产区通过改变栽培模式温州蜜柑品质得到提高。对品质形成规律进行研究，并进一步开发出一些节本增质的技术，可以提升我国宽皮橘的竞争力。研究、实施下列配套组装栽培技术：①高品质栽培的

配套技术。应当以获得外观美丽、大小均匀、高糖适酸、高维生素 C 和高纤维素的优质果为目标，大力研究推广疏花疏果、采前控水、合理修剪、畦面覆盖等配套技术。②轻型设施栽培技术。在今后 10~20 年内，我国的设施果树还将处于起步阶段，应优先采用力所能及的简单设施，逐步推广无加温塑料顶棚快速密植栽培技术、地膜覆盖技术、反光膜应用技术等，以调节产期、提高品质。在有条件的地方，可建立现代微机控制设施果树栽培试点。③节水栽培技术。研究推广挖穴埋草、微喷灌、滴灌等节水技术以及节水抗旱和抑蒸保湿技术。④省力化栽培技术。抓住果园管理中防治病虫害、修剪、山地果园运输等环节，研究推广病虫害生物防治，大枝修剪和山地单轨运输机、上下双向喷雾机等适用机械。⑤配方施肥技术。研制和推广不同果树的专用复合肥、生物有机肥、高效叶面肥、合成缓效肥土壤改良剂，全面落实"沃土计划"，大幅度提高果园土壤的有机质含量。

（4）容器（无病毒）苗的工厂化生产与栽培

无病毒苗工厂化生产的容器苗可以提高产量和品质，保证种植的健康和纯正。根据重庆和江西等地的试验，容器苗由于带土移栽，苗木的根系在移栽中没有受到伤害，苗木成活率达到 99% 以上，而且没有缓苗期，种植后生产很快，进入结果期比传统的苗木早一年到一年半。采用容器苗由于是集中生产，可以有效控制病害，采用无病毒接穗可以保证品种不带毒和种的纯正。

（5）重要病虫害的综合防治关键技术和措施

持续推进黄龙病、溃疡病、实蝇等主要病虫害的发生、传播规律和防治技术研究。我国柑橘产区南部大多数橘园有溃疡病的零星危害，但是，近年，有的果园防治得很好，基本上没有危害，进一步对溃疡病的发生规律和防治技术研究对于保证我国南部柑橘带的发展十分关键。对于北部温州蜜柑产区，裂皮病、速衰病等病害的危害较重，对阻止这些病害的发生、传播和防治，如采取弱毒系交叉保护等技术前景很好。

（6）产后处理和加工技术

我国柑橘产后处理、深加工技术和产业化领域与发达的国家差距较大，我国应该选择柑橘深加工方面进行研究，如提出活性成分，或者其他工业用途成分的技术和工艺，一旦技术成熟，可以利用我们的原料优势形成一定规模的产业，达到延伸柑橘产业链条、增加附加值的目的。亟待开发研究组织攻关的课题主要有柑橘软罐头生产关键技术和设备的研究、消化和开发，出口橘子罐头（马口铁罐装）现代化生产示范工程项目，NFC 型鲜橙（橘）汁、混合柑橘汁（橙橘汁、杂柑橙橘汁）生产工艺及配方的研究，冷冻浓缩柑橘汁苦味的控制技术开发研究，柑橘皮渣二次榨汁技术的研究，柑橘深加工产业化技术研究。

（7）引进品种和配套技术的消化和再创新

我国近年通过"948"计划引进了一批柑橘品种和配套的技术，发挥这些品种和技术的潜力可以在短期内解决产业中的品种花色和熟期问题，使我国柑橘品种结构得到优化。进行柑橘加工专用品种的引进、选育及加工原料示范基地的建设，在此基础上进一步创新，可以缩短我国与发达国家的差距。

客观地分析以上 7 个方面，我国在芽变选种等育种方面与世界水平相当，经过 5～10 年可以处于世界领先水平。溃疡病和黄龙病是我国危害最重的病害，预防溃疡病方面我国做得不如别国，但是我国在治疗溃疡病方面有比较成功的实践经验，处于世界先进水平。我国近年在提高柑橘品质和摸索新的栽培模式方面有自己的特色。引进技术在未来还将是提升我国柑橘科技水平的一条重要途径。

根据我国柑橘产业现状、优势领域以及技术成熟度，以上几个方面对于提升我国柑橘竞争力的优先顺序是：①新品种的示范与推广，特别是"948"计划引进和新选育的早熟、晚熟、专用品种的示范推广；②柑橘无病毒容器良种苗生产与栽培示范；③产后商品化处理设备和技术的推广应用；④高品质和无公害栽培技术集成与示范；⑤病虫害防治技术；⑥柑橘橘瓣罐头加工关键设备和技术开发；⑦柑橘深加工及有效成分的开发利用。

6.3　三大柑橘产业带的重点与关键技术

《优势农产品区域规划》将"长江上中游柑橘带"、"赣南－湘南－桂北柑橘带"和"浙南－闽西－粤东柑橘带"以及一批特色柑橘生产基地（简称"三带一基地"）规划为我国柑橘优势区域。三大柑橘产业带的重点与关键技术如下。

6.3.1　长江上中游柑橘带的重点与关键技术

（1）启动选种项目，增加拥有自己知识产权的优良品种储备

根据鲜食品种更新换代快的特点，主要针对长江上中游柑橘鲜食品种成熟期过于集中的特点，选育特早熟或特晚熟的各类柑橘品种。根据果汁加工的特点，选育出汁率高、有一定含酸量、风味好的加工品种。长江上中游土壤的酸碱度和贫瘠程度不等，一般在酸性土壤上选择枳壳作砧木。性土壤上选红橘作砧木。一定的品种和土壤条件下两者都具有缺点的，应通过杂交或生物工程技术选育新的砧木品种，增加对不同类型土壤的适应性，并有效调节植株生长。此外，加快引进新品种在长江上中游的适应性试验，筛选出适应长江上中游环境且市场需求量高的新品种及配套技术。应用生物技术持续进行新品种的选育。

（2）主要柑橘病害的预警、检测和防治

长江上中游是我国少有的柑橘无严重检疫性病害的主产区，保持这种状态是柑橘产业的健康发展所必需的，因此建立主要病害的预警、监测和防治系统极为重要。①柑橘溃疡病是一种检疫性细菌病害，在我国南方柑橘主产区为害普遍严重，造成巨大损失。由于我国目前在苗木繁育、调运、果品运输等方面的秩序尚不规范，长江上中游柑橘产业正面临溃疡病的潜在威胁。建立溃疡病的预警系统，以防为主，以确保长江上中游柑橘产区的安全。②建立柑橘病毒类病害快速检测方法，可加速母树病害鉴定和脱毒效果的确定，从而加快柑橘无毒化的进程。③随着我国柑橘品种结构的调整，茎陷类型柑橘衰退病毒对柚类和某些甜橙造成严重危害。由于此病毒是经过橘蚜传播，唯一的防治方法是应用弱毒系进行交叉保护技术。因此，分离、筛选具有保护作用的柑橘衰退病弱毒系十分重要。

（3）找出影响果实品质的具体原因及解决途径

长江上中游柑橘叶、果面青苔较易发生，部分果园霉烟严重、夏橙果实较小和中下游优质果率不高，围绕改善果实外观和内质品质进行研究，找出这些严重影响长江上中游柑橘品质的具体原因，并提出切实可行的配套栽培技术。

（4）无公害生态农业栽培模式

柑橘生产既要生产出优质果品，又要限制农药、化肥、生长调节剂等的使用，使果品所含农药等有毒物质的残留量控制在国际标准允许的范围内，还要兼顾保护生态环境、减少水土流失等，需要研究并建立符合长江上中游柑橘生产实际而操作性强的高效、无公害的生态栽培模式。

（5）主栽品种的砧穗组合

加快市场适销对路、早晚熟搭配、鲜食加工比例适当的新品种的更新换代，优化柑橘品种结构，是使长江上中游柑橘老产区柑橘产业健康发展的主要途径，也是这次柑橘产业化规划的重要内容。高改是一种在长江上中游常见的时间短、见效快、简单而行之有效的方法，但在高改过程中由于老品种所属柑橘种类和品种的不同，相同的新品种也会在生长结果特性上产生很大差异，严重影响到高改后的产量和品质。应尽快启动柑橘基砧/中间砧（老品种）/新品种的优化组合研究，提出红橘类、温州蜜柑类、普通甜橙类和柚类分别与推广主栽新品种的优化组合，指导长江上中游柑橘高改。

（6）季节性干旱的节水管理模式

长江上中游的季节性干旱的概率达到70%，使柑橘生产遭受严重的损失，也是本规划的主要风险之一。规避这一风险的方法，除了投入大量资金建设灌溉设施之外，就是在保证植株正常生长的前提下，研究在关键时期进行覆盖和临界灌溉的方式。长江上中游的生态条件与北方干旱地区有着显著不同，而且有关柑橘的水分生理和抗旱研究也很少。长江上中游主要是季节性干旱，而全年的降雨量并不少，而且长江上中游柑橘产区大都是较陡的坡地，储水困难。因此，如何在雨后尽可能长地保持土壤的墒情，在干旱时以尽可能少的水起到大的作用是一个亟待解决的问题。

（7）克服果实商品化处理后品质下降技术

果实采后进行商品化处理，是提高长江上中游柑橘外观品质和档次的重要途径，但在采后处理过程中要经过洗果、分级、打蜡、烘干、包装等步骤，使果实的内在生理发生了很大的变化，会使果实的储藏期大大缩短和使风味变淡并产生异味，这一现象在长江上中游柑橘采后处理中极为普遍。而且长江上中游柑橘产地离市场（大中城市）的距离远、途中需要储运的时间长，这一问题就严重制约了长江上中游柑橘的竞争力。既要通过采后处理提高果品的档次，又要使储藏期不缩短，就要从果实在采后处理前后的生理变化入手，找出储藏期变短和品质下降的原因，进一步提出切实可行的办法。

（8）果实留树保鲜技术

世界柑橘生产发达国家的柑橘储藏已较普遍采用留树保鲜方式，根据市场需求量的多少随时采摘上市，这不仅能保持鲜食和加工果实的新鲜度和优良的内外品质，而且可以减少果实储藏成本、减少储藏保鲜药剂的使用、降低农药残留，是柑橘储藏的重要发展方向。目前，我国柑橘留树保鲜仍基本处于空白，主要原因之一是大部分主产区冬季温度低，难于满足留树保鲜的温度条件。长江上中游冬无严寒，很少出现零度以下低温天气，是国内少有的具备留树保鲜气候条件的柑橘产区。

柑橘果实留树保鲜可以解决成熟期集中上市引起的价格下降、运输压力大、果实腐烂等一系列问题，同时可以从根本上解决柑橘果实加工厂原料供应期短的难题。另外，有利于向市场长期提供新鲜优质的鲜食果实，促进柑橘消费、提高柑橘价格、增加生产效益。因此，在长江上中游发展柑橘产业，必须利用长江上中游冬季温度较高的有利条件，针对长江上中游的生态环境特点和柑橘品种类型，尽快开发出适应长江上中游条件的柑橘留树保鲜技术大力推广应用，使长江上中游柑橘产业长期立于不败之地。

（9）果实加工关键技术

当前世界橙汁主要产品有 $65°$ Brix 浓缩汁、$30°$ Brix 半浓缩汁、非浓缩汁（NFC）和鲜榨汁。$65°$ Brix 浓缩汁加工成的还原汁由于生产过程相对简单、技术难度不高、成本较低，风味基本达到原汁风味，普遍被消费者接受，因而消费量最大。由于 NFC 品质高、质量好，其消费量已超过家庭用的 $30°$ Brix 半浓缩汁，上升趋势强劲，消费市场潜力巨大，但 NFC 的生产难度大、生产过程控制严、对原料要求高。目前我国柑橘加工研究还未对这方面开展系统研究，应该在加工企业大量生产 NFC 前解决这一技术难题。

6.3.2 赣南—湘南—桂北柑橘带的重点与关键技术

（1）无病毒容器育苗和栽培示范

赣南—湘南—桂北柑橘带具有我国其他两个柑橘产区没有的土地资源、光日和雨量资源，同时也是一个新区，新建果园面积任务很重。在新建过程中，如果能采用无病毒容器育苗技术，加上新品种，短期内可以大幅度提升我国柑橘的竞争力，相比之下，比其他两个老产区更需要这一项技术。

（2）加强新品种的引进和选育

赣南—湘南—桂北柑橘带的柑橘品种比较少，特别是优质柑橘品种更少。现在大面积栽培的柑橘品种中，温州蜜柑是 50 年以前的老品种，如宫川、尾张等。脐橙也是 20 年前的品种。赣南—湘南—桂北柑橘带的柑橘品种，中熟品种多，早熟和特早熟及晚熟品种少，果品的上市时期较短，并且多是集中上市，没有能够错开成熟期，做到均衡上市。赣南脐橙目前仅能供应 2 个月。优新品种十分缺乏，影响了目前正在进行的品种改良和结构调整。

目前世界各国的柑橘品种更新很快，赣南柑橘的进一步发展，必须要有超前意识，积极引进新品种，加强芽变选种工作。要做到使用一批、储备一批、引进或选育一批新品种。要尽快建立柑橘良种繁育体系。这对赣南—湘南—桂北柑橘带，特别是柑橘黄龙病和溃疡病区尤为重要。

（3）加强产后产业链条的建设

虽然赣南—湘南—桂北柑橘带柑橘的品质很好，但是由于没有广泛进行产后处理，没经过打蜡、分级、包装，就直接投放市场，造成了好果卖不出好价钱。赣南果业股份有限公司虽然购进了一套较为先进的打蜡分级包装线，但是由于离柑橘主产区的距离较远，又没有与果农结成利益共同体，不能收购到大量的果品，一条分级包装生产线，一年最多只能运转两个月，造成了资源的极大的浪费。

要切实建立几个效益好的打蜡分级包装线，建议发展小型的包装线，靠近基地，方便就近进行产后商品化处理、改进包装、树立品牌形象。

（4）改善栽培技术

由于赣南—湘南—桂北柑橘带的生态条件非常适宜于柑橘栽培，树体生长较旺，枝梢过多过密，造成树冠郁闭、通风透光不良，导致病虫害较多，表面结果较为严重，从而使一些果园打农药的次数过多，这一方面加大了生产成本，另一方面又影响了果品的安全性。因此，要切实注意降低栽培密度，每亩栽种的植株数应控制在 50 株以下。注意修剪，控制枝梢的过旺发生。育苗时要注意提高嫁接高度。

推行草生栽培。赣南—湘南—桂北柑橘带的降雨量较多，容易造成水土流失。要在果园的行间、梯壁以及路边栽种百喜草，既能防止水土流失、改善生态条件，又能美化环境。

（5）溃疡病等病害防治技术

该带气候温暖，病虫害危害较重，一直受到黄龙病和溃疡病的威胁。应该总结现有的一些果园溃疡病防治成功的经验，深入研究其防治机理，并编成技术规程，在整个带应用推广。这一技术的研究和示范推广，可以减少农药的使用，节约成本 20% 左右（每亩节约 150～200 元开支），提高产品的竞争力。

6.3.3 浙南—闽西—粤东柑橘带的重点与关键技术

这一带是我国柑橘出口最多的一带。该带发展重点在于，一方面要提高鲜果出口的质量，另一方面要提高罐头出口质量，提升两类产品的竞争力。

（1）普及采后商品化处理

就我国现有柑橘生产水平而言，改善外观质量问题最为突出。除通过普及相应管理技术提高栽培水平外，研制适合农户使用的小型轻便、实用耐用、廉价的，尤其是适用宽皮橘的柑橘清洗与分级机械显得十分必要。

（2）推广晚熟采收技术

我国浙江一带近年已经摸索出宽皮橘高品质栽培的一套技术。利用该产区与上海市场近的优势，推广这一技术，可以取得很好的效益。我国现有柑橘品种结构以中熟品种为主，80% 柑橘需通过储藏调节后销售。因此，为降低储藏腐烂率，果实采收一般要提前至七至八成熟采收（果实尚有自愈伤害能力），从而使果实的内质无法充分体现（尤其是化渣程度低）。再则，除华南产区外，大部分北缘柑橘产区必须在 11 月中旬霜前采收，以避免果实冻伤，至此多数中熟品种也仅能达到八成熟。根据国内试验，一般柑橘在完熟后柑橘果实可溶性固形物较八成熟相比，可提高 2% 以上，而且果实化渣程度可大为提高。可以这样说，提前采收储藏保鲜技术，是影响我国的柑橘品质的重要原因之一。若能够通过留树晚熟，改进采收技术与采后商品化处理，直接进入市场，我国柑橘品质将会大幅提高。

（3）早熟和晚熟品种的示范推广

福建气候多样，根据我们近年的品质监测，福建龙岩新罗区向南到永定，温州蜜柑成熟很早，可以发展早熟品种，使我国柑橘鲜果能在 8 月底上市，提早 1 个多月。而在福建的南部，晚熟的椪柑可以在二月采收，有效延长我国椪柑的鲜果出口期，直接提升了我国柑橘在东南亚的竞争力。

福建柑橘品种结构调整的重点是，加大闽东南柑橘带晚熟柑橘良种，以及闽西北柑橘带早熟高糖型品种、优质脐橙等的比例。相应配套开展早熟柑橘品种的品质提升技术，以及晚熟品种的延迟采收技术的研究。

（4）黄龙病简易快速诊断技术

该带南段福建到粤东存在溃疡病危害和黄龙病的潜在威胁，应将危害范围广的黄龙病防治列为重点研究项目，改良 PCR 诊断技术，推广柑橘黄龙病快速诊断检测技术，探索黄龙病免疫技术的可能性。芦柑是福建柑橘业主栽与优势出口品种，但因黄龙病的危害蔓延，使得芦柑的平均经济栽培寿命显著缩短，妨碍品质、耗费成本。为扼制柑橘黄龙病蔓延，首先应研究黄龙病的快速经济的检测鉴定技术，以便采取有针对性的防治措施。

（5）橘瓣罐头加工相关技术研究

利用我国大部分橘瓣罐头技术力量集中在该带的优势，开展橘瓣罐头加工中的相关技术研究，如开发胡柚加工出口欧美、开发新型橘瓣罐头包装材料和包装设备。

（6）精细加工技术研究与开发

利用浙江精细化工技术力量较强的优势，积极开展柑橘橘皮的深加工和功能成分的开发利用。

第7章
提高柑橘核心技术竞争力的对策分析

7.1 提高柑橘核心（技术）竞争力的战略构想

提高我国柑橘的国际竞争力，必须依靠科技进步。只有不断提高我国柑橘技术水平，在一些关键领域达到并保持世界先进水平，才能迅速提高柑橘的国际竞争力。

针对我国柑橘生产与经营中存在的主要问题，结合我国国情、经济实力和科技水平，加强常规技术应用研究和应用基础研究，并在有条件的单位开展分子生物学技术等高科技应用基础研究和基础研究，建成层次分明、布局合理，应用基础研究、应用与开发性研究、示范转化性研究和基础性工作与基地建设四类研究协调发展的科研网络。围绕制约柑橘及其加工品比较优势形成和发挥的重大科技问题，研究突破一批关键技术，以优势区域、龙头企业和生产基地为重点，集成、示范和推广一批标准化节本增效配套技术，快速提高我国柑橘及其加工品科技含量和技术水平。

7.2 采取的主要对策与措施

7.2.1 加强种质资源收集、保存、评价与高效利用

谁掌握了具有丰富遗传多样性的、性状优异的种质资源，谁就能在21世纪的全球柑橘市场竞争中占据有利地位。因此，必须加大对柑橘种质资源工作的投入，以稳定队伍，保证国家圃和生产区地方圃的正常运转，制止柑橘种质的继续丢失；开展必要的考察收集、保存策略和评价利用工作，从保存种质的多样化、种质评价的系统化、鉴定技术的现代化等方面促进种质资源的开发利用。

7.2.2 加快品种改良步伐

优良品种是优质、丰产、高效益栽培的基础。优良砧木也相当重要。进一步引进国外优良品种，有计划地选择有生态代表性的地点试种，明确其适栽范围，及时推广，这样可以较快地改进我国柑橘品种结构。在引种中，防止国外严重病虫害的带入，并在引进后的试种中注意引进品种对我国原有病虫害的抗性评价。

通过人工杂交和芽变选种获取新的优良品种是目前柑橘品种改良的重要途径。在人工杂交方面，经百余年探索已有一批单胚的优质品种用作母本，可以避免多胚干扰而获得杂交品种。此项工作需要尽快起步和长期坚持。

通过细胞工程和基因工程培育新品种是值得探索的途径。国内已有一定基础，可近一步明确目标、改善条件、加速进行。例如，柑橘抗溃疡病、真菌病害基因工程研究，柑橘离体抗性突变体筛选，用生物技术方法培育无核柑橘品种研究等。

砧木研究应予重视。我国柑橘资源丰富，有不少抗性种质，在通过砧木比较试验筛选优良砧木的同时，以抗（耐）盐碱为主要目标，通过人工杂交创造新的优良砧木。

枳是我国最重要的砧木，其类型多样，不同类型的性状有共同点亦有相异处。澳大利亚通过筛选，在生产上推广应用同一个类型（22号枳）的枳作砧木，是先进的，值得借鉴。我国已有一些试验，但不够系统，有的已经半途而废，有必要重新立项研究。

7.2.3 进一步培育与推广优良品种

积极发展鲜食品种是国内外市场和技术比较的结果，我国应利用地方品种资源丰富，气候多样、劳动力便宜的优势，积极发展鲜食品种，稳妥发展加工品种。

针对目前宽皮橘占多数的现实，研究品质形成规律，提高品质。

利用我国人多的优势，从现有资源中开展选种，真正启动我国育种计划，围绕地方品种种子多，或者熟期集中问题进行改良，选育无籽、大果的椪柑，提升竞争力；选育早熟和晚熟的脐橙等甜橙品种，延长甜橙的供应和出口期。

从西班牙等国家引进一些优质的克里迈丁品种，从澳大利亚等引进晚熟脐橙品种，从美国引进新育出的杂柑以及加工用早熟甜橙品种，弥补我国育种工作的落后和不足。

7.2.4 强化栽培技术与管理

建立规范化栽培技术、保持优良品种果实品质稳定是提高果品市场竞争力的关键环节之一。柑橘营养、水分生理及花果调控机理等应用基础性研究有利于实现优质高效栽培，并解决诸如裂果、灾害性天气异常落果等生产疑难问题。

施肥技术规范化是规范化栽培的基础。研究不同地区、不同品种合理的施肥期、元素配合和施肥量，甚为必要。研制适合柑橘的缓释/控释长效复合肥也是一个重要课题。因地制宜，通过间种绿肥、生草免耕等措施增加土壤有机质含量在不少地区亦十分需要。

修剪需要更大的灵活性。由精细修剪改为粗放的合理修剪，以节约劳动成本，提高经济效益是值得重视的。

实行标准化栽培管理，加强标准化生产和管理技术的培训，推动标准入户。进一步推广高产优质栽培技术，从育苗到种植、建园、施肥、喷灌等各个环节都从高标准、高要求进行管理，确保高产优质，降低成本，提高产品竞争力。把标准化生产示范基地建设成为优势农产品的出口基地、龙头企业的原料供应基地和名牌产品的生产基地，创立产地品牌，增强市场竞争力。

7.2.5 注重柑橘病虫害防治

病毒病和类似病毒病危害是柑橘生产持续发展的限制因子，需要加强检疫与防治。针对目前溃疡病、黄龙病危害问题，开展综合防治技术研究，从品种、栽培模式达到药物控制，建设一套有效控制两个检疫性病害的方法和技术体系，达到降低成本降低残留的目的。

通过建立全国性柑橘良种无病毒繁殖中心和各省、市柑橘良种无病毒繁殖体系，制定有关法规，加速推广应用柑橘良种无病毒苗木，实现柑橘栽培无病毒化。

随着柑橘栽培面积扩大和品种结构变化，茎陷点型衰退病对柚和某些地区甜橙的危害明显趋重。大面积的高接换种和耐病力弱的品种引进，茎陷点衰退病问题将更趋严重。

在筛选耐病品种的同时，尽快加强弱毒系交叉保护技术研究。加强应用血清、电泳以及 PCR 等分子生物学技术鉴定病毒病和类似病毒病害的研究，提高研究病原和开展检疫与防治的技术水平。

7.2.6 切实加强果实产后商品化处理环节，大力发展水果加工业

进一步强化产后储藏加工领域的研究工作。要在引进、消化国外技术的基础

上，结合我国国情，以降低生产成本和小型化为核心目标，研制具有我国自己特色的采后商品化处理及加工设备，并形成与之配套的完整的技术体系。

引导农民联合体产销队伍共同合作，建立大型分级包装线；借鉴欧盟经验，建立"运作基金"对生产者联合组织提供资助，设立水果加工业援助计划和项目；要像20世纪80年代利用外资发展家电工业那样，引进技术和利用外资，创办合资企业和合作企业，改造现有加工企业，提高水果加工技术水平，形成规模经营。

积极筛选加工配套的专用品种，引进吸收、消化非浓缩汁生产技术，为实现中国橙汁工业的跨越式发展奠定基础。

加强柑橘汁加工新技术和新产品的研究和开发，同时加强柑橘副产品综合利用研究，开展果实中功能性成分的分离和利用研究，开发保健新产品，以拓宽柑橘果实的多样化消费渠道。

发挥龙头企业在引进、示范和推广新品种、新技术等方面的作用，不断进行技术创新。利用龙头企业开拓市场能力强、信息灵敏的优势，把市场信息、适用技术、管理经验及时传送给农户，组织开展水果购销。支持龙头企业发展水果精深加工业，延长产业链，促进热带水果的转化增值。积极发展多种形式的专业合作经济组织，提高农民的组织化程度，开展农业社会化服务。

7.2.7　加强市场信息服务体系建设，促进产销衔接

加强水果市场体系和信息服务设施建设是提高热带水果竞争力的重要条件。

一是柑橘主产区要及时收集国内外有关柑橘的产业政策、生产、加工、保鲜、市场及自然灾害等方面的信息，建立及时、准确、系统、权威的柑橘产品预警信息发布系统，为生产者、经营者、消费者提供决策参考，达到调控柑橘产品市场的目的。

二是建立产销预警系统，强化水果时常信息网络，向果农及时提供国内外市场行情信息，建立市场导向的供应体系。建立功能齐全、反应敏捷的水果进出口预警系统，及时提供水果生产和贸易信息；建立水果产量与进口量监视预警制度，防止产销失衡，必要时采取紧急处理措施。选择优势产区的重点县市，优先建设和完善农业电视节目传输和接收设施，扩大覆盖范围，提高节目进村入户普及率。在优势产区选择若干重点县市优先建立网络信息服务平台，与农业信息网站联网运行，提高柑橘产销的信息服务水平。

7.2.8　加强柑橘产业的宏观发展战略研究

加强柑橘产销的宏观研究，建立起中国柑橘经济研究小组，为政府、企业和

农民作咨询和指导。开展柑橘发展战略软科学课题研究，随时向生产单位及政府主管部门提供国内外柑橘科研生产概况及发展趋势，各重要品种种植面积、产量及销售情况，市场需求、市场预测及外销方向、营销策略等信息，搞好宏观导向，避免盲目生产。积极开展柑橘领域的技术经济研究，为柑橘领域的科技项目、生产项目、加工项目等提供可行性决策报告等咨询服务。

参 考 文 献

邓秀新. 2001. 中国柑橘及其产品进出口现状及发展趋势. 世界农业，（10）.
海关总署. 1981. 中国海关统计年鉴1980. 北京：海关部署.
海关总署. 1982. 中国海关统计年鉴1981. 北京：海关部署.
海关总署. 1983. 中国海关统计年鉴1982. 北京：海关部署.
海关总署. 1984. 中国海关统计年鉴1983. 北京：海关部署.
海关总署. 1985. 中国海关统计年鉴1984. 北京：海关部署.
海关总署. 1986. 中国海关统计年鉴1985. 北京：海关部署.
海关总署. 1987. 中国海关统计年鉴1986. 北京：海关部署.
海关总署. 1988. 中国海关统计年鉴1987. 北京：海关部署.
海关总署. 1989. 中国海关统计年鉴1988. 北京：海关部署.
海关总署. 1990. 中国海关统计年鉴1989. 北京：海关部署.
海关总署. 1991. 中国海关统计年鉴1990. 北京：海关部署.
海关总署. 1992. 中国海关统计年鉴1991. 北京：海关部署.
海关总署. 1993. 中国海关统计年鉴1992. 北京：海关部署.
海关总署. 1994. 中国海关统计年鉴1993. 北京：海关部署.
海关总署. 1995. 中国海关统计年鉴1994. 北京：海关部署.
海关总署. 1996. 中国海关统计年鉴1995. 北京：海关部署.
海关总署. 1997. 中国海关统计年鉴1996. 北京：海关部署.
海关总署. 1998. 中国海关统计年鉴1997. 北京：海关部署.
海关总署. 1999. 中国海关统计年鉴1998. 北京：海关部署.
海关总署. 2000. 中国海关统计年鉴1999. 北京：海关部署.
海关总署. 2001. 中国海关统计年鉴2000. 北京：海关部署.
海关总署. 2002. 中国海关统计年鉴2001. 北京：海关部署.
海关总署. 2003. 中国海关统计年鉴2002. 北京：海关部署.
海关总署. 2004. 中国海关统计年鉴2003. 北京：海关部署.
海关总署. 2005. 中国海关统计年鉴2004. 北京：海关部署.
海关总署. 2006. 中国海关统计年鉴2005. 北京：海关部署.
海关总署. 2007. 中国海关统计年鉴2006. 北京：海关部署.
祁春节. 2000. 入世与中国水果产业：影响及应对措施. 国际贸易问题，（1）.

祁春节. 2001a. 中国柑橘产业经济分析与政策研究. 北京：中国农业出版社.

祁春节. 2001b. 中国入世后美国柑橘准入机会及我们的对策. 国际贸易问题，(9).

祁春节，邓秀新. 2000a. 加入 WTO 对中国柑橘市场的影响及其对策. 农业技术经济，(3).

祁春节，邓秀新. 2000b. 中美两国柑橘产业的比较研究. 国际贸易问题，(7).

张金昌. 2001. 波特的国家竞争优势理论剖析. 中国工业经济，(9).

第二部分 中美柑橘产业资源配置的比较研究

自 1984 年国家对水果进行了以市场化为导向的流通体制改革后，中国柑橘产业迅猛发展，现在中国柑橘年产量已跃居全球第二，成为中国农业经济发展的支柱产业。但近 15 年来中国柑橘单产一直处于较低的水平，远远低于美国，世界第二的年产量完全是靠种植面积换来的，入世后中国橘农又面临着减收的压力。以上诸多问题使得如何提高中国柑橘的单产水平、降低单位产品的生产成本、提高柑橘产业的竞争力，同时保证中国橘农净收益的稳定增长成为亟待解决的问题。然而却很少有人对柑橘单产变化的影响因素进行研究，尤其是对生产要素投入量变动对橘农净收益的影响做定量的研究，在国内基本没有。

本部分的总体研究目标是探讨影响柑橘单产的各种因素，并结合资源优化配置原则，分析中美两国各种生产要素投入的合理性，为中国柑橘产业资源配置结构调整提供依据。为了实现这些目标，本部分的具体研究方法包括以下三个方面：建立柑橘生产函数模型；根据模型估计结果，确定影响中美两国柑橘单产的投入要素，及各种投入要素对单产影响的性质和程度，定量分析投入要素的变化及其对柑橘单产和橘农净收益的影响，测算中美两国柑橘产业的技术进步贡献率；结合资源优化配置原则，计算得到中美两国柑橘生产要素最优配置结构，分别与各国现实的资源配置加以对比，并对两国柑橘产业的资源配置状况进行比较分析，为调整中国柑橘生产要素配置结构提供依据。本项研究的实证模型采用丁伯根的动态 C-D 生产函数模型，选取中美两国 1991~2007 年柑橘全国平均投入与产出的时间序列数据对以上模型进行估计。估计方法如下：采用最小二乘法（LS）估计生产要素的产出弹性；采用索洛余值法估计技术进步贡献率；根据"各种要素的边际产量都分别等于其投入产出价格比时效益最佳"的资源配置原则，估计中美柑橘产业生产要素的最优配置结构。

研究结果表明，中国柑橘生产力水平较低，生产过程中各投入要素变化频繁；中国柑橘产业具有一定的成本优势，但也存在一些隐患；化肥、植保费、劳动是决定中国柑橘单产的主要因素，其中化肥对中国柑橘单产和橘农净收益的影响为正，植保费对中国柑橘单产的影响为负，劳动对中国柑橘单产的影响为正；中国柑橘产业的技术进步贡献率有待提高；中国柑橘生产要素配置不够合理，化肥和劳动投入长期处于严重缺乏的状态，远远低于化肥和劳动的优化值。

最后，结合上述研究结论本部分提出了保证中国柑橘单产和橘农净收益持续稳定增长，促进中国柑橘产业进一步发展的一系列政策建议。

第8章
中美柑橘产业资源配置
比较研究的意义

8.1 研 究 背 景

柑橘类水果为全球第一大水果，深受世界各国人民的喜爱。2007 年柑橘全球产量为 11 240.5 万吨，占世界水果总产量的 20 % 左右，在世界水果业中已独占鳌头。全世界柑橘种植面积约为 799.44 万公顷，橙汁占世界果汁总量的 60% 左右。全球有 130 多个国家和地区生产柑橘，有 40 多个国家主产柑橘，其年出口额达 76.39 亿美元，是世界三大贸易农产品（前两位为小麦和玉米）之一。

中国是柑橘的主要原产国之一，有文字记载的栽培历史长达 4000 多年。自 1984 年国家对水果进行了以市场化为导向的流通体制改革后，中国柑橘产业迅猛发展，现已成为中国农业经济发展的一大支柱产业。

8.1.1 柑橘生产规模成倍增长

20 多年来中国柑橘的生产规模成倍增长，1984 年中国柑橘的种植面积和年产量分别为 39.73 万公顷和 185.20 万吨，到了 2007 年面积和年产量分别增至 799.44 万公顷和 11 240.5 万吨。人均柑橘产量也从 1978 年的 0.4 千克提高到现在的 9 千克，增长了近 22 倍。2007 年中国柑橘的种植面积已居世界首位，占世界柑橘种植面积的 23.03%，是巴西的 2 倍，是美国的 4 倍多，但中国柑橘的年产量仍低于巴西，位居第二，占世界总产量的 18.25%，而且在 2004 年以前，中国柑橘年产量低于美国，仅位居世界第三。究其原因，主要是由于中国柑橘单产水平较低，2005 年中国橘园每公顷的产量仅为巴西的 43.16%、美国的 35.96%。由此可见，中国柑橘生产力水平属于面积扩张型的农产品生产。

8.1.2 柑橘品质不断提高

中国柑橘优质果率已由 1990 年前的 25% 提高到现在的 35% 以上，外观、口感和风味更加适应消费者的需求。近十年来，各地已开始重视产品包装和品牌的创建。据品质分析，中国脐橙的果形、色泽和风味已可与美国同类产品相媲美。

8.1.3 柑橘品种结构有所改善

中国柑橘品种结构的改善可以表现在以下三个方面：一是宽皮柑橘与橙类的比例有所调整，1990年以前，中国柑橘产量70%为宽皮柑橘，甜橙约占20%，现在分别下调和上调10%；二是产品成熟期有所延长，1990年以前，中国柑橘90%以上集中在11月、12月成熟，现在该比例下调到了75%；三是注意发展名、优、特、新产品，如重庆的锦橙、广东的红江橙、湖南的冰糖橙，此外还有从国外引进的脐橙等。

8.1.4 柑橘净出口量波动上升

随着中国柑橘产量的不断增加，中国柑橘的进出口贸易也得到了长足发展，年交易量和交易额呈现出波动上升的趋势，尤其是在2001年以后，上升的幅度较大。从进出口量上看，中国柑橘属于净出口状态，出口量和净出口量呈波动上升的态势。1985年中国柑橘出口量和净出口量分别为7.12万吨和6.61万吨，2007年分别增至56.44万吨和49.00万吨，分别为1985年的7.9倍和7.4倍。尽管如此，中国柑橘净出口额却始终处于波动状态，并没有随着净出口量的增加而增加，甚至还有所下降。

8.1.5 柑橘加工能力薄弱

中国柑橘的加工能力很薄弱，每年仅有5%的柑橘用于加工，主要加工为柑橘罐头。目前，中国已成为世界第一大柑橘罐头的生产国和出口国。但是，世界上主要的柑橘加工品为橙汁，其消费量占全球果汁消费的一半以上，原汁年产量约为1600万吨，年出口量为830万吨；而中国的橙汁出口量仅为3000多吨，在国际市场上显得微不足道。加工能力的不足，严重影响了中国柑橘产品的增值，也制约了中国柑橘产业的发展。

8.1.6 柑橘生产成本优势显著

由于国内低廉的劳动力价格使得中国柑橘生产成本一直以来保持着优势，几乎仅为美国的1/2（橙类），日本的1/20（宽皮柑橘）。2002年美国佛里达州中部和西南部甜橙的生产成本分别为2693.34元/亩和2898.57元/亩，同年中国湖北省甜橙的生产成本仅为1404.78元/亩。

8.1.7　柑橘产业化经营开始起步

近年来，中国柑橘产后商品化处理、储藏加工和市场营销得到重视，柑橘商品处理比例达到5%以上，储藏能力占产量的10%。一些工商企业纷纷介入柑橘生产和加工产业，形成公司＋基地＋农户的联合体。现已有汇源集团、椰风集团、娃哈哈集团等知名企业介入柑橘产业的发展。

此外，中国柑橘业在农村经济发展中占有重要地位，柑橘产业发展状况如何，直接影响到南方山区、贫困地区农村就业和农民收入的增长；中国柑橘业在生态环境保护中发挥了重要的作用，南方地区发展以柑橘为核心的各种高效生态农业模式的事实已经证明，种植柑橘在南方丘陵山区生态环境保护中起着重要的作用；中国柑橘业在国家大型水利工程建设中也发挥了重要作用，柑橘产业已成为三峡库区农村开发性移民的主导产业之一，是三峡库区农村开发性移民致富的主要途径。

加入WTO后，中国柑橘产业迎来了许多机遇但也面临着不同程度的挑战。机遇主要表现在以下几个方面：一是为中国柑橘产业国际化创造了良好的国际环境，有利于中国有效利用国际资源和开拓国际市场，例如，中国的宽皮柑橘与欧美的紧皮柑橘在品种上存在很大的互补性，中国可以利用其价格优势，将宽皮柑橘打入欧美市场；二是有利于引进技术、利用外资，改造中国柑橘产业、强化柑橘加工产业、增大柑橘产销中的科技含量，同时提高柑橘类鲜果和加工品的品质。同时，入世后中国柑橘产业也面临着不同程度的挑战，具体如下：其一，中国于2002年加入WTO后，柑橘鲜果的关税税率必须于2004年前降至12%，使得国外柑橘在中国市场上具有更强的价格竞争力，尽管在短期内仍然无法与国内柑橘相抗衡，但其质优价廉，势必得到城市居民特别是高收入消费者的青睐；其二，对日趋饱和的国内市场产生冲击，一是进一步引起国内市场价格下跌，二是进一步加重国内柑橘"卖难"的矛盾，引起流通渠道的混乱，三是影响橘农收入的增加，不利于调动橘农的生产积极性。

8.2　问题的提出

以上的研究背景表明，自1984年以来中国柑橘产业已取得许多可喜的成就，比如生产规模成倍增长、产品品质不断提高、品种结构有所改善、净出口量波动上升、产业化经营开始起步、生产成本具有优势等。但是，仍存在许多隐患：其一，中国柑橘年产量世界第二完全是靠种植面积换来的，对于现今日益稀缺的土地资源，完全依靠不断扩大种植面积很难保持世界第二大柑橘产国的地位。其二，在本书后续的研究中我们可以看到1999年以前中国柑橘主要生产要素的投入基本上都少于美国，从而使得中国柑橘多年来一直保持着成本优势，但是低投入对应的是低产出，同时产品的品质也很难保证。尽管2000年以后中国加大了柑橘各主要生产要素的投入，使得中国柑橘单产有一定的提升，但总体上仍低于美国的单产水平。其三，入世后中国的橘农面临着柑橘"卖难"和减收的多重压力，在很大程度上制约了中国柑橘产业的进一步发展。

以上诸多问题使得如何提高中国柑橘的单产水平、降低单位产品的生产成本、提高柑橘产业的竞争力，同时保证中国橘农净收益的稳定增加成为亟待解决的问题。

传统理论认为土地、劳动、资本是决定产量的三大要素，但是决定中美两国柑橘单产的投入要素到底是什么？各种投入要素对中美两国柑橘单产的影响性质（方向）和程度如何？为什么2000年以后中国在各种投入要素都增加的情况下，柑橘单产增长仍然十分缓慢，甚至在2002年还出现了小幅度的下降？中国柑橘各种生产要素的投入是否合理？当调整各种生产要素的投入使单产达到最大时，是否同时也意味着橘农净收益达到最大？美国单产为什么能一直保持较高的水平，其各项投入要素又是如何配置的？应如何调整各种生产要素的投入才能使资源配置达到最优，使橘农的净收益达到最大？投入要素或柑橘价格的变动会对中美两国柑橘资源最优配置结构产生什么影响？

第 9 章
文献综述与概念框架

9.1 文献综述

9.1.1 柑橘产业经济国内外研究动态

国外对柑橘产业进行经济研究起步较早，从经济学的角度来研究柑橘产业发展问题的最早文献已无从考究，我们现在所知最早的是 1929 年美国佛罗里达州编辑出版的《柑橘产业》（*The Citrus Industry*）月刊，至今仍连续不断地按时发行。与其类似的是加利福尼亚州的 *Citruograph* 柑橘杂志，几乎每期该杂志都会刊登一些柑橘产业发展相关的研究论文。此外，联合国粮食及农业组织（FAO）出版物中不少文献对柑橘类水果及其加工品进行了专门研究，内容包括柑橘产量、贸易量、价格及其加工品的研究。

柑橘作为世界第一大水果，在全球范围内得到了广泛的关注，世界各国都有关于柑橘产业的研究，其中包括：巴西、美国、墨西哥、阿根廷、摩洛哥、南非、以色列、古巴、菲律宾等。

美国对其柑橘生产进行了相对具体的研究，集中体现在以下几个方面：第一，柑橘生产成本与收益（Muraro et al.，1990～2004）；第二，橘园管理（Walker et al.，1996）；第三，柑橘病虫害（Esser et al.，1988）；第四，柑橘冻害（Pelt et al.，1984）。

国内学者对柑橘产业进行研究是从 20 世纪 90 年代后才开始的，主要侧重于从以下几个方面进行总量趋势和定性的分析：①中国柑橘产业的发展现状及前景（邓伯勋，2000；沈兆敏，2003；田世英，2004；中国农业科学院农业信息研究所"农产品供求分析与预测"项目组，2005；王川，2006）；②国外柑橘产业发展状况（黄肇先，1995；张志恒，1998；农业部赴西班牙和意大利柑橘技术考察团，2003；农业部赴巴西柑橘考察团，2003；刘春荣，2003）；③世界柑橘产业的产、供、销状况（韦开蕾，1998；蔡派，1999）；④产后商品化处理（焦必林等，1998；焦宏等，2001；李美萍，2003；兰徐民，2003；

王尚召，2003；宋伟超，2003；李德勇，2005；邓军蓉等，2006）；⑤柑橘进出口及国际竞争力比较优势分析（邓秀新，2001；郑风田等，2003；苏航等，2004）；⑥加入WTO对中国柑橘产业的影响及对策（祁春节等，2000；孔月真，2000；祁春节，2001；陈正法等，2004）。

近二十年来，中国柑橘产业的区域布局已逐渐形成，主要集中在湖南、江西、四川、福建、浙江、广西、湖北、广东和重庆9个省（自治区、直辖市），这9个省（自治区、直辖市）常年柑橘产量占全国的95%以上。因此，国内许多学者也对中国各柑橘主产区的柑橘产业进行了相关研究，如《加入WTO对湖南柑橘发展的影响及对策》（陈正法等，2004）、《湖北省柑橘产业的现状与发展对策》（鲍江峰等，2005）、《重庆市柑橘业现状、挑战、机遇和对策》（李振轮等，2005）、《广西柑橘产业优势及其利用探讨》（李德安等，2006）等。

此外，国内部分学者对不同国家柑橘产业进行了比较研究，如《中美两国柑橘产业的比较研究》（祁春节，2000）、《中美柑橘生产成本核算方法的比较与拟合》（陈云等，2002）、《中美甜橙生产成本与收益的比较研究》（成维等，2005）、《中韩两国水果业生产成本及价格竞争力的研究——基于苹果、柑橘的分析》（潘伟光，2005），这些都为本书的研究工作奠定了一定的基础。

9.1.2　农业生产要素配置国内外研究动态

人类对资源配置的研究起始于对农业资源配置的研究，但随着农业在国民经济中地位的降低，国内外对农业资源配置的研究已落后于对广义资源配置的研究，但仍然形成了一系列的理论和研究方法。

国外对生产要素配置的研究较早也较深入，其中最早研究生产要素配置的是古典厂商理论，主要采用生产函数在最大产出、最小成本假定下进行资源配置的理论描述。其后较富有指导意义的是英国科学家M.厄普顿所著的《农业生物经济学与资源利用》，该书着重介绍了农业资源利用的经济学原则，讨论了生产最优理论及其限制。此外，国内学者朱希刚（1997）在《农业技术经济分析方法及应用》一书中，利用边际的分析方法对农业生产要素投入决策进行了详尽的阐述。

生产要素配置的合理与否将直接影响农业经济的发展，相关方面的研究在国内已不少见。李宗江和高春源（1991）在"推动生产要素流动与优化配置促进我省经济结构调整"一文中提出，当前制约经济发展的重要因素是经济效益不高，在这种情况下，要把经济工作的指导思想从以外延为主切实转到以内涵为主的轨道上来，就必须从推进生产要素合理流动入手，来实现存量资产的优化组合，从而促进机构调整。黄季焜（1999）通过单要素资源的配置效益和多要素之间的组合效益的分析，探讨了改革开放以来中国农业资源配置效率的变化，指出生产要素资源的合理配置促进了各种农业资源的生产率，促进了产业结构的调整，提高了农民的收入。苗艳青（2005）等也在"闽台农业合作优化福建资源配置的效果分析"一文中明确指出，由于闽台农业合作有力推动了农业生产要素的流动，从而促进了福建农业的发展。当然，生产要素的不合理配置也会阻碍经济的发展，朱广其（2005）在"我国农产品国际竞争力：弱势、原因及对策"一文中指出，生产要素使用不够、供给与配置机制缺位直接导致中国农产品国际竞争力存在弱势，要改变这一劣势，必须依靠现代农业生产要素的有效供给和配置机制。而要调整农业生产要素的配置状况，则可以依靠相关的政策和体制（乔颖丽，1996）。

目前，国内外对单一生产要素配置的研究主要集中于土地、森林、科学技术，具体如下：①土地资源配置的效率及市场化（Lundeen，1975；褚中志，2005；李春越等，2005；吴郁玲等，2006；贾生华等，2006；臧志风等，2006）；②森林资源的优化配置（戴兴安、胡曰利，2004；万志芳等，2005；田国双，2006）；③农业科技资源的合理配置（王培志，1994；陈红艳，2002；沈映春，2004；李强，2004；高韧，2004）。

此外，国内还有少数学者对特定农产品也进行了资源配置的研究，黄季焜（1995）根据生产函数模型和资源配置原则，对中国稻区水稻生产的投入和产出及资源配置状况进行了综合分析。祁春节（2001）通过建立柑橘的投入产出模型，对中国柑橘产业的资源配置现状进行了分析。刘志强（2006）等通过对哈尔滨市（县）的畜牧资源环境多时段的定量评价分析，明晰了各区域间畜牧资源、环境、生产与社会经济发展之间的匹配潜力，并对这些匹配潜力的变化走势提出了结论性对策。王益慧（2006）等，通过定量模型对我国油菜籽生产中技术进步与资源配置状况进行了系统分析。

从以上收集的资料可以看到，尽管近些年来国内许多学者对柑橘进行了研究，但大多局限于定性研究，定量研究很少，国外学者对柑橘产业的定量研究也仅局限于其成本和收益的构成。本书则希望通过建立柑橘投入产出的模型，结合资源优化配置原则，对中国和美国柑橘生产要素配置状况进行比较研究。因此，本节下面将对生产要素配置理论和生产函数模型进行相关介绍。

9.2 概 念 框 架

9.2.1 生产单一产品的最优生产要素组合

在长期，所有的生产要素的投入数量是可变的，任何一个理性的生产者都会选择最优的生产要素组合进行生产。下面将分别论述生产单一产品时，生产者如何选择最优的生产要素组合，从而实现既定成本条件下的最大产量或既定产量条件下的最小成本或无限制条件下的最大纯收益。

（1）既定成本条件下的产量最大时的生产要素投入

假定在一定的技术水平条件下，用两种可变生产要素劳动 L 和资本 K 生产单一产品，且劳动的价格 w 和资本的价格 r 已知，用于购买这两种要素的全部成本 C 为既定。

为了在 $wL + rK = C$ 的限制条件下，求得使 $Q = f(L, K)$ 具有最大值的最优要素组合解，我们首先建立如下拉格朗日方程：

$$N(L,K,t) = f(L,K) + t(C - wL - rK) \tag{9-1}$$

式中，t 为拉格朗日乘子。

要使得产量最大必须满足如下一阶条件：

$$\frac{\partial N}{\partial K} = \frac{\partial f}{\partial K} - tr = 0 \tag{9-2}$$

$$\frac{\partial N}{\partial t} = C - wL - rK = 0 \tag{9-3}$$

又由

$$\mathrm{MRTS}_{LK} = \frac{\partial f}{\partial L} \Big/ \frac{\partial f}{\partial K} \tag{9-4}$$

式中，MRTS_{LK} 表示劳动 L 与资本 K 的边际技术替代率。

结合式（9-2）、式（9-3），可以得到：

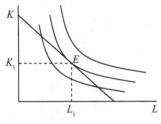

图 9-1　既定成本条件下产量
最大的要素组合

$$\mathrm{MRTS}_{LK} = \frac{\partial f}{\partial L} \Big/ \frac{\partial f}{\partial K} = \frac{MP_L}{MP_K} = \frac{w}{r} \tag{9-5}$$

由此说明，当选择的生产要素的组合可以使得两要素的边际技术替代率等于两要素的价格比例时，就可实现在既定成本条件下的产量最大化。用等产量曲线和等成本曲线可以表示为图 9-1。

在图 9-1 中，等产量曲线中有一条与既定的等成本线相切于 E 点，该点即为生产的均衡点，只要按照 E 点的生产要素组合进行生产，即劳动投入量和资本投入量分别为 L_1 和 K_1，这样就可以获得既定成本条件下最大的产量。

（2）既定产量条件下的成本最小时的生产要素投入

假定在一定的技术水平条件下，用两种可变生产要素劳动 L 和资本 K 生产单一产品，该产品的产量 Q 为既定，且劳动的价格 w 和资本的价格 r 已知。

为了在 $Q = f(L, K) = Q^0$ 的限制条件下，求得使 $Q = f(L, K)$ 具有最大值的最优要素组合解，我们首先建立如下拉格朗日方程：

$$M(L, K, s) = wL + rK + s\left[Q^0 - f(L, K)\right] \quad (9\text{-}6)$$

式中，s 为拉格朗日乘子。

要使得成本最小必须满足如下一阶条件：

$$\frac{\partial M}{\partial L} = w - s \cdot \frac{\partial f}{\partial L} = 0 \quad (9\text{-}7)$$

$$\frac{\partial M}{\partial K} = r - s \cdot \frac{\partial f}{\partial K} = 0 \quad (9\text{-}8)$$

$$\frac{\partial M}{\partial s} = Q^0 - f(L, K) = 0 \quad (9\text{-}9)$$

又由

$$\mathrm{MRTS}_{LK} = \frac{\partial f}{\partial L} \bigg/ \frac{\partial f}{\partial K}$$

结合式（9.7）、式（9.8），可以得到：

$$\mathrm{MRTS}_{LK} = \frac{\partial f}{\partial L} \bigg/ \frac{\partial f}{\partial K} = \frac{MP_L}{MP_K} = \frac{w}{r} \quad (9\text{-}10)$$

由此说明，当选择的生产要素的组合可以使得两要素的边际技术替代率等于两要素的价格比例时，就可实现在既定产量条件下的成本最小化。用等产量曲线和等成本曲线可以表示为图9-2。

在图9-2中，等成本线中有一条与既定的等产量曲线相切于 E 点，该点即为生产的均衡点，只要按照 E 点的生产要素组合进行生产，即劳动投入量和资本投入量分别为 L_2 和 K_2，这样就能够以最小成本获得既定产量。

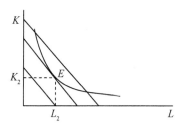

图9-2　既定产量条件下成本最小的要素组合

（3）无限制条件下的纯收益最大时的生产要素投入

假定在一定的技术水平下，用一种生产要素 X 生产单一产品 Y，生产要素和产品的价格分别为 P_X、P_Y，固定生产成本为 F。则生产 Y 产品的纯收益 R 可以表示为

$$R = P_Y Y - (F + P_X X) \quad (9\text{-}11)$$

若要使得纯收益 R 的值最大，必须满足如下一阶条件：

$$\frac{\mathrm{d}R}{\mathrm{d}X} = P_Y \frac{\mathrm{d}Y}{\mathrm{d}X} - P_X = 0 \quad (9\text{-}12)$$

将上式变形，即可得到：

$$\frac{\mathrm{d}Y}{\mathrm{d}X} = \frac{P_X}{P_Y} \quad (9\text{-}13)$$

由此说明，当生产要素的边际产量等于该要素价格与产品价格之比例时，便可获得无限制条件下的最大纯收益。同样，对 n 种可变生产要素的情况，只要各要素的边际产量都等于该要素与产品价格之比时，就可获得最大纯收益。

9.2.2 生产函数模型概述

任何生产行为都是在特定的生产技术条件下进行的，这种特定的生产技术关系决定了一个生产过程投入和产出数量上的对应关系，描述这种对应关系的工具就是生产函数。原始意义上的生产函数，描述的就是在既定的生产技术条件下，各种可行的生产要素组合和可能达到的最大产量之间的技术联系。此时的生产函数是反映在特定技术条件下生产要素资源本身的配置关系和要素资源投入的产出效果，同时生产函数本身并不涉及价格或价值问题。现代经济学领域的实证研究从深度和广度上都极大地拓展了生产函数的理论内涵和应用形式，不仅把价值型生产函数引入实证研究，而且在生产函数的多产出性、动态性、随机性、通用性等方面取得了突破性进展，特别是 20 世纪 80 年代中后期，新经济增长理论诞生，把技术进步作为内生变量置于生产函数中。下面将具体介绍常用的生产函数模型（陈迭云，1990）。

（1）C-D 生产函数

20 世纪 20 年代末，美国芝加哥大学教授 P. H. Douglas 与数学家 C. W. Cobb 合作，率先提出了生产函数这一概念，并用 1899 ~ 1922 年生产情况资料推导出了著名的 "Cobb-Douglas" 生产函数，简称 C-D 生产函数。C-D 生产函数模型的一般形式如下：

$$\mu = A \prod_{n=1}^{N} \chi_n^{\alpha_n} \tag{9-14}$$

当只考虑劳动 L 和资本 K 两种资源要素时，式（9-14）可具体表示为

$$\mu = AK^{\alpha}L^{\beta} \tag{9-15}$$

C-D 生产函数是迄今为止应用最为广泛的生产函数，其理论价值和实用性被普遍接受。当然后人也对 C-D 生产函数进行了不断的改进，其中具有代表性的当属 J. Tinbergen 的动态 C-D 生产函数。

动态 C-D 生产函数在函数中加入了时间变量，将常数 A 换成了时间变量参数 A_t，并将其设为指数形式

$$A_t = A_0 e^{\gamma t} \ (A_0, \gamma \ 为常数) \tag{9-16}$$

从而可以得到

$$\mu(t) = A_0 e^{\gamma t} K(t)^{\alpha} L(t)^{\beta} \tag{9-17}$$

式（9-17）使得 C-D 生产函数可以描述在不同技术水平下生产要素配置状况及其与产出量之间的关系，并使生产领域技术进步的测量成为可能。

C-D 生产函数的产生和发展使生产领域经济问题的经验分析成为现实，也为

生产领域资源配置效率的测定奠定了坚实的理论和方法基础。

（2）线性生产函数

线性生产函数的一般形式为

$$\mu = A + \sum_{i=1}^{N} \alpha_i \chi_i \qquad (9\text{-}18)$$

如果只考虑劳动 L 和资本 K 两种生产要素，则式（9-18）变为

$$\mu = A + \alpha K + \beta L \qquad (9\text{-}19)$$

线性生产函数的投入和产出按同一比例变化，它描述的是一个规模收益不变的生产模式。

线性生产函数的优点是形式简单，可直接用最小二乘法确定模型函数，是生产函数的基本形式；不足之处是仅适用于规模不变情况下的经济分析。

（3）列昂惕夫生产函数

令参数 a、b 都大于零，即 $a>0$ 且 $b>0$，仅考虑两种投入的列昂惕夫生产函数表示为

$$\mu = \min(\alpha x_1, b x_2) \qquad (9\text{-}20)$$

如果扩展到 N 元投入，列昂惕夫生产函数则变为

$$\mu = \min(\alpha_1 x_1, \alpha_2 x_2, \cdots, \alpha_N x_N) \qquad (9\text{-}21)$$

列昂惕夫生产函数的投入替代弹性为零，亦即投入之间完全不能替代。

（4）CES 生产函数

仅考虑劳动 L 和资本 K 两种生产要素且规模收益不变时，CES 生产函数可以表示为

$$\mu = (\alpha K^{-\rho} + \beta L^{-\rho})^{-\frac{1}{\rho}} \qquad (9\text{-}22)$$

式中，α 和 β 是资本分配率和劳动分配率，表示技术的资本和劳动集约程度。α 和 β 有如下关系：

$$\alpha + \beta = 1$$

ρ 是替代参数，如果用 σ 表示生产要素间的替代弹性，σ 和 ρ 有下述关系：

$$\rho = (1-\sigma)/\sigma$$

CES 生产函数通过替代弹性，可以转化成各种具体形式的生产函数。当 $\sigma = 1$ 时，要素分配率 α、β 就是资本和劳动的产出弹性，CES 生产函数就变成了 C-D 生产函数：

$$\mu = K^{\alpha} L^{\beta} \qquad (9\text{-}23)$$

当 $\sigma = 0$ 时，要素完全不能相互替代，CES 生产函数变为列昂惕夫生产函数：

$$\mu = \min\left(\frac{L}{\alpha}, \frac{K}{\beta}\right) \qquad (9\text{-}24)$$

当 $\sigma \to \infty$ 时，要素可以完全替代，CES 生产函数变为线性生产函数：

$$\mu = \alpha K + \beta L \qquad (9\text{-}25)$$

CES 生产函数的形式虽然比较复杂，但它却打破了 C-D 生产函数要素替代弹性等于 1 的限制，为经济分析中建立各种特殊性质的数学模型创造了条件。

如果考虑规模收益的因素，可以定义 m 次齐次的 CES 生产函数为

$$\mu = \left(\alpha K^{-\rho} + \beta L^{-\rho}\right)^{-\frac{m}{\rho}} \qquad (9\text{-}26)$$

其中要素分配率 α，β 满足

$$\alpha + \beta = 1$$

参数 $m > 0$，表示规模收益性，由此可见式（9-26）更具有一般性。

如果考虑 N 种投入，CES 生产函数的一般形式可以表示为

$$\mu = \alpha_0 \left(\sum_{n=1}^{N} \alpha_n \chi_n^\rho\right)^{\frac{1}{\rho}} \qquad (9\text{-}27)$$

式中，$\alpha_n \geq 0; n = 1, \cdots, N; -\infty \leq \rho \leq 1$。

CES 生产函数的优点是可以对生产要素替代弹性不为 1、规模收益变动的多种要素投入的产出进行研究，不足之处是无法通过数学变换转化成线性函数，从而无法直接利用最小二乘法进行参数估计。

（5）超越对数生产函数

1973 年，L. Christensen、D. Jorgenson 和 L. Lau 提出了超越对数生产函数，其形式为

$$\ln\mu = \alpha + \sum_{i=1}^{n} b_i \ln x_i + \frac{1}{2} \sum_{i=1}^{n} \sum_{j=1}^{n} c_{ij} \ln x_i \ln x_j \qquad (9\text{-}28)$$

式中，$x_1, x_2, \cdots, x_n$ 为 n 种投入要素；α、b_i、c_{ij}（$i, j = 1, \cdots, n$）均为参数。

超越对数生产函数把产出的自然对数作为因变量，其优点在于：允许要素间的替代弹性变化，可以灵活选择要素进行有针对性的研究，其交叉项反映了要素之间的替代弹性，并具有许多常用生产函数的特性，因而受到各国学者的重视，获得了深入的研究和广泛的应用。不足之处是，超越对数生产函数的参数过多，容易产生多重共线性，从而导致估计的精度降低。

第 10 章
理论假设、计量模型和估计方法

10.1 理 论 假 设

为了实际的计算和分析，需要设定如下几个重要的假设条件：

1）假定所选择的各种投入要素对产出的综合影响等于各要素对产出单独作用的总和。未选择的投入要素通常是一些固定的或不可控的生产要素，这些要素的作用可以用生产函数模型中的常数项来体现。

2）假定各种投入要素的生产弹性为定值。很明显，各种投入要素各年的生产弹性在一个较长的时间间距内是缓慢提高的，因而此假定可能在一定程度上影响各种生产要素产出弹性测算的精确度。

3）假定所选择的投入要素所起的作用具有独立性。投入要素之间是互为影响的，投入要素越细分，其相互之间的关系就越需要考虑。所以，在测定科技进步作用时，尽管科技进步可以细分为许多因素，但把一系列因素合并成一个科技进步要素用时间变量来表示也许更合适些。

4）假定不考虑气候、自然灾害对柑橘产量的影响。事实上，柑橘生产受自然条件的影响很大，特别是冻害在局部地区的不良影响有时是致命的。因此，这一假定可能会影响投入要素弹性和技术进步率测算的精确度。

5）假定不考虑制度变迁、政策等的变化。因此，因制度变迁和政策等的作用引起农业产出增加的那一部分可能存在于技术进步的贡献中。

6）假定不考虑柑橘品种和树龄长短的差异。实际上，柑橘的品种和树龄长短必然会对柑橘的产量产生影响，但考虑本部分所能收集到的数据和实证研究的可行性，只能将这些差异对产量的影响归入技术进步的贡献中。

10.2 实证要素拟合及实证模型

10.2.1 中美两国柑橘生产要素的拟合

本书需要对中美两国柑橘产业资源配置进行比较研究，但中美两国柑橘生产投入要素核算体系有很大出入，因此只有将两国的投入要素纳入同一体系，才能进行比较。美国柑橘生产各环节的人工、机械和物质各方面的耗费有具体的资料可以参考，同时借鉴国内部分学者对中美两国柑橘生产成本拟合所作的研究，本书通过把美国的"环节指标体系"向"要素指标体系"贴近（模糊数学中的概念，指两组指标相似的程度），即对美国两个典型柑橘产区生产投入要素核算方法进行调整，分解出生产中各项作业在各要素上的支出，从而得到一个与中国的生产指标对照的新体系。

为了充分反映实际生产情况，新的核算体系采用会计成本，不考虑机会成本，且忽略与柑橘实际生产无关的项，如中国柑橘生产投入要素中的"成本外支出"。利用要素分离的结果，可拟合若干新指标，同时结合中美两国柑橘生产投入要素的相关数据，形成一个包含 16 项指标的新的核算体系，其具体内容如下（CIS、AIS 分别表示中国、美国柑橘生产成本指标体系）：①植保费。CIS 农药费，AIS 杂草控制环节中除草剂与其他消灭杂草的化学物质的费用；②有机肥费。CIS 农家肥，AIS "液肥喷施"中有机肥的费用；③化肥费。CIS 化肥费，AIS "固体肥施用"的肥料费用；④种苗费。CIS 种子秧苗费，AIS 中"植株更新养护"移栽新株中苗木费用；⑤材料费。CIS 农膜费与棚架材料费之和，AIS 石灰（用于防止害虫侵蚀）及维护新苗耗用的零星材料（用于包扎苗木）之和；⑥畜力费。CIS 畜力费，AIS 无此项；⑦机械费。CIS 机械作业费与燃料动力费之和，AIS 所有生产环节机械作业费总和；⑧劳动。CIS 用工支出，AIS 表3 分离出的劳动总和加上 AIS 的采收费；⑨灌溉费。CIS 灌溉费，AIS 微型喷灌与灌渠维护之和；⑩管理费。直接使用原值；⑪销售费。CIS 销售费，AIS 柑橘评估费；⑫利息。CIS 财务费，AIS 利息；⑬资产占用。CIS 固定资产折旧与小农具购置修理费之和作为中国柑橘生产的"资产占用"，美国橘农委托公司进行生产，自己基本无需资产占用，故美国该指标值为 0；⑭土地承包费。CIS 土地承包费，美国橘农自己拥有果园，使用土地一般支付较少费用；⑮税金。CIS 税金，AIS 税金；⑯其他支出。CIS "其他直接费用"与"其他间接费用"之和，AIS 包括排污费等。

10.2.2 实证影响因素

传统的生产理论把产量看作土地、劳动、资本的函数，因而生产函数包括三个变动因数。但在计量统计的过程中，因资本包含的内容比较广泛，无法对其进行具体分析，因此本节根据研究目的将其限定为化肥、植保费、有机肥费三项分别进行研究分析。此外，劳动、技术进步对柑橘产量的增长也有不可忽视的作用，因此本节将其纳入实证模型中加以测量。另外值得一提的是，本节主要研究影响各国柑橘单产的投入要素配置的合理程度，因而无需把土地要素纳入研究的范围。

（1）化肥费、植保费与有机肥费

资本作为一项重要的投入要素对中美两国柑橘产量的增长有不可替代的作用，但若笼统地把物质费用作为资本进行计量，则无法对每亩的使用量和价格进行分析，从而无法进一步利用资源配置理论，对各要素投入的合理程度进行评价并改进现有的资源配置状况。根据本章前一小节对中美两国柑橘生产投入要素所作的拟合，本节选取资本要素中所占比例较大的化肥、植保费和有机肥费来进行研究，中美两国柑橘生产资本投入中这三项各自具体包括的内容如前所述。

（2）劳动

劳动作为与资本同等重要的投入要素，在柑橘生产成本中占有很大的比例，这一点在美国表现得尤为明显。因此，实证模型中必然包含劳动。尽管美国柑橘生产的劳动无法从相关的统计资料中直接取得，但本节可以通过对美国柑橘生产成本统计资料进行拟合从而得到所需的劳动的数据。

（3）科技进步

到目前为止，中国在柑橘科研方面已具备了较强的实力，全国设有国家级柑橘研究所，主产柑橘的省（市、区）建有柑橘或以柑橘为主的果树（园艺）研究所。

目前，在柑橘种质资源方面，中国已收集了 944 份（含柑橘近缘属材料），居世界第五位。在选育种研究方面，中国自行选育和研究的柑橘品种近 120 个，不少品种已成为目前的主栽品种。如中国 7 号甜橙的育成和应用，这是中国柑橘第一个获国家发明奖的品种。该成果用 ^{60}Co-γ 射线辐照获得的无核甜橙品种，既适合鲜销，又宜加工果汁，有很高的市场价值。同时，还通过人工选种选育出了许多适合本地栽培的优良品种，如奉节 72-1 脐橙和开县 72-1 锦橙，现已分别在奉节和开县建立了数十万亩的柑橘基地。

在生物技术研究方面，20 世纪 70 年代中国在国际上首次获得柑橘胚乳培养的三倍体植株，90 年代又获得抗溃疡病的转基因植株，研究水平处于世界领先地位。另外，在柑橘成熟期配套研究、栽培生理及现代栽培技术研究、柑橘病虫害防治研究、柑橘产后储藏研究、柑橘果实加工和综合利用研究等方面都取得了较好的进展。

总体来说，中国柑橘科技成果有些方面已具有国际领先水平，其不足之处，是与柑橘生产脱节严重，科技成果转化率低。美国无论在技术上还是经济上对柑橘的研究都更加系统、成熟，并且其科技成果绝大部分都转换为先进的生产力，而中国在这些方面仍需要不断地改进和完善。

为了具体测定科技进步对中美两国柑橘生产的贡献，我们将通过下述的实证模型来加以实现。

10.2.3　实证模型

根据生产理论和上述的实证影响因素分析，我们以丁伯根的动态 C-D 生产函数作为研究的基本模型，建立如下计量经济模型来分析上述各因素的影响以及影响程度：

$$Y = A(t)F^{\alpha}P^{\beta}Q^{\gamma}L^{\kappa} = Ae^{\delta t}F^{\alpha}P^{\beta}Q^{\gamma}L^{\kappa} \tag{10-1}$$

式中，F、P、Q、L 分别表示柑橘生产过程中投入的化肥、植保费、有机肥费、劳动；A、δ 和 t 分别表示基期的科技水平、技术进步率和时间；α、β、γ、k 则分别表示化肥、植保费、有机肥费、劳动的弹性系数。

对式（10-1）两端取对数，为

$$\ln Y = \ln A + \delta t + \alpha \ln F + \beta \ln P + \gamma \ln Q + k \ln L \tag{10-2}$$

式（10-2）为线性函数式，则可以通过多元线性回归程序来求解。

10.3　估 计 方 法

10.3.1　投入要素弹性的估计方法

迄今为止，已有一批估计投入要素弹性的方法，它们都有一定的经济或数学方面的假设前提，因此，并没有一种不附加任何条件，在任何情况下都适用的方法。所以，根据具体情况选择适当的参数估计方法极为重要。这些方法大致可以分为四类：分配法、比例法、回归法、经验法。

相对而言，回归法能够从数量的角度更为准确地描述变量之间的关系，也是现在弹性测定使用得较多的一种方法。因此，本节将在已设定的实证模型的基础上采用最小二乘法（LS）对相关投入要素的弹性进行估计。

10.3.2　技术进步贡献率的估计方法

世界各国的理论和实践界就科技进步测定提出了多种方法，主要有柯布-道格拉斯生产函数法、索洛余值法、CES 生产函数法、丹尼森因素分析法、超越对数生产函数法、DEA 法和全要素生产率模型法。但各种方法都在不断发展和完善之中，国内外的探索和研究表明，目前有关科技进步的测定还缺乏一套统一规范的指标和方法，各种方法都有其本身的优点和局限性，从中国目前的使用情况来看，用得较多的是柯布-道格拉斯生产函数法和索洛余值法，下面将对这两种方法进行介绍。

（1）柯布-道格拉斯生产函数法

假定动态 C-D 生产函数模型为

$$\mu\,(t) = A e^{\gamma t} K\,(t)^{\alpha} L\,(t)^{\beta} \tag{10-3}$$

模型中 γ 即为技术进步率，首先将式（10-3）两边取对数变为线性函数式，再通过回归法即可直接测定出 γ 的值。由此得到

$$技术进步贡献率 = \frac{\gamma}{\mathrm{d}\mu/\mu} \tag{10-4}$$

（2）索洛余值法

索洛在丁伯根的动态 C-D 生产函数的基础上基于增长型中性技术进步假定得到了著名的增长速度方程：

$$\frac{\mathrm{d}Y}{Y} = \frac{\mathrm{d}A}{A} + \alpha\frac{\mathrm{d}K}{K} + \beta\frac{\mathrm{d}L}{L} \tag{10-5}$$

它清楚地表明，产出的增长是由资本、劳动投入量的增加和技术水平的提高带来的。由此，技术进步率可以表示为

$$\frac{\mathrm{d}A}{A} = \frac{\mathrm{d}Y}{Y} - \alpha\frac{\mathrm{d}K}{K} - \beta\frac{\mathrm{d}L}{L} \tag{10-6}$$

由此得到

$$技术进步贡献率 = \frac{\mathrm{d}A/A}{\mathrm{d}Y/Y} \tag{10-7}$$

从以上两种方法的相互比较来看，索洛余值法从产出增长中扣除资本、劳动等投入要素带来的产出增长，余值作为科技进步的作用有一定的科学性，且更符合广义上的技术进步的含义，能为提高现代管理水平提供有用的依据，因此本节将采取索洛余值法测定中美两国柑橘产业的技术进步贡献率。

10.3.3 生产要素最优配置结构的估计方法

由于本节要对单一产品即柑橘的投入要素配置的合理性进行研究，前提条件是各种生产要素投入的数量不受限制，要使橘农获得最大纯收益，因此根据本部分第 9 章所讲述的生产单一产品的生产要素配置理论，本节选取无限制条件下的纯收益最大的要素投入原则作为本项研究中生产要素最优配置结构估计的理论基础。

根据无限制条件下的纯收益最大的生产要素组合原则，我们知道，当各种生产要素的边际产量都分别等于其投入产出价格比时，效益最佳，即

$$\mathrm{MP}_F = \frac{P_F}{P_C} \tag{10-8}$$

$$MP_P = \frac{P_P}{P_C} \tag{10-9}$$

$$MP_L = \frac{P_L}{P_C} \tag{10-10}$$

式中，P_C 为柑橘的价格，P_F、P_P、P_L 分别为化肥、植保费和劳动的价格，MP_F、MP_P、MP_L 分别为化肥、植保费和劳动的边际产量。

由于生产要素的产出弹性

$$E_n = \frac{\partial \mu}{\partial \chi_n} \Big/ \frac{\mu}{\chi_n} \tag{10-11}$$

将上式变形，可以得到

$$\frac{\partial \mu}{\partial \chi_n} = E_n \cdot \frac{\mu}{\chi_n} \tag{10-12}$$

又由于生产要素的边际产量

$$MP_{\chi_n} = \frac{\partial \mu}{\partial \chi_n} \tag{10-13}$$

因此，由式（10-12）和式（10-13）我们可以得到

$$MP_{\chi_n} = E_n \cdot \frac{\mu}{\chi_n} \tag{10-14}$$

在实证模型中，我们已设定化肥、植保费和劳动的产出弹性分别为 α、β、κ，并将式（10-14）分别代入式（10-8）、式（10-9）式（10-10），可以得到

$$\alpha \cdot \frac{Y}{F} = \frac{P_F}{P_C} \tag{10-15}$$

$$\beta \cdot \frac{Y}{P} = \frac{P_P}{P_C} \tag{10-16}$$

$$\kappa \cdot \frac{Y}{L} = \frac{P_L}{P_C} \tag{10-17}$$

式（10-15）、式（10-16）和式（10-17）即为本部分生产要素最优配置结构的估计模型。

第 11 章
样本选择与基本统计分析

11.1　样本数据的选取说明

理论上讲，柑橘属水果应包括甜橙、宽皮柑橘、柠檬或酸橙、柚和葡萄柚及其他柑橘五类。但考虑到中美两国数据的可比性以及数据的可获取性，本节将柑橘的研究范围限定为中国的柑①和美国的甜橙。

11.1.1　样本时期

一般来说，截面数据和时间序列数据应当根据不同的研究需要来选择。本节选取 2007 年中美两国柑橘主产区各种生产要素投入的截面数据，对两国影响柑橘生产的投入要素进行了比较分析。同时，为了测定各种投入要素的产出弹性、技术进步贡献率以及研究两国资源配置的状况，本节选取了中美两国 1991～2007年柑橘全国平均投入与产出的时间序列数据进行实证研究。

11.1.2　样本数据来源及选择依据

（1）中国样本数据来源及选择依据

中国柑橘生产样本数据中柑橘的单产、化肥投入量、植保费、有机肥费和劳动用工均来自 1991～2008 年农产品成本与收益资料汇编各年的统计数据。在此要申明的是，植保费和有机肥费分别为每亩投入的农药费和农家肥费，由于无法按每年相应的价格折算为一定的数量，并且当年价格对投入要素弹性和技术进步贡献率的测算结果影响很小，因此直接以投入的价值来进行相关统计分析。

（2）美国样本数据来源及选择依据

本部分第 10 章已对中美两国柑橘生产成本的拟合方法进行了详细介绍，我们首先对美国佛罗里达州西南部和佛罗里达州中部 1991～2007 年柑橘各年的统

---

① 中国农产品成本与收益汇编统计资料中仅将柑橘分为柑和橘两类统计，柑大体上可以代表橙类。

计资料按照前述的方法进行了拟合（表11-1）。由于无法直接获得美国甜橙各年投入要素的统计数据，而美国甜橙生产的主产区为佛罗里达州西南部和佛罗里达州中部，因此本节将佛罗里达州西南部和佛罗里达州中部甜橙各年投入要素拟合后的数据加总平均作为美国柑橘生产要素投入的源数据。

表 11-1　1991 ~ 2007 年美国柑橘单产及投入水平

年　份	单产/（千克/亩）	化肥/（千克/亩）	植保费/（元/亩）	有机肥费/（元/亩）	劳动/（元/亩）
1991	2 904. 69	105. 47	128. 58	190. 92	1 269. 73
1992	2 904. 69	105. 47	151. 82	169. 44	1 277. 02
1993	2 904. 69	105. 47	145. 95	159. 97	1 269. 37
1994	2 904. 69	86. 80	148. 58	124. 90	1 275. 39
1995	2 904. 69	92. 40	148. 52	128. 64	1 310. 80
1996	3 059. 16	92. 40	146. 35	115. 29	1 367. 74
1997	3 055. 80	92. 40	148. 96	113. 65	1 304. 48
1998	3 196. 84	92. 40	141. 17	122. 66	1 424. 71
1999	3 196. 84	92. 40	147. 22	129. 20	1 394. 07
2000	3 156. 54	92. 40	138. 24	99. 67	1 429. 24
2001	3 190. 12	92. 40	147. 55	126. 24	1 576. 03
2002	3 190. 12	92. 40	148. 28	127. 02	1 615. 87
2003	3 331. 16	92. 40	123. 59	118. 23	1 675. 55
2004	3 396. 23	92. 40	133. 41	117. 35	1 541. 25
2005	3 268. 17	92. 40	142. 31	119. 35	1 648. 25
2006	3 441. 29	92. 40	137. 38	115. 49	1 657. 31
2007	3 393. 21	92. 40	144. 35	121. 25	1 691. 34

注：表中美元按汇率1美元 =8. 28 人民币进行折算

资料来源：根据 *Budgeting Costs and Returns for Southwest Florida Citrus Production*（1992 ~ 2008）和 *Budgeting Costs and Returns for Central Florida Citrus Production*（1990 ~ 2008）拟合计算得到

　　佛罗里达州西南部和佛罗里达州中部柑橘单产以箱/英亩作为统计单位，因此由上述方法计算得到的美国 1991 ~ 2007 年各年的柑橘生产的源数据也是以箱/英亩作为统计单位。为了与中国柑橘单产可比，本节以1 箱 =40. 8 千克对计算得到的源计数据进行了折算，折算后的数据作为美国柑橘单产的样本数据，具体见表11-1。

　　由于无法从美国佛罗里达州西南部和佛罗里达州中部 1991 ~ 2007 年柑橘各年的统计资料中直接获取每年化肥的投入量，只能获取每年化肥投入的价格，并且从计算得到的美国柑橘生产要素投入的源数据中可以得到每年的化肥费用，因此美国柑橘生产化肥投入的样本数据可由化肥费用除以当年化肥的价格计算得到。

根据前面所讲述的拟合方法，美国柑橘生产每亩投入的植保费为杂草控制环节中分离出的除草剂与其他消灭杂草的化学物质的费用，有机肥费为液肥喷施环节中分离出的有机肥的费用，劳动则是所有环节中分离出的劳动总和加上美国的采收费，这些数据都可由美国柑橘生产要素投入的源数据进行相关汇总得到。由于无法分别按美国各年的植保费、有机肥费和劳动的价格折算为相关的数量，并且当年价格对投入要素弹性和技术进步贡献率的测算结果影响很小，因此直接以各种要素投入的价值来进行相关统计分析。

11.2　中美两国柑橘生产基本统计分析

11.2.1　中美柑橘全国平均投入与产出的基本统计分析

（1）中国柑橘全国平均投入与产出的基本统计分析

从图 11-1 和表 11-2 可以看出，从 1992 年开始中国柑橘单产出现了持续下降的局面，直到 1997 年才稍有提升，2003 年单产达到最高为 2386.60 千克/亩，然而在 1998 年、2000 年、2002 年和 2005 年都出现了不同程度的下降。导致这种单产停止增长甚至减少的原因是多方面的，既有投入要素的因素，也有技术进步的因素，还有环境等因素。

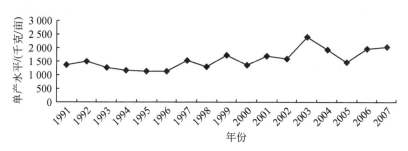

图 11-1　1991～2007 年中国柑橘单产时序图

表 11-2　1991～2007 年中国柑橘单产及投入水平

年　份	单产/（千克/亩）	化肥/（千克/亩）	植保费/（元/亩）	有机肥费/（元/亩）	劳动/（天/亩）
1991	1 379.20	135.65	91.40	64.81	83.79
1992	1 491.80	157.38	102.26	39.47	79.54
1993	1 279.94	105.94	106.82	74.52	60.90
1994	1 165.07	54.54	76.47	69.35	53.75
1995	1 136.31	57.09	110.04	70.14	51.04

年 份	单产/（千克/亩）	化肥/（千克/亩）	植保费/（元/亩）	有机肥费/（元/亩）	劳动/（天/亩）
1996	1 131.15	59.60	121.16	82.90	48.60
1997	1 540.25	62.09	123.67	122.96	53.00
1998	1 291.52	68.08	184.22	99.94	58.47
1999	1 730.88	80.63	174.56	80.76	45.43
2000	1 383.30	74.50	170.12	126.88	43.70
2001	1 698.60	102.25	180.67	129.91	43.90
2002	1 600.90	130.00	268.92	214.03	60.80
2003	2 386.60	190.70	340.89	175.38	70.30
2004	1 919.90	98.86	274.72	163.78	62.12
2005	1 457.60	57.67	275.29	39.75	31.93
2006	1 964.50	40.27	137.97	90.45	40.88
2007	2 038.2	59.96	195.36	67.53	34.53

资料来源：根据《全国农产品成本收益资料汇编（1992～2008）》整理而得

在投入要素中，化肥、植保费、有机肥费和劳动是本节选取的四大实证因素，也是影响柑橘生产的主要因素。

图 11-2 和表 11-2 表明中国柑橘生产每亩化肥施用量自 1992 年起骤然下降，1994 年降到最低点，每亩化肥的施用量几乎仅为 1992 年的 1/3，之后十分缓慢地上升，2000 年以后上升的幅度增大，直到 2002 年每亩化肥的投入量才基本上与 1991 年的投入量持平，2003 年达到最高点，为 190.70 千克/亩，此后又缓慢下降。总体上来说，中国化肥的施用量呈现"～"形的波动形式。

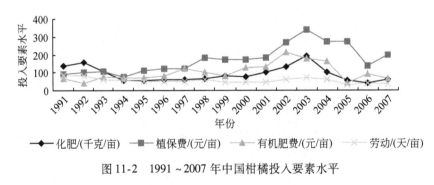

图 11-2 1991～2007 年中国柑橘投入要素水平

图 11-2 和表 11-2 也表明 1991～2007 年中国柑橘生产植保费的增幅较大，相对于 1991 年而言，2003 年植保费增长了 272.97%，总体上以"M"形的趋势向上增长，1994 年处于最低点，为 76.47 元/亩，2003 年达到最大值 340.89 元/亩，2006 年是又一低谷，为 137.97 元/亩。

同时，从图11-2和表11-2还可以看到中国柑橘生产有机肥费的增幅也比较大，相对1991年而言，2003年有机肥增长了170.61%，总体上以"W"形的趋势向上增长，1992年处于最低点，为39.47元/亩，2002年达到最大值，为214.03元/亩，2005年是另一最低点39.75元/亩，此后又小幅度的增长。

此外，我们可以看到投入要素中劳动的变动并不是很剧烈，从1992年开始有一定幅度的下降，之后1994~2004年稳定在50天/亩左右，2005~2007年出现了较大幅度的下降。总体上来说，中国柑橘生产劳动投入呈现轻微的"~"形的波动。

（2）美国柑橘全国平均投入与产出的基本统计分析

图11-3和表11-1表明1991~1995年美国柑橘单产一直稳定在一个较高的水平，为2904.69千克/亩，之后逐年增长，尽管1997年和2000年相对于前一年都有所下降，但下降的幅度都非常小，几乎可以忽略不计。美国柑橘单产水平不但基点较高，而且保持逐年增长，主要得益于其大规模的果园种植、高效的管理、合理的要素投入、技术的进步，当然适宜的种植环境也是一个很重要的因素。

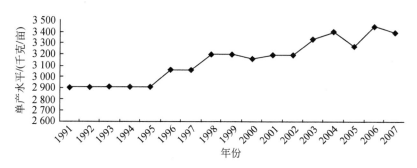

图11-3　1991~2007年美国柑橘单产水平

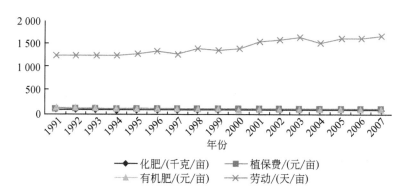

| ◆ 化肥/(千克/亩) | ■ 植保费/(元/亩) |
| ▲ 有机肥/(元/亩) | ✕ 劳动/(天/亩) |

图11-4　1991~2007年美国柑橘投入要素水平

从图 11-3 和表 11-1 可以看出，影响美国柑橘生产的主要投入要素，包括化肥、植保费、有机肥费、劳动基本上都稳定在一个水平上，波动较小，尤其是化肥施用量的波动最小。化肥的投入量 1991～1993 年保持不变，之后有略微的波动，最终 1995～2007 年都稳定在 92.40 千克/亩的水平上。植保费 1992 年有小幅度的上升，然后 1993～2007 年大部分在 140.00 元/亩左右轻微波动，2003 年最低，为 123.59 元/亩，略低于 1991 年植保费的投入水平（128.58 元/亩）。有机肥费 1991～2007 年呈下降之势，大部分年份为 120.00 元/亩左右。劳动 1991～1994 年仅有轻微的上升，之后上升的幅度逐年增多，2007 年达到最高点，为 1691.34 元/亩，其间在 1997 年、1999 年和 2004 年有小幅度的下降。

（3）中美两国柑橘全国平均投入与产出的比较分析

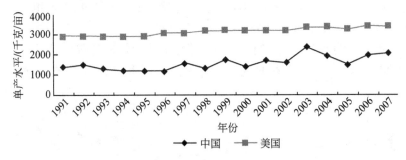

图 11-5　1991～2007 年中国、美国柑橘单产水平

结合图 11-5，并对表 11-1 与表 11-2 进行比较分析，我们可以很清楚地看到，中国柑橘单产水平远远低于美国柑橘单产水平。尽管 2003 年中国柑橘单产水平相对以前年度有很大幅度的提高，但仍然低于美国 1991 年单产水平的 17.84%，低于同年美国柑橘单产水平的 28.36%。此外，中国各年柑橘单产水平的波动幅度较大，且经常出现负增长，与美国能够以较高的单产水平为基点并保持逐年增长的状况比较起来，实在相差甚远。但是，有一点是值得肯定的，中美两国柑橘单产的差距在缩小，1991 年中国柑橘单产低于美国同年单产的 52.52%，2003 年这一差距缩小为 28.36%；但 2004～2007 年这一差距又有加大。

中国柑橘生产过程中化肥、植保费、有机肥费波动的幅度相对美国而言都较大。1994～1999 年中国化肥投入量均低于同年美国化肥的投入量，但低投入对应的是低产出。中国 1996 年柑橘单产水平为 1131.15 千克/亩，仅为同年美国柑橘单产的 36.98%，是 17 年来中国柑橘单产的最低值，同年中国柑橘生产化肥的投入量为 59.60 千克/亩，十分接近 17 年来中国化肥投入量的最低值（54.54 千克/亩）。除 2005 年、2006 年和 2007 年，其他年度中国每亩化肥的投入量均高于美国同年的投入水平，2003 年中国化肥投入量高出同年美国化肥投入量的一倍多。1991～1997 年中国柑橘生产的植保费均低于美国同年的投入水平，从 1998 年开始均高于美国同年的投入水平，尤其是 2003 年和 2005 年高出的幅度较大，分别高于美国同年植保费的 175.82% 和 93.44%。1991～1999 年以及 2005～2007 年中国柑橘生产的有机肥费都低于同年美国的投入水平，2000～2004 年均高于美国同年的投入水平，2003 年中国有机肥费高出美国同年有机肥费的 48.34%。由于中美两国柑橘生产样本数据中劳动采用了不同的统计单位，因此无法直接加以比较，但总体的趋势是美国的劳动在增加，中国则是先减少后增加，两国劳动波动的幅度都不大。

11.2.2 中美柑橘主产区生产要素投入基本统计分析

（1）中国柑橘主产区生产要素投入统计分析

从表 11-3 可以看出，物质费用和劳动之和占了生产总成本的绝大多数，广东省和湖北省分别为 96.97% 和 91.44%。广东省物质费用的比例高于劳动的比例，而湖北省则相反。其中，在物质费用项下，广东省化肥、农药和农家肥的费用较多，湖北省化肥和农药的费用较多，农家肥费仅占总成本的 0.08%。占总成本比例较小的是固定资产折旧费。湖北省的排灌费占总成本的 0.57%，而广东省已没有此项费用。

表 11-3　2007 年中国广东省、湖北省柑橘生产要素投入核算表

项　目	广东省		湖北省	
	元/亩	占总成本的比重/%	元/亩	占总成本的比重/%
一、生产成本	2 259.46	96.97	1 328.87	91.44
1. 物质费用	1 209.43	51.91	586.85	40.38
直接生产费用	1138.87	48.88	494.40	34.02
种子秧苗费	22.02	0.95		
农家肥费	294.01	12.62	1.16	0.08
化肥费	402.27	17.27	223.42	15.37
农药费	348.09	14.94	67.13	4.62
畜力费			2.94	0.20
机械作业费	19.32	0.83		
排灌费			8.24	0.57
燃料动力费	8.78	0.38		
其他直接费用	30.33	1.30	9.62	0.66
间接生产费用	70.56	3.03	92.45	6.36
固定资产折旧费	12.84	0.55	1.88	0.13
其他间接费用	22.36	0.96	18.51	1.27

项　目	广东省		湖北省	
	元/亩	占总成本的比重/%	元/亩	占总成本的比重/%
2. 劳动	1 099.44	47.19	995.97	68.53
家庭用工	724.44	31.09	416.45	28.66
雇用用工	375.00	16.09	579.52	39.88
二、期间费用	22.36	0.96	18.51	1.27
销售费	22.36	0.96	18.51	1.27
总成本	2 329.96	100.00	1 453.31	100.00

资料来源：国家发展和改革委员会价格司编，全国农产品成本收益资料汇编（2007）

（2）美国柑橘主产区生产要素投入统计分析

从表 11-4 可以看出，就狭义生产成本而言，在整个生产过程中化肥施用的成本比例最高，佛罗里达州中部和佛罗里达州西南部两地分别为 33.44% 和 32.82%。其次是杂草控制，两地分别为 19.40% 和 15.97%。这两个高比例的环节均普遍使用机械作业，消耗较多的物质，包括除草剂、有机肥、无机肥等。而使用机械作业少消耗人工或者说简单劳动较多的环节，像枝条修剪、植株的更新与养护在两地的成本合计中所占的比例都为 10% 左右。另外，在使用频率高的环节上的支出也较多——两地的灌溉主要是微型喷灌，加上灌渠维护的费用分别占 16.76% 和 16.68%。从上面的数据可以看出美国的柑橘生产主要是物质技术投入型。

除了狭义生产成本，美国柑橘的广义会计生产成本还包括管理费、利息、税金、排污费、采收费和柑橘评估费，如果再加上机会成本，则为美国柑橘的广义经济生产成本。

表 11-4　2007 年美国佛罗里达州中部和西南部柑橘生产要素投入核算表

项　目	佛罗里达州中部			佛罗里达州西南部		
	美元/英亩[①]	元/亩	所占比例/%	美元/英亩	元/亩	所占比例/%
1. 狭义生产成本	1 254.75	1 710.19	100	1 260.75	1 718.36	100
杂草控制	243.46	331.83	19.40	201.36	274.45	15.97
割除行间草	49.34	67.25	3.93	28.35	38.64	2.25
化学除草	18.24	24.86	1.45	26.48	36.09	2.10
园林全面整理	31.3	42.66	2.50	31.3	42.66	2.48
除草剂除草	144.58	197.06	11.52	115.23	157.06	9.14

---

① 1 英亩 ≈ 0.405 公顷，后同。

项　目	佛罗里达州中部			佛罗里达州西南部		
	美元/英亩	元/亩	所占比例/%	美元/英亩	元/亩	所占比例/%
喷液害虫管理	210.52	286.93	16.78	175.23	238.83	13.90
化肥施用	419.54	571.82	33.44	413.83	564.04	32.82
石灰施用	14.76	20.12	1.18	14.76	20.12	1.17
枝条修剪	38.13	51.97	3.039	35.13	47.88	2.79
打尖	15	20.44	1.20	12	16.36	0.95
围篱	15.33	20.89	1.22	15.33	20.89	1.22
砍削灌木丛	7.8	10.63	0.62	7.8	10.63	0.62
植株的更新与养护	118.02	160.86	9.41	157.36	214.48	12.48
托运新苗木	20.49	27.93	1.63	27.32	37.24	2.17
挖坑栽新株	45.84	62.48	3.65	61.12	83.30	4.85
维护新苗	51.69	70.45	4.12	68.92	93.94	5.47
微型喷灌	210.32	286.66	16.76	210.32	286.66	16.68
灌渠维护	0	0	0	52.76	71.91	4.19
2. 管理费	48	65.42		48	65.42	
3. 利息	58.16	79.27		56.75	77.35	
4. 税金	61	83.14		61	83.14	
5. 排污费	31.67	43.17		31.67	43.17	
6. 采收费（含托运）	1 118.66	1 524.70		1 287.26	1 754.50	
7. 柑橘评估费	107.52	146.55		122.16	166.50	
广义会计生产成本（1~7 合计）	2 679.76	3 652.43		2 867.59	3 908.44	
8. 机会成本	321.22	437.81		321.22	437.81	
广义经济生产成本（1~8 合计）	3 000.98	4 090.24		3 188.81	4 346.25	

资料来源：*Budgeting Costs and Returns for Southwest Florida Citrus Production*（2007~2008）和 *Budgeting Costs and Returns for Central Florida Citrus Production*（2007~2008）

（3）中美两国柑橘主产区柑橘生产投入要素的比较分析

1）美国柑橘生产投入要素的分离。根据前面所讲述的中美两国柑橘生产成本的拟合方法，本节首先对美国两个典型柑橘产区生产成本核算方法进行调整，分解出生产中各项作业在各要素上的支出，具体见表 11-5（M 表示物质材料耗费，L 表示劳动，E 表示使用机械的支出），从而得到一个与中国的生产指标对照的新体系。

表 11-5　2007 年美国佛罗里达州中部、西南部柑橘生产投入要素分离表

项　目		佛罗里达州中部（美元/英亩）			佛罗里达州西南部（美元/英亩）		
		M	L	E	M	L	E
杂草控制	割除行间草			49.34			28.35
	化学除草	18.24			26.48		
	园林全面整理		31.30			31.30	
	除草剂除草	141.33		3.25	112.28		2.95
喷液害虫管理		149.94		60.58	125.55		49.68
化肥施用		380.86		38.68	386.67		27.16
石灰施用		14.76			14.76		
枝条修剪	打尖		15.00			12.00	
	围篱		15.33			15.33	
	砍削灌木丛		7.80			7.80	
植株的更新与养护	托运新苗木		20.49			27.32	
	挖坑栽新株		45.84			61.12	
	维护新苗		51.69			68.92	
微型喷灌		210.32			210.32		
灌渠维护			0			52.76	
小　计		915.45	187.45	151.85	876.06	276.55	108.14
合　计		1 254.75			1 260.75		

资料来源：根据 *Budgeting Costs and Returns for Southwest Florida Citrus Production* （2007～2008） 和 *Budgeting Costs and Returns for Central Florida Citrus Production* （2007～2008） 资料计算

2）拟合结果及其分析。采用新的核算体系对中美两国柑橘主产区生产成本进行核算，结果见表 11-6。

表 11-6　2007 年中美柑橘主产区投入要素比较分析表

项　目	佛罗里达州中部		佛罗里达州西南部		广东省		湖北省	
	元/亩	比例/%	元/亩	比例/%	元/亩	比例/%	元/亩	比例/%
植保费	147.73	4.05	148.84	3.81	396.27	17.01	173.06	11.91
有机肥费	131.4	3.60	122.64	3.14	294.01	12.62	1.16	0.08
化肥费	579.1	15.86	527.02	13.48	402.27	17.27	223.42	15.37

项 目	佛罗里达州中部		佛罗里达州西南部		广东省		湖北省	
	元/亩	比例/%	元/亩	比例/%	元/亩	比例/%	元/亩	比例/%
种苗费	19.38	0.53	25.84	0.66	22.02	0.95	0	0
材料费	51.51	1.41	67.38	1.72	8.78	0.38	0	0
畜力费	0	0	0	0	0	0	2.94	0.20
机械费	206.97	5.67	147.39	3.77	19.32	0.83	0	0
劳 动	1 780.19	48.74	2 131.43	54.53	1 099.4	47.19	995.97	68.53
灌溉费	286.66	7.85	286.66	7.33	0	0	8.24	0.57
管理费	65.43	1.79	65.42	1.67	0	0	0	0
销售费	146.55	4.01	166.5	4.26	22.36	0.96	18.51	1.27
利 息	79.27	2.17	77.35	1.98	0	0	0	0
资产占用	0	0	0	0	12.84	0.55	1.88	0.13
土地承包费	0	0	0	0	0	0	0	0
税 金	83.14	2.28	83.14	2.13	0	0	0	0
其他支出	75.1	2.06	58.83	1.51	52.69	2.26	28.13	1.94
合 计	3 652.43	100.00	3 908.44	100.00	2 329.96	100.00	1 453.31	100.00

注：根据表11-3、表11-4、表11-5拟合计算所得

通过对表11-6进行分析，可以得出如下结论：①从绝对数量看。表11-6的前五项值代表果园的物质投入，四个地区的五项值之和分别为929.12元、891.72元、1123.35元、397.64元。将两国的两地平均，则中国的物质投入低于美国；美国果园每亩支出较多的机械费，佛罗里达州中部、西南部分别为206.97元、147.39元，但中国柑橘生产中几乎不花费机械费；劳动方面，美国绝对地比中国多，佛罗里达州中部、佛罗里达州西南部约为中国广东省的1.5倍，是湖北省的2倍左右；两国都不存在土地承包费；另外，美国的生产方式决定橘农自己不需要为固定资产折旧以及小农具购置修理支出任何费用，而中国的橘农为此项费用每亩分别支出12.84元、1.88元，计入表11-6中的资产占用。总的来看，生产单位面积的柑橘，除了物质投入、资产占用、土地承包费、税金外，美国在各方面的支出均高于中国。因此，中国的总投入比美国低，具有相对优势，这一点在中国的湖北省表现得尤为突出。②从相对数量看。中国的物质投入偏高，广东省甚至高达40%以上，而美国的前五项的比例和为20%左右；美国的机械费用较高，占总成本的4%左右，而中国此项费用不到1%；两国的劳动比例均为50%左右，美国要略显高一点；美国橘农还需交纳税金。在相对量的比较中，两国差别突出的是灌溉费、管理费、销售费等项。可见，中国柑橘生产主要靠物质投入为支撑，而美国则在技术含量较高的方面投入多，可以说美国的柑橘生产主

要以技术为支撑。同时我们也可以看到，美国佛罗里达州中部与佛罗里达州西南部两地每亩使用100多元的销售费用，中国的销售费每亩不到30元，这从一定程度上说明美国橘农比中国农民更注重把自己生产出来的产品推向市场。此外，美国佛罗里达州中部与佛罗里达州西南部两地每亩的管理费用约为65.42元，中国的此项费用为0，这表明美国橘农比中国橘农更注重对橘园的管理。

第12章
计量模型计算结果及讨论

12.1　中国柑橘生产模型计算结果和分析

上一章我们对 1991～2007 年中美两国柑橘生产全国平均统计数据进行了基本统计分析，并探讨了中美两国柑橘主产区 2007 年各投入要素占柑橘生产总成本的比例，且对两国的截面数据进行了拟合和比较分析。这一节，我们将依据中美两国 1991～2007 年柑橘的样本数据，通过计量经济模型就各投入要素对各国柑橘单产的影响进行实证分析。

12.1.1　中国柑橘生产模型计算结果

本节首先将以第 10 章设定的实证模型 ［式（10-1）］ 为基础采用 Eviews5.0 对模型进行相关的回归分析，对于回归中发现的并不显著的变量逐个进行剔除，最后得到对中国柑橘单产影响最为显著的投入要素，见表 12-1。

表 12-1　中美柑橘生产函数回归结果

变　量	中　国		美　国		
	OLS	WLS	OLS	WLS₁	WLS₂
C	6.125 340 ** (9.059 102)	6.140 267 (106.468 6)	9.531 301 ** (6.429 263)	8.874 635 (10.575 06)	9.514 214 ** (42.339 24)
t	0.069 458 ** (5.400 907)	0.011 613 (102.399 5)	0.013 952 ** (3.372 151)	0.012 637 ** (6.946 983)	0.007 629 ** (17.716 59)
$\ln F$	0.329 610 * (2.743 194)	0.319 603 (89.922 18)	0.023 863 (0.162 312)	0.117 132 (0.979 507)	0.121 223 ** (6.776 53)
$\ln P$	−0.342 923 * (−2.369 895)	−0.353 562 (−62.838 83)	−0.186 334 * (−2.148 049)	−0.162 091 ** (−6.652 883)	−0.177 700 ** (−11.108 48)
$\ln Q$	−0.014 497 (−0.211 062)	−0.020 464 (−6.682 610)	0.008 487 (0.124 388)	−0.032 211 (−0.763 649)	

变量	中 国		美 国		
	OLS	WLS	OLS	WLS$_1$	WLS$_2$
ln$L$	0.234 502	0.255 513	−0.118 069	−0.072 351	−0.115 017 **
	(1.109 323)	(23.591 84)	(−0.716 828)	(−1.111 885)	(−4.699 383)
R^2	0.854 724	1.000 00	0.939 629	1.000 000	1.000 000
D-W 值	2.634 097	1.611 868	2.219 364	2.986 604	2.802 232
F 值	12.943 56 **	46 479.10 **	34.241 45 **	705.549 1 **	937.910 8 **

注：括号内的值为 t 检验值，＊表示在 0.05 水平上差异显著，＊＊表示在 0.01 水平上差异显著

中国柑橘生产函数回归系数的拟合，首先采取了一般线性回归，发现 ln$Q$、ln$L$ 的 t 统计量较小，其 P 值均大于 0.05，说明其对 ln$Y$ 的影响并不显著。对模型的回归结果绘制残差图发现模型存在异方差，这必然导致变量的显著性检验失去意义，回归结果失真，因此，设置权重为残差平方的倒数，继续采用加权最小二乘法（WLS）对该回归结果进行修正，排除了异方差的干扰，回归结果用 WLS$_1$ 表示。从 WLS$_1$ 的回归系数和特征系数看，回归结果有明显改善，t、ln$F$、ln$P$ 和 ln$L$ 的显著性有很大提高，拟合优度系数 R^2 和 F 统计量都有明显提高，模型通过检验。最终确定中国柑橘生产函数为 WLS 回归的结果，即

$$\ln Y = 6.140\ 267 + 0.011\ 613t + 0.319\ 603\ln F$$
$$- 0.353\ 562\ln P - 0.020\ 464\ln Q + 0.255\ 513\ln L$$

12.1.2　中国柑橘生产投入要素弹性分析

由 WLS 回归得到的结果可以看到化肥 F、植保费 P、有机肥、劳动 L 的生产弹性分别为 0.319 603、−0.353 562、−0.020 464、0.255 513，因此我们可以得到下述相关结论：

1）每增加 1% 的化肥，中国柑橘单产将增加 0.319 603%，化肥的投入的增加对于中国柑橘产量的增加是有益的。

2）每增加 1% 的植保费（农药），中国柑橘单产将减少 0.353 562%，植保费投入的增加将阻碍中国柑橘产量的增长。

3）每增加 1% 的有机肥，中国柑橘单产将减少 0.020 464%，有机肥投入的增加将阻碍中国柑橘产量的增长。

4）每增加 1% 的劳动，中国柑橘单产将增加 0.255 513%，劳动投入的增加有益于中国柑橘产量的增长。

12.1.3 中国柑橘边际产量与投入产出价格比的分析

本节中中国柑橘的价格为每千克主产品的平均出售价格，劳动的价格为全国统一工价，化肥的价格由化肥费用除以化肥投入量计算所得。同时，根据边际产量的定义，可以得到如表12-2所示的中国1991～2007年柑橘边际产量与投入产出价格比。

表12-2　1991～2007年中国柑橘边际产量与投入产出价格比

年　份	边际产量			投入产出价格比	
	化肥/ （千克/千克）	劳动/ （千克/日）	植保费/ （千克/元）	化肥/柑橘	劳动/柑橘
1991	3.62	4.56	−4.13	1.29	2.88
1995	7.02	4.36	−2.82	2.11	4.43
2000	6.49	6.20	−2.22	2.18	7.09
2001	5.85	7.58	−2.57	1.68	8.41
2002	4.41	5.16	−4.12	1.25	4.39
2003	4.41	6.65	−3.99	1.53	5.42
2004	4.48	3.22	−3.27	2.01	5.55
2005	5.01	3.67	−4.16	2.09	4.83
2006	4.49	4.12	−2.82	1.98	5.87
2007	5.21	4.24	−2.55	1.75	4.95

注：边际产量由表11-1和表12-1的数据计算得来，投入产出价格比由全国农产品成本收益资料汇编各年价格数据计算所得

由表12-2中的数据，我们可以看到：

1）1991～2007年，增施1千克化肥可以平均提高中国柑橘单产5.65千克，尤其以1997年增产最大，每增施1千克化肥，中国柑橘单产增加8.78千克。在2007年柑橘生产条件下，当其他要素不变时，每增施1千克化肥，中国柑橘单产增加5.21千克。增产的同时也意味着增收，1991～2007年化肥的边际产量都大于投入产出的价格比，即边际纯收入（利润）大于0，说明中国柑橘的化肥投入量未超过经济合理的投入界限，因此在以后的年限，增施化肥对中国柑橘生产是十分有利的，不但增产而且可以增收。

2）1991～2007年，每增加一个劳动日中国柑橘单产平均将增加5.06千克，尤其以2001年增产最大，每增加一个劳动日，中国柑橘单产增加7.58千克，但此时增产却意味着减收，因为2001年劳动的边际产量小于投入产出的价格比，即边际纯收入（利润）小于0，说明2001年中国柑橘生产的劳动投入量已超过了经济合理的投入界限，尽管增加劳动投入量可以增加柑橘单产，但会减少橘农收入。在

2003 年柑橘生产条件下，当其他要素不变时，每增加一个劳动日，中国柑橘单产增加 6.65 千克，又由于 2003 年劳动的投入产出的价格比为 5.42，小于劳动的边际产量，说明此时中国柑橘的劳动投入量未超过经济合理的投入界限，因此增加劳动投入不但可以增加柑橘单产，而且还会增加橘农收入。1995 ~ 2001 年以及 2004 ~ 2007 年，虽然劳动的产出弹性大于 0，但由于边际产量都小于劳动投入与产出的价格比，因此增加劳动只能增产但不能增收。2002 ~ 2003 年劳动投入的产出弹性都大于 0，且边际产量都大于劳动投入与产出的价格比，因此此时增加劳动不但增产而且增收。结合表 11-1 中劳动的数据，可以看到 1995 ~ 2001 年每亩劳动的投入都处于较低水平，从 2002 年开始，每亩劳动用工开始大幅增加，可到 2005 年及以后，每亩劳动用工又处于较低水平，这说明橘农在一定程度上已开始考虑劳动用工投入的机会成本与自身的净收益，从而确定劳动的投入量。

3）1991 ~ 2007 年，每增加 1 元植保费都会使得中国柑橘单产平均减少 3.22 千克，尤其是 1994 年，当其他要素不变时，每增加 1 元植保费的投入，中国柑橘单产将减少 4.26 千克。近些年来这种阻碍的作用有所减弱，在 2007 年柑橘生产条件下，当其他要素不变时，每增加 1 元植保费的投入，中国柑橘单产减少 2.55 千克。

12.1.4 中国柑橘生产技术进步贡献率的测定与分析

要测定 1991 ~ 2007 年中国柑橘生产技术进步贡献率，首先需要计算 1991 ~ 2007 年中国柑橘单产及各投入要素的增长率，由于 17 年来中国柑橘单产及各投入要素变化频繁且各年变化方向不一致，同时考虑到官方统计数据时各年所选取的农户存在较大差异，因此为了排除众多非生产因素的干扰，本节选取 17 年来柑橘单产及各投入要素出现较多的较低数值的平均值为基数，2007 年的实际数值为尾数计算增长率，从而得到 1991 ~ 2007 年中国柑橘单产、化肥、植保费、劳动的增长率分别为 4.60%、0.58%、7.81%、0.23%。

通过计算，我们计算出中国柑橘在 1991 ~ 2007 年的平均科技贡献率是 65.58%。

12.2 美国柑橘生产模型计算结果和分析

12.2.1 美国柑橘生产模型计算结果

同中国柑橘生产模型估计方法一样，本章首先将以第 10 章设定的实证模型［式（10-1）］为基础采用 EViews 5.0 对模型进行相关的回归分析，对于回归中发现的并不显著的变量逐个进行剔除，最后得到对美国柑橘单产影响最为显著的投入要素，见表 12-1。

美国柑橘生产函数回归参数的拟合，首先也采用了一般线性回归，但拟合效果较差，多个变量参数未通过检验。对模型的回归结果绘制残差图发现模型存在异方差，于是同样设置权重为残差平方的倒数，继续采用加权最小二乘法（WLS）对该回归结果进行修正，效果有所改善，但 $\ln Q$ 的 t 检验值太小而未通过检验，表明 $\ln Q$ 对 $\ln Y$ 线性影响并不显著，于是删掉 $\ln Q$。继续做加权最小二乘法。效果明显改善，得到最终回归结果。最终确定中国柑橘生产函数为 WLS 回归的结果，即

$$\ln Y = 9.514214 + 0.007629t + 0.121223\ln F - 0.1777\ln P - 0.11501\ln L$$

12.2.2 美国柑橘生产投入要素弹性分析

由 WLS_2 回归得到的结果可以看到化肥 F、植保费 P、劳动 L 的生产弹性分别为 0.121223、-0.177700、-0.115017，因此我们可以得到下述相关结论：

1) 每增加 1% 的化肥，美国柑橘单产将增加 0.121223%，化肥投入的增加对于美国柑橘产量的增加是有益的。

2) 每增加 1% 的植保费，美国柑橘单产将减少 0.177700%，植保费投入的增加将阻碍美国柑橘产量的增长。

3) 每增加 1% 的劳动，美国柑橘单产将减少 0.115017%，劳动投入的增加也将阻碍美国柑橘产量的增长。

12.2.3 美国柑橘边际产量与投入产出价格比的分析

本节美国柑橘的价格为佛罗里达州西南部和佛罗里达州中部每年的树上价格的平均值，化肥的价格为佛罗里达州西南部和中部每年化肥价格的平均值。同时，根据边际产量的定义，可以得到如表 12-3 所示的美国 1991~2007 年柑橘边际产量与投入产出价格比。

表 12-3　1991~2007 年美国柑橘边际产量与投入产出价格比

年　份	边际产量			投入产出价格比
	化肥/（千克/千克）	劳动/（千克/天）	植保费/（千克/元）	化肥/柑橘
1991	3.04	-0.17	-2.35	1.29
1995	3.51	-0.18	-2.21	1.44
2000	4.47	-0.17	-2.51	2.57

年　份	边际产量			投入产出价格比
	化肥/（千克/千克）	劳动/（千克/天）	植保费（千克/元）	化肥/柑橘
2001	4.05	-0.16	-2.38	2.11
2002	4.56	-0.15	-2.37	2.34
2003	4.34	-0.15	-2.96	4.79
2004	4.21	-0.17	-2.18	1.67
2005	4.35	-0.16	-2.15	2.01
2006	4.23	-0.15	-2.15	2.57
2007	4.31	-0.15	-2.30	2.22

注：边际产量由表11-2和表12-1的数据计算得来，投入产出价格比由美国成本与收益统计资料各年价格数据计算所得

由表12-3中的数据，我们可以看到：

1）1991~2007年，每增施1千克化肥会使美国柑橘单产平均增加4.11千克。2007年，当其他要素不变时，每增施1千克化肥，美国柑橘单产将增加4.31千克，又由于2007年化肥的边际产量大于投入产出的价格比，即边际纯收入大于0，说明2007年化肥投入量在经济合理的投入界限之内，因此此时增加化肥投入量既能增产又能增收。除2003年外，其他年份的化肥的产出弹性都大于0，且边际产量都大于投入产出的价格比，说明美国大多数年份的柑橘的化肥投入量未超过经济合理的投入界限，因此可以适当增施化肥，不但增产而且可以增加橘农净收益。

2）1991~2007年，每增加1元劳动美国柑橘单产将平均减少约0.17千克。从2001年开始，这种阻碍作用有所减弱，在2007年的生产水平下，当其他要素不变时，每增加1元的劳动投入，美国柑橘单产减少0.15千克。理论上来讲，美国应减少劳动，这样不但可以增加柑橘单产，而且可以降低每亩的生产成本。

3）1991~2007年，每增加1元植保费美国柑橘单产将平均减少约2.32千克，尤其是在2003年，这种阻碍作用表现得十分突出，当其他要素不变时，每增加1元植保费的投入，美国柑橘单产将减少2.96千克。同时根据表11-1中植保费的相关数据，我们可以看到2003年美国植保费为123.59元，相对于前几年有一定幅度的下降，这说明美国橘农已经在一定程度上认识到植保费投入过多，阻碍了柑橘产量的增长。

12.2.4　美国柑橘生产技术进步贡献率的测定与分析

要测定1991~2007年美国柑橘生产技术进步贡献率，首先需要计算1991~

2003 年美国柑橘单产及各投入要素的增长率，由于 17 年来美国柑橘单产及各投入要素变化稳定且很有规律，因此本节直接选取 1991 年的实际数据为基数，2007 年的实际数据作为尾数计算增长率，从而得到 1991~2007 年美国柑橘单产、化肥、植保费、劳动的增长率分别为 0.99%、-1.10%、0.72%、1.95%。

通过计算，我们计算出美国柑橘在 1991~2007 年的平均科技贡献率是 89.57%。

12.3　中美两国柑橘生产模型计算结果的比较分析

从中美两国柑橘生产模型估计的结果来看，对两国柑橘单产影响较大的投入要素都是化肥、植保费和劳动。

从两国柑橘生产投入要素的产出弹性来看：

1）化肥的产出弹性都为正值，即当其他要素不变时，化肥投入的增加就意味着产量的增加，且中国化肥的产出弹性约为美国的近 3 倍，这说明每增加 1% 的化肥投入，中国将比美国多增加 0.23% 的单产。同时，我们也发现在化肥投入增幅较大的 2003 年，中国柑橘实际单产增幅也较大，这进一步证明增施化肥有益于中国柑橘单产的增长。然而根据第 11 章分析的结果，中国化肥的投入呈现"～"形的波动形式，仅在 2001 年以后出现较大幅度的增长，美国化肥的投入仅在 1994 年有小幅度的减少，之后便一直稳定在一个较低的投入水平上，这表明中美两国化肥投入在很多年份并未按照有益于单产增长的方向变动，阻碍了两国柑橘单产的增长。

2）中美两国植保费的产出弹性都为负值，即当其他要素不变时，植保费的增加就意味着产量的减少，且中国植保费的产出弹性为美国的 2.5 倍，这说明每增加 1% 的植保费投入，中国将比美国多减少 0.16% 的单产。中国的植保费以"M"形的趋势增长，美国的植保费绝大多数年份稳定在一个相当的水平，仅在个别年份有小幅度的波动，且从 1998 年开始中国植保费均高于美国同年的投入水平，尤其是 2002 年和 2003 年高出的幅度较大，这表明中国植保费在持续增加，不但增大了中国柑橘的生产成本，而且严重阻碍了单产的增长，美国则由于植保费变动很小，未对其单产造成很大的影响。

3）中国劳动的产出弹性为正值，美国为负值，即当其他要素不变时，中国劳动的增加和美国劳动的减少分别意味着各自单产的增加。根据第 11 章分析的结果，中国劳动的投入总体呈现轻微的"～"形的波动，美国劳动的投入总体上呈现向上增长的趋势，这说明尽管中国劳动力资源丰富，但柑橘生产长期处于粗放经营的状态，在一定程度上限制了中国柑橘单产的增长，美国则由于劳动投入的不断增长，阻碍了单产的增加。

从中美两国柑橘生产投入要素的边际产量和投入产出价格比来看：

1) 中国化肥平均的边际产量约为美国的 1.5 倍，尤其在 1997 年，中国化肥的边际产量高出美国 1.2 倍，当其他要素不变时，每增施 1 千克化肥，中国柑橘单产将比美国多增加 4.79 千克。1991～2003 年中国化肥的边际产量都高于化肥的投入产出价格比，而美国除了 2003 年也是如此，因此对于绝大多数年份而言，中美两国如果增施化肥，不但可以增产而且可以增收。

2) 中国植保费平均的边际产量约为美国的 1.2 倍，但由于其都为负值，因此植保费的增加意味着中国柑橘的单产将比美国减少得更多。尤其在 1994 年，中国植保费的边际产量为美国的 1.9 倍，当其他要素不变时，每增加 1 元的植保费投入，中国柑橘单产将比美国多减少 2.01 千克。

3) 中国劳动平均的边际产量为 5.17 千克/天，美国为 – 0.17 千克/天。由此可见，劳动的增加对于中国单产的增长是有益的，尤其在 2001 年，每增加一个劳动日，中国柑橘单产将增加 7.58 千克。从 1995～2001 年以及 2004～2007 年，中国劳动的边际产量都小于劳动投入与产出的价格比，此时增加劳动只能增产但不能增收，而在其他年份，如 2002～2003 年，由于中国劳动的边际产量都大于劳动投入与产出的价格比，因此此时增加劳动不但增产而且增收。

从中美两国柑橘生产的技术进步贡献率来看，中国柑橘生产的技术进步贡献率为 65.58%，而美国柑橘生产的技术进步贡献率为 89.57%，这说明两国柑橘单产的增长在很大程度上都得益于技术进步，但相比较而言，中国的技术进步贡献率较低，仍有很大的提升空间。

第13章
中美柑橘产业资源的优化配置

13.1 中美两国柑橘生产的要素资源最优配置结构的计算

13.1.1 中国柑橘生产资源的优化配置

根据前面所介绍的生产要素资源最优配置结构的估计方法，将式（10-15）、式（10-16）和式（10-17）、式（10-1）联立并结合表12-1中国生产函数模型回归的结果采用 EVIEWS 5.0 进行求解，即在给定的价格水平下，求解最佳经济效益应使用的最优投入水平和结构，结果如表13-1所示。

13.1.2 美国柑橘生产资源的优化配置

同样利用前面所介绍的生产要素资源最优配置结构的估计方法，将式（10-15）、式（10-16）和式（10-17）与式（10-1）联立并结合表12-1美国生产函数模型回归的结果采用 EVIEWS 5.0 进行求解，即在给定的价格水平下，求解最佳经济效益应使用的最优投入水平和结构，结果如表13-1所示。

表13-1 中美柑橘生产资源优化配置情况表

年 份	中国优化数量			美国优化数量	
	单产/千克	化肥/（千克/亩）	劳动/（天/亩）	单产/千克	化肥/（千克/亩）
2000	2 381.35	334.45	79.19	3 208.23	174.98
2001	1 627.50	155.04	34.07	3 308.04	190.92
2002	2 483.87	368.49	77.85	3 447.53	238.77
2003	2 409.26	319.05	58.21	3 453.53	219.25
2004	3 451.77	562.89	91.40	3 377.57	155.95
2005	4 529.51	955.84	110.72	3 469.06	186.87
2006	6 443.43	1 821.35	263.31	3 499.56	181.78
2007	5 144.80	1 188.95	182.47	3 299.64	86.94

注：为节省篇幅，在此只显示2000年以后的中美柑橘生产资源优化配置情况

13.2　中国柑橘资源最优配置的基本结论

依据表 13-1 的优化结果，可以得到中国柑橘资源最优配置结构有以下结论：

1）如果增加中国柑橘生产要素中化肥和劳动的投入量，使生产要素按最优数量进行配置，普遍可以使得中国柑橘各年单产在实际单产的基础上增加 1 倍，同时橘农在当年的价格水平下可以获得最大的净收益。这说明，中国柑橘增产和橘农增收的潜力十分巨大。

2）从平均投入数量来看，化肥优化数量的平均值为 713.26 千克/亩，而实际化肥投入的平均值为 90.30 千克/亩，远远小于优化的平均值；从各年投入数量来看，化肥的优化数量一般为 150～1900 千克/亩，而实际的投入一般为 50～200 千克/亩，远远小于各年的优化数量，这说明在各年的价格水平下，中国柑橘生产过程中化肥要素长期处于严重缺乏的状态，大大阻碍了中国柑橘单产和橘农净收益的增长。

3）从平均投入数量来看，劳动优化数量的平均值为 112.15 天/亩，而实际劳动投入的平均值为 54.28 天/亩，小于优化的平均值；从各年投入数量来看，劳动的优化数量一般为 30～260 天/亩，而实际的投入一般为 30～90 天/亩，小于各年的优化数量，这说明同化肥要素一样，中国的劳动力投入不足。

13.3　美国柑橘资源最优配置的基本结论

依据表 13-1 的优化结果，可以得到美国柑橘资源最优配置结构有以下结论：

1）如果把化肥的投入量增加 1 倍，使资源按最优数量进行配置，普遍仅能使得美国柑橘各年的单产在实际单产的基础上增加 10%，同时橘农在当年的价格水平下可以获得最大的净收益。这说明，美国柑橘单产和橘农净收益已经达到了一个较高的水平，增长空间不大。

2）从平均投入数量来看，化肥优化数量的平均值为 179.43 千克/亩，而实际化肥投入的平均值为 94.38 千克/亩，小于优化的平均值；从各年投入数量来看，实际的投入一般为 90～110 千克/亩，略小于各年的优化数量 80～360 千克/亩，这说明在各年的价格水平下，美国柑橘生产绝大多数年份化肥要素投入略有不足。

值得一提的是，2007 年美国柑橘生产要素中化肥投入的实际数量为 92.40 千克/亩，十分接近其最优值 86.94 千克/亩，同时当年美国柑橘实际单产为

3393.21 千克/亩，也十分接近其最优值 3299.64 千克/亩，这表明美国柑橘生产在 2007 年已达到了较优的资源配置，不但保证了较高的单产，而且橘农的净收益也几乎达到了最大值。

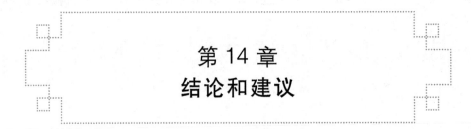

第 14 章
结论和建议

14.1 主 要 结 论

本研究通过对中美两国 1991～2007 年柑橘单产的投入和产出的分析，对中美两国柑橘单产的影响因素及影响性质和程度作了定性描述和经济计量分析，并对中美两国柑橘产业资源最优配置结构进行了定量分析。同时，结合本部分第11 章基本统计分析的结果，我们可以得到如下结论。

14.1.1 中国柑橘生产力水平较低

根据本部分的研究，中国柑橘单产水平远远低于美国，且各年波动幅度较大，经常出现负增长，而美国能以较高的单产水平为基点并保持逐年增长。可喜的是，总体上来讲中美两国柑橘生产力水平的差距在缩小，1991 年中国柑橘单产低于美国同年单产的 52.52%，到 2003 年已缩小到 28.36% 。

14.1.2 中国柑橘生产过程中各投入要素变化频繁

根据本部分第 11 章研究的结果，中国化肥的施用量总体上呈现"～"形的波动形式，植保费总体上以"M"形的趋势向上增长，有机肥费总体上以"W"形的趋势向上增长，而劳动则呈现轻微的"～"形的波动。相对而言，美国各项投入要素的波动幅度都较小，且对于单个生产要素来说各年变化的方向基本一致。

14.1.3 中国柑橘产业具有一定的成本优势，但也存在一些隐患

从绝对量的比较来看，中国的总投入比美国低，具有一定的成本优势，这一点在中国的湖北省表现得尤为突出。但是也存在一些隐患，从 2007 年中美两国柑橘生产各投入要素相对量的比较中我们可以看到，美国佛罗里达州中部与佛罗

里达州西南部两地平均每亩的销售费、管理费分别为 156.53 元、65.42 元，而中国广东省与湖北省两地平均每亩的销售费、管理费分别为 20.44 元、0 元，这从一定程度上说明中国橘农不重视橘园的管理和柑橘的销售，长此以往必将制约中国柑橘产业的发展。

14.1.4 化肥、植保费、劳动是决定中国柑橘单产的主要影响因素

（1）化肥的影响

化肥对中国柑橘单产和橘农净收益的影响为正。研究中发现，中国柑橘生产过程中化肥的产出弹性为 0.3547，约为美国的 3 倍，边际产量大于 0，约为美国的 1.5 倍，并且 1991~2007 年中国化肥的边际产量都高于化肥的投入产出价格比，因此我们可以确定增施化肥，不但可以增产而且可以增收。

然而近 17 年来中国化肥的投入量仅在 2001~2003 年间出现较大幅度的增长，其他时间都保持在一个很低的投入水平，究其原因可能是多方面的：其一，中国农产品生产在很长一段时间一直受到计划经济束缚；其二，橘农还未充分认识到低投入对应的是低产出，单纯依靠降低投入来增加收益是不可取的；其三，中国农民一直都是低收入群体，很难获得充足的资金来进行大量的投入。

（2）植保费的影响

植保费对中国柑橘单产的影响为负。研究中发现，中国植保费的产出弹性为 -0.2732，约为美国的 2.5 倍，边际产量小于 0，约为美国的 1.2 倍，因此我们可以确定植保费的增加必然意味着中国柑橘单产的减少。

然而近 17 年来中国的植保费以"M"形的趋势增长，从 1998 年开始中国植保费均高于美国同年的投入水平，尤其是 2002 年和 2003 年高出的幅度较大，这不但增大了中国柑橘的生产成本，而且严重阻碍了单产的增长。究其原因，可能是由于经济的不断发展使得中国农药的价格不断上升，但质量却未得到提高，而且大量假冒伪劣的农药不断充斥市场，橘农肉眼无法辨别真伪，从而使得中国植保费过高。

（3）劳动的影响

劳动对中国柑橘单产的影响为正。研究中发现，中国劳动的产出弹性为 0.1958，平均的边际产量为 5.06 千克/天，且 2002~2003 年中国劳动的边际产量都大于劳动投入与产出的价格比，因此此时增加劳动力的投入不但可以增产而且可以增收。

然而现实的情况是，近 17 年来中国劳动力的投入总体上呈现轻微的"~"形的波动，这说明尽管中国劳动力资源丰富，但并未得到充分的利用，在一定程度上限制了中国柑橘单产的增长。究其原因，可能是由于随着中国的改革开放，

许多农村的年轻劳动力纷纷涌向城市，仅留下老年人和儿童在家看守橘园，使得中国柑橘生产过程中劳动力的投入在近些年未出现大幅度的增长。

（4）中国柑橘产业的技术进步贡献率有待提高

中国柑橘产业的技术进步贡献率为 65.58%，小于美国（89.57%），这表明中国柑橘单产的增长在一定程度上得益于技术进步，但仍然有待提高。除了要大力发展繁育新品种、防治病虫害以及管理果园的技术外，更要努力使科技成果与柑橘生产环节紧密衔接，从而转变为现实的生产力。

（5）中国柑橘生产要素配置不够合理

根据本部分第 13 章研究的结果，我们发现由于中国化肥、劳动投入长期处于严重缺乏的状态，远远低于化肥和劳动的优化值，使得中国柑橘产业资源配置长期处于不合理的状态。中国各年化肥的优化值为实际值的 2.5~14 倍，劳动的优化值为实际值的 1.3~4.5 倍（1997 年除外），从而使得各年实际单产的平均值仅为单产优化值的平均值的 43.96%，而美国无论是要素投入的投入水平还是单产水平都比较接近优化值，由此可见美国柑橘产业资源配置的合理程度远远高于中国。

14.2 政策建议

为了保证中国柑橘单产和橘农净收益持续稳定增长，促进中国柑橘产业进一步发展，根据本部分的研究结果提出如下几点政策建议。

（1）依靠科技进步，降低柑橘生产成本、提高生产要素产出率，提高柑橘单产

1）加大柑橘科研投入，将柑橘基础性或重点项目纳入经常性国家预算项目中，保证柑橘生产技术研究工作顺利进行。

2）建立一批由大学、合作社和果园联合开办的柑橘试验站，研究生产中亟需解决的技术问题。

3）健全与完善柑橘生产技术推广体系，使得科技进步的贡献真正发挥出来，转化为真正的生产力。

4）推行柑橘科技成果产业化，形成柑橘产业科研、生产、经营一体化，保证柑橘科技成果在生产中最大限度地得以利用。

（2）发展农村信贷合作，支持橘农加大资金投入

近些年来，由于化肥、农药等生产资料价格整体上升，使得橘农对化肥的投入一直徘徊不前，严重影响了中国柑橘产量的增长。因此，政府应大力发展农村信贷合作，使得橘农可以获得充足的资金来增大化肥等要素的投入量。

（3）发展农药生产企业，加强对农药质量的监管力度

中国柑橘生产过程中植保费（农药）的投入过高，一方面是由于农药价格偏高，另一方面是由于大量假冒伪劣的农药涌入市场。有资料显示，在正常情况下柑橘生长过程中每年只需要打 5~7 次农药，而在中国江西一些橘农每年打农药的次数超过了 25 次。大量低质的农药使得橘农蒙受了巨大的损失，不但增大了生产成本，也未得到应有的效果，严重制约了中国柑橘单产的增长。

（4）加大柑橘合作社的建设力度，规范合作社的正常运作

我国大部分柑橘合作社发展比较滞后，运行不规范。普遍存在着不合作、假合作的情况。如果能建立规范有效的合作机构，采取统一采购生产资料和统一的销售策略，将极大地提高柑橘农户的经营谈判力度，提高柑橘销售竞争力。

（5）增加单位面积柑橘劳动力的投入，提高柑橘生产管理水平

柑橘产业本身是一个劳动密集型产业，其生产过程中需要更多的劳动投入，特别是修剪、疏花、采果等过程，机械很难替代人力。前面的研究显示，中国柑橘生产劳动力投入的增加可以使得柑橘单产得到提升。因此，应加大对柑橘生产者的劳动技能进行培训，提高柑橘生产管理能力，努力提高柑橘单产水平。

参 考 文 献

鲍江峰，夏仁学，彭抒昂等.2005.湖北省柑橘产业的现状与发展对策.中国农学通报，(1).

蔡派.1999.世界柑橘生产形势及市场展望.世界农业，(3).

陈迭云，黄学平.1990.农业资源配置的理论与实践.北京：中国农业出版社.

陈红艳，苏浩.2002.内蒙古农业科技资源的合理配置.内蒙古社会科学，(5).

陈正法，肖润林，盛良学等.2004.加入WTO对湖南柑橘发展的影响及对策，(2).

陈云，李强，祁春节.2002.中美柑橘生产成本核算方法的比较与拟合.农业经济问题，(10).

成维，祁春节.2004.湖北省油料作物技术进步贡献率的测定与分析.农业技术经济，(5).

成维，祁春节.2005.中美甜橙生产成本与收益的比较研究.农业技术经济，(5).

褚中志.2005.中国土地资源配置的市场化改革问题思考.思想战线，(04).

戴兴安，胡日利.2005.林地资源配置及其驱动控制.林业资源管理，(06).

邓伯勋.2000.中国柑橘产业的现状及发展对策.浙江柑橘，(1).

邓军蓉，何坪华.2006.我国柑橘商品化处理的组织运作特点、弊端及对策.安徽农业科学，(4).

邓秀新.2001.中国柑橘及其产品进出口现状及发展趋势.世界农业，(10).

范银华.2001.广东生产函数性质研究.广州：广东工业大学.

高鸿业.2000.微观经济学.北京：中国人民大学出版社.

高韧，吴春梅.2004.我国农业技术资源的优化配置与政府作用.经济问题，(1).

郭晓林.2001.农业科技进步贡献率的测定及应用分析.北京：中国农业大学.

国家发展和改革委员会价格司.1992.全国农产品成本收益资料汇编.北京：中国统计出版社.

国家发展和改革委员会价格司.1993.全国农产品成本收益资料汇编.北京：中国统计出版社.

国家发展和改革委员会价格司.1994.全国农产品成本收益资料汇编.北京：中国统计出版社.

国家发展和改革委员会价格司.1995.全国农产品成本收益资料汇编.北京：中国统计出版社.

国家发展和改革委员会价格司.1996.全国农产品成本收益资料汇编.北京：中国统计出版社.

国家发展和改革委员会价格司.1997.全国农产品成本收益资料汇编.北京：中国统计出版社.

国家发展和改革委员会价格司.1998.全国农产品成本收益资料汇编.北京：中国统计出版社.

国家发展和改革委员会价格司.1999.全国农产品成本收益资料汇编.北京：中国统计出版社.

国家发展和改革委员会价格司.2000.全国农产品成本收益资料汇编.北京：中国统计出版社.

国家发展和改革委员会价格司.2001.全国农产品成本收益资料汇编.北京：中国统计出版社.

国家发展和改革委员会价格司.2002.全国农产品成本收益资料汇编.北京：中国统计出版社.

国家发展和改革委员会价格司.2003.全国农产品成本收益资料汇编.北京：中国统计出版社.

国家发展和改革委员会价格司.2004.全国农产品成本收益资料汇编.北京：中国统计出版社.

黄季焜，斯·罗泽尔.1998.迈向21世纪的中国粮食经济.北京：中国农业出版社.

黄季焜，王巧军，陈庆根.1995.农业生产资源的合理配置研究：水稻生产的投入产出分析.中国水稻科学，(1).

黄季焜，胡瑞发.1999.中国农业科技投资现状及对策研究.农业经济问题，(3).

黄肇先.1995.日本柑橘业现状.世界农业，(11).

贾生华，张娟锋.2006.土地资源配置体制中的灰色土地市场分析.中国软科学，(3).

焦宏，王蕾.2001.我国柑橘加工业的几个问题.中国果菜，(9).

孔月真.2000.入世对中国柑橘业的影响.世界热带农业信息，(10).

兰徐民.2003.由美国柑橘引发的思考——中国应大力发展农产品加工业.农业经济问题，(5).

李春越，谢永生，王益.2005.生态经济适宜的评价基础上的农户土地资源优化配置初探.干旱地区农业研究，(4).

李德安，陈贵.2006.广西柑橘产业优势及其利用探讨.广西农学报，(1).

李德勇.2005.看美国人如向卖柑橘.合作经济与科技，(9).

李强，冯中朝.2004.近年来中国畜牧业研究与开发机构科研资源配置量及其变化趋势实证研究.威宁学院学报，(01).

李振轮，谢德体.2005.重庆市柑橘业现状挑战.机遇和对策.西南农业大学学报（社会科学版），(20).

李子奈.2003.计量经济学.北京：高等教育出版社.

李宗江，高春源.1996.推动生产要素流动与优化配置促进我省经济结构调整.甘肃社会科学，(6).

刘春荣.2003.日本香川县的柑橘生产特色与启发.农业经济.(04).

刘浩淼.2003.中国城乡居民水产品需求研究.北京：中国农业科学院.

刘建峰.2003.中国农业科技进步贡献率测算研究.南昌：江西财经大学.

刘志强，孙海霞，刘春龙.2006.哈尔滨市畜牧资源配置潜力与发展趋势研究.农业系统科学与综合研究，(01).

孟繁琪, 董涵英, 周志红. 1995. 农业生产要素的动态优化配置和农业机械化的功能. 数量经济技术经济研究,（3）.

苗艳青, 喻长兴, 林卿. 2005. 闽台农业合作优化福建资源配置的效果分析. 亚太经济,（4）.

农业部赴巴西柑橘考察团. 2003. 巴西柑橘产业成功因素分析. 世界农业,（6）.

农业部赴西班牙和意大利柑橘技术考察团. 2003. 西班牙和意大利柑橘产业发展现状及启示. 世界农业,（5）.

农业部农业司, 中国农科院柑橘研究所. 1992. 中国名特优柑橘及其栽培. 上海：上海科技出版社, 50 – 86.

潘伟光. 2005. 中韩两国水果业生产成本及价格竞争力的比较——基于苹果、柑橘的分析. 国际贸易问题,（10）.

祁春节, 邓秀新. 2000. 加入WTO对中国柑橘市场的影响及其对策. 农业技术经济,（3）.

祁春节, 邓秀新. 2000. 中美两国柑橘产业的比较研究. 国际贸易问题,（7）.

祁春节. 2000. 入世与中国水果产业：影响及应对措施. 国际贸易问题,（1）.

祁春节. 2001a. 中国柑橘产业经济分析与政策研究. 北京：中国农业出版社.

祁春节. 2001b. 中国入世后美国柑橘准入机会及我们的对策. 国际贸易问题,（9）.

乔颖丽. 1996. 试析政策及体制对农户生产要素配置的影响. 农业经济问题,（9）.

沈映春. 2004. 我国农业科技资源的合理配置问题研究. 农村经济,（51）.

沈兆敏. 2003. 中国柑橘产销现状及居民消费水平. 中国食物与营养,（9）.

宋伟超. 2003. 看美国人卖柑橘. 西北园艺,（02）.

苏航, 谢金峰. 2004. 中国柑橘产业比较优势分析. 生态经济,（s1）.

孙巍. 2000. 生产资源配置效率——生产前沿面理论及其应用. 北京：社会科学文献出版社.

唐·埃思里奇. 2003. 应用经济学研究方法论. 朱钢译. 北京：经济科学出版社.

田世英. 2004. 中国柑橘产业基本情况及发展思路. 中国农业信息,（2）.

田国双. 2006. 森工企业森林资源的优化配置问题研究. 林业资源管理,（01）.

托马斯·斯普林. 2002. 2010年世界柑橘产量和消费预测. 封岩译. 世界农业,（1）.

万志芳, 耿玉德. 2005. 国有林区林地资源全新配置与使用的对策研究. 林业资源管理,（06）.

王川. 2006. 中国柑橘生产与消费现状分析. 农业展望,（1）.

王宏广. 1992. 我国不同耕作制度区农业资源与生活要素组合模式于特征研究. 农业现代化研究,（1）.

王培志, 夏恩君. 1994. 农业科学技术研究的资源配置决策模型. 农业系统科学与综合研究,（02）.

王尚召. 2003. 带叶柑橘热销的启示. 西北园艺,（06）.

王益慧, 沈琼, 王强. 2006. 技术进步和资源配置对我国油菜籽生产的影响. 作物杂志,（1）.

韦开蕾. 1998. 世界柑橘生产、消费、贸易前景. 世界热带农业信息,（05）.

吴郁玲, 冯忠垒, 曲福田. 2006. 比较优势理论与开发区土地资源配置效率的地区差异分析. 工业技术经济,（3）.

杨改河. 2000. 农业资源配置理论与方法研究. 杨凌：西北农林科技大学.

臧志风, 郑广永. 2006. 切实推进土地资源配置的市场化. 中共中央党校学报,（01）.

张志恒，任伊森．1998. 南非的柑橘业．浙江柑橘，（03）．

郑风田，李茹．2003. 中国柑橘国际竞争力的比较优势分析．国际贸易问题，（4）．

中国农业科学院农业经济研究所．1999. 农业经济与科技发展研究．北京：中国农业出版社．

中国农业科学院农业信息研究所"农产品供求分析与预测"项目组．

朱广其．2005. 我国农产品国际竞争力：弱势、原因及对策——2005. 2005 年中国柑橘生产与供求形势分析．农业展望．（03）

基于现代生产要素配置的分析．乡镇经济，（12）

朱希刚．1997. 农业技术经济分析方法及应用．北京：中国农业出版社．

朱希刚．1997. 中国农业技术进步贡献率测算方法．北京：中国农业出版社．

Behr R M, Brown M G, Bredigian K J. 1993. Outlook update for Florida's citrus industry. Fruit processing, 3 (4)：132 – 135.

Behr R M. 1992. The 1992 ~ 1993 situation and outlook for the Brazilian citrus industry. Italy：7th International Citrus Congress.

Berezovsky N. 1993. The citrus industry in Cuba. Fruit processing, 3 (10)：362 – 364.

Bevington K B. 1992. Report on a study tour to attend the 7th International Citrus Congress in Italy and to review high density planting. Italy：7th International Citrus Congress.

Carter C A. 1995. Research on Institutional Reform and Agricultural Productivity Growth in China. Honolulu：Grain Market Reform in China and Its Implications conference.

Esser R P, O'Bannon J H, Riherd C C. 1988. The citrus nursery site approval program for burrowing nematode and its beneficial effect on the citrus industry of Florida. Bulletin OEPP, 18 (4)：579 – 586.

Fan S, Pardey P. 1997. Research, productivity, and output growth in Chinese agriculture. Journal of Developmental Economics, 2 (53)：115 – 137.

Fan S. 1991. Effects of technology change and inatiturtional reform in produciton growth in China agriculture. American Jouranl of Agricultural Economics, 5 (73)：266 – 275.

Just R D, Zilberman E H. 1990. Input allocations in multicrop system. American Journal of Agricultural Economics, 2 (72)：200 – 209.

Kender W J. 1994. International research linkages benefit Florida citrus industry. Florida State Horticultural Society, 5 (106)：75 – 78.

Kitaganwa H, Kawada K. 1978. Marketing of Florida grapefruit. Proc fla State Hort soc. (92)：241 – 245.

Li C G. 1997. On resource-allocation and efficiency level of traditional agriculture in China. Agricultural History of China, 16 (1)：74 – 83.

Lin J Y. 1991. Public research resource allocation in Chinese agriculture：a test of induced technological innovation hypotheses. Economic development and cultural change, 40 (1)：55 – 73.

Lundeen L J. 1975. Resource allocation analysis and land use applications. Athens：Forest Resource Management Conference.

Muraro R P, Oswalt Wc. 2002. Budgeting costs and returns for central Florida citrus production. http：//devo8. floridajuice. com/pdfs/EI0209. pdf ［2008-12-11］.

Nora D M, Dimailiy V M, Austria A F1988. Status of citrus nurseries in Batangas and Laguna and their importamce in the development of the philippine citrus industry. Philippine-phytopathology, 23 (1 – 2): 25.

van Pelt W H J M, Swinkels W J M. 1984. Freeze concentration: an alternative for evaporation in the citrus industry. Transactions of the Citrus Engineering Conference, 2 (30): 1 – 17.

Ragonese C. 1991. Italian citrus industry. Fluessiges Obst, 58 (5): 55 – 61.

Shumway C R, Rope R D, Nash E K. 1984. Allocable fixed inputs and jointness in agricultural production: implications for economic modeling. American Journal of Agricultural Economics, 8 (66): 7.

第三部分 中国主要热带 水果竞争力研究

改革开放以来,经过三十多年的开发建设,我国已成为世界上有影响力的热带作物生产贸易大国。热带水果产业在我国南亚热带作物产业中处于非常重要位置,已经成为当地支柱产业。加入 WTO 之后我国热带水果生产和市场受到较大的影响。

为了找出全球主要热带水果现实的和潜在消费市场的分布及其规模,验证我国热带水果及其加工品是否具有比较优势和国际竞争力。本部分在对全球热带水果生产、贸易、消费及其发展趋势这一背景分析的基础上,采用进出口竞争力指数、国际市场占有率和现实性比较优势系数作为评价国际竞争力的指标。分别对香蕉、菠萝、荔枝等热带水果国际竞争力进行实证分析。分析结果表明我国主要热带水果加工品有较强的国际竞争力,而新鲜热带水果国际竞争力相对较弱,其中香蕉基本是没有国际竞争力的水果产品。我国新鲜水果普遍存在采后商品化处理程度低和储藏加工跟不上的弊病。产后商品化处理包括采后的清洗、杀菌、分级、打蜡、包装等,这既是提高果品商品质量、增强市场竞争力的重要手段,也是提高产品附加值的重要环节。我国水果大都未经任何处理,包装简陋,外观质量很差,缺乏市场竞争力,综合的国际竞争力较弱。

本部分最后就如何提高热带水果国际竞争力、扩大出口所面临的问题及障碍因素进行剖析,并就中国加入世贸组织后对热带水果的生产与市场可能带来的利弊得失作出评价;并相应提出入世后提升热带水果国际竞争力、扩大热带水果出口的宏观战略、政策措施及对策建议。

第 15 章
中国主要热带水果
竞争力研究的意义

15.1　研究背景分析

按照生态适宜性分类，果树通常分为四类：①寒带果树（cold-area fruit tree），一般能耐－40℃以下的低温，只能在高寒地区栽培，如榛、醋栗、穗醋栗、山葡萄、果松和越橘等；②温带果树（temperate-zone fruit tree），多为落叶果树，适宜在温带栽培，休眠期需要一定的低温，如苹果、梨、桃、杏、李、枣、核桃、柿和樱桃等；③亚热带果树（subtropical fruit tree），既有常绿果树，也有落叶果树，这些果树通常在冬季需要短时间的冷凉气候（10℃左右），如柑橘、荔枝、龙眼、无花果、猕猴桃和枇杷，枣、梨、李和柿等品种也可在亚热带地区栽培；④热带果树（tropical fruit tree），适宜在热带地区栽培的常绿果树，较耐高温、高湿，如香蕉、菠萝、槟榔、芒果和椰子等。在 FAO 的统计里，对热带水果的商品注释（commodity notes for tropical fruits）中，热带水果鲜果只包括芒果（mango）、菠萝（pinapple）、鳄梨（avocado）、番木瓜（papaya）以及其他小水果（minor fruit）。本项研究的主要对象——香蕉、菠萝和荔枝三类水果严格地说为热带、亚热带水果（tropical and subtropical fruit），以下简称为热带水果。

15.1.1　我国成为主要热带水果生产贸易大国

改革开放以来，经过近三十年的开发建设，我国已成为世界上很有影响力的热带作物生产贸易大国。截至 2007 年，我国热带水果种植总面积 154 万公顷，总产量 1457.5 万吨，其中，香蕉、菠萝、荔枝、龙眼、芒果的种植面积和产量均居世界前列。同时，我国热带作物的进出口贸易也发展迅速，2007 年热带作物产品出口量 14.81 万吨，出口额约 8933 万美元；进口量 60.3 万吨，进口额约 1.74 亿美元。

近些年，我国逐渐成为主要热带水果生产贸易大国。首先从栽种面积或收获面积上看，根据 FAO 和我国的官方统计，2007 年，中国香蕉收获面积为 30.66 万公顷，占世界香蕉收获面积的 6.93%；菠萝收获面积为 5.45 万公顷，占世界菠萝收获面积的 7.01%；荔枝收获面积为 55.85 万公顷，占世界荔枝收获面积的 12.14%（表 15-1）。其次从总产量与单产上看，2006 年中国香蕉总产量 735.13 万吨，占世界的 8.89%；菠萝总产量 117.13 万吨，占世界的 7.31%；荔枝总产量为 170.77 万吨（表 15-2）。香蕉和菠萝单产每公顷分别比世界平均水平多 5.55 吨和 1.74 吨（表 15-1）。再从出口量上看，2006 年我国出口香蕉 3.92 万吨、菠萝 0.43 万吨、荔枝 3.23 万吨（表 15-2）。

表 15-1　2007 年中国主要热带水果与世界比较：栽种面积与单产

项　目	栽种面积或收获面积/万公顷		单产/（千克/公顷）		中国收获面积占世界份额/%	中国单产水平与世界水平比/%
	世　界	中　国	世　界	中　国		
香　蕉	441.050 9	30.66	184 249	239 770	6.93	130.13
菠　萝	95.564 6	5.45	197 495	214 925	7.01	108.83
荔　枝	655.85	55.85	25 400	30 576	12.14	102.25

资料来源：中国荔枝面积数据来自 2007 年《中国农业统计资料》，香蕉和菠萝数据来自 FAO 数据库

表 15-2　2006 年中国主要热带水果与世界比较：总产量与总贸易量

项　目	总产量/万吨			总出口量/万吨			世界出口量占总产量比例/%	中国出口量占总产量比例/%
	世　界	中　国	份额/%	世　界	中　国	份额/%		
香　蕉	8 002.962 7	711.527 7	8.89	1 678.903 2	3.913 5	0.23	20.66	0.55
菠　萝	1 903.810 6	139.158 8	7.31	251.559 9	0.426 9	0.17	13.33	0.31
荔　枝	351.404 7	150.797 8	42.54	1 120	3.233 3	3.50	6.80	2.14

资料来源：中国荔枝数据来自《中国农业统计资料》，其他数据来自 FAO 统计数据库

15.1.2　热带水果生产与贸易在我国水果业中处于弱势地位

热带水果产业在我国南亚热带作物产业中处于非常重要位置。已经成为当地支柱产业，热带水果出口贸易额 2007 年就达到了 8933 万美元，占热带作物产品出口贸易额的 30% 左右，贸易顺差近 6000 万美元，是我国南亚热作地区重要的出口创汇产业。但当前热带水果生产与贸易在我国水果业中处于弱势地位。

从具体品种来看，荔枝在近几年快速发展，面积已发展到 55.85 万公顷，产量为 150.8 万吨，面积已跃居我国水果种植面积第四，并在 2001 年首次列入我国农业部统计项目。另外，龙眼、芒果等具有地方特色的水果生产也呈上升趋势。

2006 年香蕉占我国总水果产量比例为 4.16%（表 15-3）、菠萝为 0.81%、荔枝为 0.88%。香蕉出口占总水果出口的比例为 1.82%、菠萝为 0.20%、荔枝为 1.50%，随着我国荔枝生产的发展，我国荔枝出口量占总水果出口量的比例有不断扩大的趋势。

表 15-3　2006 年我国四种热带水果在水果生产与贸易中的地位

项　目	占水果总产量比例/%	占水果出口总量比例/%
香　蕉	4.16	1.82
菠　萝	0.81	0.20
荔　枝	0.88	1.50

资料来源：香蕉和菠萝的数据来自 FAO 数据库，荔枝的数据来自 2006 年《中国农业统计资料》和 2006 年《中国海关统计资料》。其中菠萝、荔枝的出口量包含其各自加工品的统计量

15.1.3　提高热带水果国际竞争力势在必行

当今世界各国的水果业竞争，不仅表现为初级水果产品和单一生产环节的竞争，更表现为包括农业产前、产中和产后诸环节在内的整个产业体系的竞争。国际市场上水果竞争实际上是与该种产品密切相关的生产、加工、销售、科技诸环节及整个产业体系的较量。面向 21 世纪中国热带水果的生产与发展仍存在着一些突出的障碍因素，如品种退化，水果品质下降；结构发展不平衡；缺乏自己的品牌；分散、粗放的经营管理体制，难以形成产业化；农药残留；忽视采后处理技术；缺乏大的水果加工企业，尤其是龙头企业等，这些问题与因素制约了我国热带水果比较优势的发挥和国际竞争力的提高。

在农业经济国际化和农产品贸易自由化背景下，扩大水果出口或抵挡进口的问题，本质上是提高一国水果业的国际竞争力问题，进一步来说就是发挥、培育一国水果及其加工品比较优势的问题。对中国热带水果国际竞争力进行深入分析，研究发挥农产品比较优势、扩大出口或抵挡进口的政策措施，是本部分的研究核心。

15.2　国内外有关研究综述

15.2.1　关于热带水果的经济研究

热带水果产品是世界农业生产中的大宗产品之一，在全球农产品生产与贸易中占有重要地位。国际上对于热带水果产业的经济研究分析一直都十分重视。

FAO 出版物中有不少文献对热带水果产品及其加工品进行了专门研究，如历年《商品回顾与展望》对世界热带水果产品产量、贸易量、价格、加工品等方面进行了同期研究和预测，《粮农组织对直到 1990 年的农产品预测》、《农产品中期前景——至 2000 年的预测》、《农产品前景——至 2005 年的预测》等专门对世界范围内主要热带水果——香蕉产量（分品种）和消费量（分品种）、净贸易（分品种）进行了研究和预测，并提出了存在的主要问题和发展事项。1987 年 FAO 经济和社会发展文集（第 76 号）《发展中国家间在农产品贸易方面的经济合作》重点研究"香蕉：拉丁美洲香蕉出口国与南锥地区扩大贸易的前景"，1988 年 FAO 经济和社会发展文集（第 76 号）《世界热带园艺市场》专门研究热带园艺产品营销、决策以及行动计划。最值提及的是，FAO还专门设置了政府间香蕉和热带水果协作组，每 2～3 年召开一次政府间热带水果会议。1999 年 5 月 FAO 第 1 次政府间热带水果会议在澳大利亚召开，其主要议题：一是重点讨论了一系列经济与贸易问题，包括当前的市场形势与短期展望；最近的市场发展；到 2005 年的中期供给与需求预测；香蕉出口价格变化对收入、就业和食品安全的影响；有机和"公平贸易"香蕉的市场状况以及俄罗斯、中国等国家的热带水果市场。二是研究热带水果生产和市场的发展政策。三是讨论政府间香蕉行动，包括国际热带水果信息网（tropical fruits network）、与热带水果相关的共同基金活动以及其他组织的活动。时隔两年，2001 年 12 月 FAO 第 2 次政府间热带水果会议在哥斯达黎加召开。FAO 亚太地区办公室于 2001 年 5 月 15～18 日在泰国曼谷召开了"亚太地区荔枝生产专家协商会"。FAO 的相关研究反映了国际上热带水果产业产销经济领域研究的最新动态，代表了这一研究领域的国际水平，同时也说明了对热带水果产业进行经济分析和政策研究的重要性。

主要发达国家和一些发展中国家对于（热带）水果产业的经济研究给予了足够的重视。①水果领域的自然科学与水果经济研究交叉、融合。在高等教育方面，欧美许多国家的农业院校，甚至综合性大学，普遍开设"果树学"或"果树学通论"课程。在"果树学"或"果树学通论"教材中"水果经济管理"和"水果业展望"两章必不可少，一般包括水果业生产体系及其特点、水果生产经营管理、水果市场营销与贸易、水果产业发展趋势等。在科研方面，一项技术攻关课题往往是技术专家和农业经济专家共同参与，农业经济专家重点进行技术项目经济上的可行性分析。在热带水果生产建设项目投资方面，更离不开热带水果经济研究。技术经济分析、成本—效益分析、投资项目经济评价等在热带水果投资决策中担负着重要作用。②对热带水果产业经济和政策进行专门的、系统的研究。FAO 政府间香蕉和热带水果协作组召开的政府间热带水果会议上，热带水果产业发展、市场与贸易以及政策问题是会议的主要议题。一些学者对主要热带水果如香蕉、荔枝等在专著中对经济贸易问题进行了大量探索。Christopher Menzel（2002）出版的 *The Lychee Crop in Asia and the Pacific* 一书，一方面研究了荔枝的起源、分布、生产与贸易，另一方面从荔枝的生产力、价格、产量与收益进行了经济学分析。③政府资助大学或水果经济研究机构定期研究出版水果经济研究成果。如美国农业部经济研究服务处每年定期出版 *Fruit and Tree Nuts：Situation and Outlook Report* 和 *Vegetables and Specialties：Situation and Outlook Report*；美国农业部对外农业服务处每年定期出版 *World Horticultural Trade and U. S. Export Opportunities*。④面向社会建立（热带）水果经济信息网站。世界上许多国家或地区都建立了（热带）水果经济信息网站，如美国的 American Horticulture Society、The American Horticultural Therapy Association，马来西亚的 international tropical fruits network（TFNet）。

综上所述，国外热带水果经济研究和发展主要集中在如下四个方面，即热带水果产业经济与政策研究、热带水果产业技术经济研究、热带水果产品流通与贸易研究和热带水果市场信息研究。

新中国成立后特别改革开放以来，随着国家对水果类产品的放开经营政策的实施，水果产业得到了蓬勃发展，有关热带水果的有关研究也出现了前所未有的态势。黄国成、陈兴发（1999）在《菠萝栽培技术问答》一书中，回答了菠萝分布情况、我国菠萝生产现状、我国菠萝生产的前景以及菠萝生产上存在主要问题；黄东光（1997）在《荔枝丰产栽培技术》中介绍了荔枝的分布和当前我国荔枝生产方面存在的问题；苏美霞、吴振先、韩冬梅等（2000）在《荔枝贮藏保鲜及加工新技术》说明了我国荔枝的生产历史、荔枝的价值、荔枝的分布、荔枝的栽培面积与产量变化、当前我国荔枝生产流通及采后储运保鲜方面存在的问题、开展荔枝储运保鲜与加工的意义；涂悦贤等（2001）专门研究了广东省荔枝生产气候、生态分析与区划；黄旭明（2002）在《中国南方果树》上撰文"亚太地区国家荔枝生产状况和发展动向"，分析了澳大利亚、孟加拉、印度、印度尼西亚、尼泊尔、菲律宾、泰国、越南和中国等国荔枝生产状况。不过，上述研究大多是热带水果技术专家学者的成果和见解，少有经济学家、农业经济学家（专家）涉猎这一经济研究领域。

对热带水果及其产业的经济研究这一课题，20世纪90年代以来仅有一些零星性文章见于报刊杂志，国内尚无系统研究。根据我们收集到的现有文献资料来看，国内与本课题相关的研究主要有：其一，我国农业科学院情报部门对热带水果的产销经济问题进行研究。如广西农业科学院情报所的桂扬深等（1989），对菠萝产品国际市场供求现状、趋势和产品标准进行了研究，内容包括世界菠萝及其制品的产销现状、我国菠萝主要产区的产销现状、世界菠萝鲜果和罐头贸易特点、趋势及前景等。其二，一些热带水果技术专家学者或政府官员根据工作需要，对全球或中国热带水果生产、销售与贸易现状及前景作总体评述。如曾莲和罗道汉（1996）探讨了荔枝等南亚热带水果商品流通上存在的问题和解决途径；彭永定（2001）对世界荔枝生产与市场进行了分析；易干军等（2002）在《果树学报》上撰文，分析了中国荔枝出口的现状与对策；苏伟强等（2002）在《柑橘与亚热带果树信息》发表"加入WTO后广西发展荔枝生产的建议"论文，分析了世界及中国荔枝生产概况、荔枝国际贸易情况、加入WTD后的机遇和挑战，并提出了广西发展荔枝生产的建议。其三，关注热带水果发展的记者们也纷纷对热带水果的经济贸易问题进行研究与报道，如张锡炎在2001年9月18日7的《海南日报》上发表了"海南香蕉产业前景看好"；署名为亦舒的作者在2002年7月3日的《国际经贸消息》上撰文"发展中国品牌荔枝，扩大荔枝市场份额"；等等。其四，一些农业经济学者或政府管理部门及其人员近几年也陆续开始对热带水果的经济问题开展了研究。如杨永材等（2002）在《南方农村》发表了"荔枝市场国际竞争力问题的探索"，分析了我国荔枝的生产及市场状况、我国的荔枝生产区域和生产优势、存在问题及对策建议；庄丽娟等（2002）《南方农村》发表了"推进广东荔枝产业化经营的系统思路"，文中对广东荔枝生产运销状况和荔枝运销障碍进行了分析，研究了广东荔枝运销特征与运销组织体系选择，并提出了推进广东荔枝产业化经营的系统思路。广东省人民政府已经出版了一系列关于"WTO与广东农业"的文章。其中一篇报告讲述的是关于中国入世以后对广东省水果业的影响以及面对来自进口而产生的不断增长的竞争压力，广东省应该采取哪些措施。

15.2.2 关于水果产业竞争力的研究

有关国际竞争力的一般理论研究可以追溯到绝对优势理论。亚当·斯密从分工和专业化角度出发，提出了地域分工学说即绝对优势理论。大卫·李嘉图在绝对优势理论基础上创立了比较优势理论。之后出现了资源禀赋理论、里昂惕夫反论、比较优势链理论、国内资源成本理论、动态阶梯比较优势理论、协议性区域分工理论，这些理论使比较优势理论逐步完善起来，一度成为指导国际分工和各国产业政策的理论依据。20 世纪 80 年代以前，大多数经济学家都认为大卫·李嘉图的比较优势理论要比亚当·斯密的绝对优势理论高级，并把后者看做是前者的一个特例。现实的国际贸易实践要求对贸易理论进行重新思考，迪克特和斯蒂格利茨从规模经济的角度提出了"新贸易理论"，即迪克特－斯蒂格利茨模型，从而找到了竞争力的另一来源。80 年代后，迈克尔·波特（Michael E. Porter）相继发表了著名的三步曲：《竞争战略》（1980）、《竞争优势》（1985）和《国家竞争优势》（1990），提出并完善了竞争优势理论和"钻石模型"分析范式，把对竞争力的内涵和外延的研究引向深入。当前国外学者从区域、产业、组织、企业等方面对竞争力进行综合研究已成为一种趋势。有关竞争力的理论经历一个不断的演化修正过程，其测度方法也与时俱进。在相关理论的基础上建立了成本分析法、要素比较分析法、价格分析法、显示比较优势法或相对出口绩效法、竞争优势分析法、国内资源成本系数法、社会净收益分析法、有效保护率分析法等多种比较优势分析方法。

国际上一些学者运用国际竞争力的理论和方法对部分国家和地区的农业竞争力与比较优势进行了广泛分析。Balassa 于 1965 年用显示比较优势（revealed comparative advantage）方法测算了部分国家贸易比较优势。澳大利亚学者 K. Anderson 在为经济合作与发展组织（OECD）准备的名为《中国经济比较优势的变化》研究报告中，运用显示比较优势法提出了"中国是否可能长期成为农产品净进口或净出国大国而不再停留在过去那样近乎自给自足"的命题，并认为20 世纪 80 年代后期中国的比较优势已由农业转向轻工制造业。美国学者 Scott R. Pearson 等 1974 年运用国内资源成本系数法研究了坦桑尼亚、乌干达、依索比业、象牙海岸等非洲国家咖啡生产的比较优势。1976 年斯坦福大学粮食研究所利用国内资源成本系数法分析美国、中国台湾、菲律宾和泰国等四国（地区）稻谷的比较优势。另外，值得注意的是，世界经济论坛（WEF）和瑞士国际管理发展学院（IMB）创立了一套国际竞争力评价指标体系，从 1980 年开始对世界各国国际竞争力进行评估，但对农业竞争力没有专门系统的分析，根据IMB2000 年《世界竞争力年鉴》仅仅设计了农业实际增长率、人均耕地面积、农业增长率等几个相关指标。

国内对竞争力的理论研究起步于 20 世纪 90 年代中期，近几年来取得了较大进展。从现有文献看，国内对竞争力理论的研究介绍借鉴国外学者的研究成果较多，内容集中在概念的界定、竞争力分析范式研究和评价方法及指标体系构建等方面，绝大多数的研究成果主要是针对工业企业作出的。其中一部分研究成果已经产生了积极的社会影响，如《中国国际竞争力发展报告》（联合研究组，1997～2001）、《中国工业国际竞争力》（金碚，1997）、《区域竞争力理论与实证》（王秉安，1999）、《中国产业竞争力再造》（张文中等，2001）以及《中国城市竞争力理论研究与实证分析》（倪鹏飞，2001）等。

国内学术界对农业竞争力与比较优势的研究虽然起步较晚，但随着改革开放的不断深入，特别是 20 世纪 90 年代以来，取得了可喜的成果。国家体制改革委员会经济体制改革研究院、中国人民大学、深圳综合开发研究院联合联合研究组出版《中国国际竞争力发展报告（1996）》（联合研究组，1997）对中国农业国际竞争力做了初步研究。陈武（1997）在《比较优势与中国农业经济国际化》一书中指出，属于土地密集型和资源密集型的农产品比较优势迅速下降，而劳动密集加工品的比较都显著上升；在农业内部，偏向土地密集型的粮食作物逐渐让位于偏向劳动密集型的经济作物而成为相对弱势产业。蔡昉（1993）指出，虽然中国农业比较优势在下降，但在农业内部仍然存在具有比较优势的作物，并认为发挥比较优势始终是中国农业长期发展的基本途径。卢峰（1997）提出，中国食物加工品具有比较优势，中国食物政策应走多进口食物、多出口食物加工品的第三条道路。程国强（1997）在"中国非粮食农产品比较优势与进出口战略研究"报告中，试图基本摸清我国主要非粮食农产品的比较优势及其国际竞争力。李崇光（1998）在其博士学位论文《中国农产品比较优势》中运用多种比较优势分析法对中国主要农产品的比较优势进行了专门探讨。黄季焜（1999）等对农业比较优势问题都做了有益的探索。祝美群等（2000）运用成本分析法对我国粮食生产地区的比较优势进行了分析；钟甫宁（2000，2001）采用国内资源成本分析法对我国粮食区域比较优势进行了比较深入的研究。祁春节（2001、2002）分别运用国内资源成本分析法、区位商与资源禀赋系数法对中国柑橘和特大城市（武汉市）农产品的比较优势（包括区域比较优势）进行了研究，并从 2002 年开始对中国农业产业的国际竞争力着手实证分析［国家社会科学基金资助项目：中国园艺产业国际竞争力的实证研究（编号：02CJY026）］。刘展、冯宗宪（2002）对我国主要农产品国际竞争力进行了实证分析。上述研究大多从比较优势和产品的角度来分析农产品的竞争力。

从 2002 年开始，国内学术界对农产品或农业国际竞争力的研究已形成热潮，组织了多次学术研讨会。中国农业经济学会利用 2002 年年会之际举办了"论提高农产品国际竞争力学术研讨会"，会议的主要议题包括农产品竞争力的理论分析、提高农产品国际竞争力的战略和策略、主要农产品竞争力分析以及体制改革与农产品竞争力等六方面问题，农业经济专家们就上述问题展开了广泛研究，如柯炳生（2002）认为农产品国际竞争力的构成要素主要包括价格竞争力、质量竞争力和信誉竞争力三个方面，而影响我国农产品国际竞争力的因素又包括政策和体制因素、政府公共服务因素、生产结构因素、农民生产者本身因素以及农产品加工业因素五个方面。黄祖辉等（2002）对竞争力一般理论、农业竞争力特点以及提高农业竞争力的途径等进行了探讨。可以预见，在未来相当长时期内，对于农业国际竞争力的理论研究与实证分析将是我国学术界长期关注的重点研究领域。

　　近几年对水果产业或产品国际竞争力的研究已陆续见到报道。乔娟（2000）采用生产者价格的方法对中国主要新鲜水果国际竞争力变动进行了分析；祁春节（2000）运用国内资源成本分析法、区位商与资源禀赋系数法对柑橘和苹果的比较优势和国际竞争力进行了系统分析；杨永材等（2002）对增强我国荔枝国际竞争力问题进行了探索。

第 16 章
全球热带水果生产、消费与贸易

要对中国热带水果国际竞争力进行分析，首先必须对全球热带水果的生产、消费和贸易情况有充分的了解。我们选取了香蕉、菠萝、荔枝三类典型热带水果作为分析的对象，分别对它们的起源与分布、生产发展概况及它们在国际水果生产中的地位进行了分析，并对它们生产发展的前景进行了预测分析，在此基础上分析了它们各自的国际贸易现状、发展与当前的贸易格局，然后对当前全球热带水果的主要消费市场情况进行了详细分析，最后概括了当前全球热带水果生产、消费与贸易的基本格局和特征，并对未来的发展趋势予以展望。

16.1 全球主要热带水果的生产与布局

16.1.1 香蕉

（1）全球香蕉生产：起源与分布

香蕉起源于亚洲东南部，即东南亚、马来西亚一带及中国。中国的云南、广东、海南、福建及西藏的东南部均发现有野生香蕉的分布。香蕉是世界上最古老的栽培果树之一，远在 3000～4000 年前已被发现，在 4000 多年前希腊已有关于香蕉生产的文字记载。

香蕉喜高温多湿的环境，故在南北纬 20°之间的无风害、土壤肥沃、雨水充沛的国家，是最主要的生产基地，主产区为中南美洲和亚洲。全世界栽培香蕉的国家和地区达 120 多个，其中世界主要的香蕉生产国有印度、菲律宾、马来西亚、印度尼西亚、泰国、越南、墨西哥、洪都拉斯、哥斯达黎加、古巴、厄瓜多尔等国家。

2007 年主要香蕉生产国的香蕉生产量为印度 2176.64 万吨、中国 803.8729 万吨、菲律宾 748.4073 万吨、巴西 709.8350 万吨、厄瓜多尔 613 万吨、马来西亚 53 万吨、印度尼西亚 500 万吨、泰国 200 万吨、越南 135.5 万吨、墨西哥 220

万吨、洪都拉斯 91 万吨、哥斯达黎加 224 万吨、古巴 34 万吨。

（2）香蕉生产在国际水果生产中的地位

香蕉栽培产果量较高，是世界上热带、亚热带的最主要水果品种之一。世界香蕉生产发展很快，在世界主要水果总产量中保持着第二或第三位，产量在 1961～2007 年呈直线上升，1961 年产量 2115.5 万吨，到 2007 年产量已达 8126 万吨，30 多年来香蕉的总产量增长了 3 倍多，占世界水果（不含瓜类）总产量的比例由 1962 年的 11.3% 上升到了 2007 年的 12.72%（表 16-1）。世界香蕉收获面积连年增加，占世界水果生产的比例总体上也不断在提高。

表 16-1　1991～2007 年世界香蕉收获面积、产量及占世界水果产量的比例

年　份	收获面积/万公顷	香蕉产量/万吨	世界水果产量/万吨	香蕉所占比例/%	年　份	收获面积/万公顷	香蕉产量/万吨	世界水果产量/万吨	香蕉所占比例/%
1991	342	4 794	35 173	13.63	2000	412	6 691	46 828	14.29
1992	362	5 062	38 170	13.26	2001	418	6 849	46 826	14.63
1993	373	5 250	38 756	13.55	2002	421	6 951	47 138	14.75
1994	379	5 557	39 299	14.14	2003	415	6 652	62 340	10.67
1995	378	5 590	40 645	13.75	2004	418	6 795	64 539	10.53
1996	379	5 491	42 517	12.92	2005	419	6 964	65 323	10.66
1997	386	5 973	44 089	13.55	2006	438	8 003	63 619	12.58
1998	384	5 738	43 272	13.26	2007	441	8 126	63 874	12.72
1999	397	6 363	45 702	13.92					

资料来源：FAO 数据库

（3）全球香蕉生产：现状与趋势

全球香蕉生产主要集中在印度、厄瓜多尔、菲律宾、巴西、中国、哥斯达黎加六国。六国产量占世界总香蕉产量的比例有逐渐上升的趋势（表 16-2），1991 年为 50%，2007 年该比例上升为 63%。长期以来，印度一直是世界香蕉生产第一大国，并且占世界总产量的比例基本上也是连年提高，由 1991 年的 16.38% 上升到了 2007 年的 26.79%。中国香蕉生产占国际香蕉生产的比例总体上在上升，1991 年所占比例为 4.54%，2007 年为 9.01%。哥斯达黎加的香蕉生产在国际香蕉生产中的比例相对较稳定，基本在 3.5% 上下浮动，巴西则总体呈现下降趋势，1991 时为 12.02%，2007 年下降到了 8.58%。厄瓜多尔的香蕉占世界总产量的比例一直波动，在 1995 年和 2000 年出现了两个峰值。

表 16-2　主要香蕉生产国产量占世界产量的比例　　　　单位:%

年　份	哥斯达黎加	印　度	巴　西	厄瓜多尔	菲律宾	中　国	合　计
1991	3.59	16.38	12.02	7.35	6.16	4.54	50
1995	4.11	18.21	10.38	9.67	6.26	5.90	55
2000	3.36	23.91	9.09	9.68	7.37	7.68	61
2005	2.69	16.81	9.63	8.79	9.04	9.57	57
2006	2.77	26.06	8.69	7.66	8.49	8.89	63
2007	2.76	26.79	8.58	7.54	8.61	9.01	63

资料来源：FAO 数据库

　　印度香蕉产量每年都遥遥领先于其他国家，其世界香蕉生产第一大国处于绝对稳定的地位，可以预见近些年份其这一地位仍将继续保持。但是近年来其产量相对比较稳定，2005～2007 年连续三年产量都为 2000 万吨左右。

　　厄瓜多尔长期以来都是香蕉第二生产大国①。厄瓜多尔位于赤道附近，地处热带地区，属于热带雨林气候，周年气温较稳定、雨量充沛、不受台风影响，而且土地肥沃，因而具有发展香蕉等热带农业得天独厚的自然条件。厄瓜多尔以农业经济为主，其中香蕉产业为其农业的主要组成部分之一。香蕉业在整个国民经济中占有非常重要的地位：据厄瓜多尔农业部统计，2000 年厄瓜多尔仅香蕉种植方面的产值就占 PIB 总值的 2% 和农业 PIB 的 16%；而由香蕉业直接或间接创造的就业机会达 191.5 万个，为厄瓜多尔 12% 的经济活动人口解决了劳动就业问题。同时又因为厄瓜多尔是世界最大的香蕉出口国，因而有"香蕉之国"的美誉。近年来，厄瓜多尔香蕉种植业的科技水平不断提高，按生产过程的科技含量高低，厄瓜多尔国内香蕉种植园可分为科技化蕉园、半科技化蕉园和非科技化蕉园三类。1990～1998 年，科技化和半科技化蕉园的种植面积在全国香蕉种植总面积中所占比例已分别由 24% 和 12% 提高至 71% 和 18%，而非科技化蕉园在总面积中的比例由 64% 下降到了 11%。伴随着 20 世纪 50 年代末期中美洲各国香蕉生产的逐步恢复，厄瓜多尔香蕉的国际市场空间有所缩减，厄瓜多尔国内的香蕉业开始受到生产过剩问题的困扰。另外，不断出现的香蕉病虫害和前十年中香蕉生产迅速增长造成的土地资源紧张问题，也给厄瓜多尔香蕉种植造成了很大的影响，使厄瓜多尔香蕉业的发展速度大大降低。尽管如此，厄瓜多尔香蕉业在后来的几十年中仍然保持着不断增长的趋势。

　　巴西作为世界第三大香蕉生产国的地位也相当稳固，2002～2007 年的产量比较稳定，平均为 675 万吨左右，没有较大的增长。

---

　　① 很多文献中都认为厄瓜多尔是世界香蕉第一生产大国，可能是因为印度香蕉很少出口而厄瓜多尔出口较多的缘故。

我国香蕉生产在 1998 年第一次超过了菲律宾，成为世界第四大生产国（关于我国香蕉生产的问题将在后面详细分析）。

菲律宾在 1998 年以前和 1999 年一直是世界第四大香蕉生产国，自 2000 年被我国超过而成为第五位。但是最近几年菲律宾香蕉产业发展较快，占世界香蕉生产的比例不断上升，产量也呈现出了较快的增长速度。到 2007 年发展为 748 万吨，是 1991 年产量 295 万吨的 2.5 倍。并于 2008 年的以 868.76 万吨超过中国的 804.27 万吨。

哥斯达黎加是世界主要的香蕉生产国和出口国，从 1998 开始其香蕉产量占世界总产量的比例有下降的趋势，产量也在缓慢下降，从 1998 年的 250 万吨下降到了 2007 年的 208 万吨。

由以上分析可以看出，六大香蕉生产国的世界香蕉生产主导国地位短期内不会有大的变化，特别是印度、厄瓜多尔、巴西、菲律宾和中国。六国占世界香蕉生产的比例估计仍会持续提高。

16.1.2 菠萝

（1）起源与分布

菠萝原产于南美洲的巴西、阿根廷、巴拉圭等热带雨林地区，后逐步传至中美洲及北美洲南部等地。菠萝广泛分布与南北纬 30°之间，全球有 60 多个国家（地区）进行菠萝生产，是世界第三大重要的热带果树。其主产区主要集中在泰国、菲律宾、中国、巴西、印度、美国、墨西哥和越南等十几个国家。

（2）在国际水果生产中的地位

菠萝是热带名果之一，与香蕉、椰子、芒果并列为四大热带名果。20 世纪 70 年代以后生产发展较快，产量逐年稳步增长（图 16-1），2007 年产量达到 2091.11 万吨，比 2001 年增加了 716.68 万吨，占世界水果总产量的比例超过 3%。

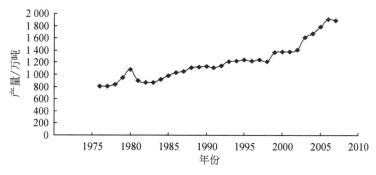

图 16-1　全球菠萝产量变化图

资料来源：FAO 数据库

从长期来看，世界菠萝产量占水果总产量的比例处于缓慢增长趋势，1976年前多在2.3%上下徘徊，之后一直在3%左右浮动。

（3）全球菠萝生产的现状与趋势

2007年世界主要菠萝生产国菠萝产量如图16-2所示。泰国是世界最大菠萝生产国，产量达到281.53万吨，约占世界菠萝总产量的13.46%。巴西和印度尼西亚的产量紧随其后，位居世界第二、第三位。我国菠萝产量达到138万吨，是世界第五大菠萝生产国。

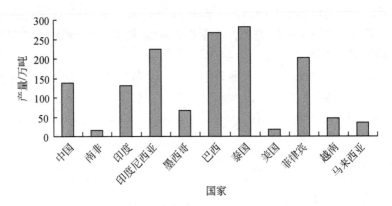

图 16-2　2007 年主要菠萝生产国产量对比图

资料来源：FAO 数据库

相对香蕉的生产而言菠萝生产较为分散，六个主要菠萝生产国产量占世界菠萝总产量的比例1997年后基本稳定在58%左右，2002年前上升比较缓慢，2002年后开始下降（表16-3）。

表 16-3　世界主要菠萝生产国产量占世界总产量的比例　　　　单位:%

年　份	巴　西	菲律宾	墨西哥	泰　国	中　国	印　度	合　计
1990	9.78	10.24	4.03	16.52	6.17	7.80	54.53
1995	11.43	11.56	2.25	16.73	6.38	8.50	56.86
2000	9.41	11.36	3.80	16.65	8.84	8.01	58.07
2001	9.82	11.79	4.55	14.40	9.51	8.00	58.07
2002	10.44	12.08	4.60	14.06	9.51	7.81	58.50
2003	13.38	10.52	4.47	11.77	7.87	8.12	56.12
2004	13.26	10.53	4.00	12.51	7.52	7.38	55.32
2005	12.84	10.02	3.09	12.23	7.22	6.89	52.29
2006	13.45	9.63	3.33	14.21	7.31	7.11	55.04
2007	14.13	10.07	3.36	12.29	7.63	6.93	54.41

资料来源：FAO 数据库

具体来看,泰国长期以来都是世界菠萝第一生产大国,占世界菠萝总产量的比例都为14%左右,1993年最高时达到了21%。在1993年后,泰国菠萝产量在世界菠萝生产中的比例开始下降,2003年最低,为11.77%。主要原因是在1993年后泰国菠萝总产量几乎连续是负增长(表16-4)。

表16-4 主要菠萝生产国产量增长率比较 单位:%

年 份	世 界	巴 西	菲律宾	墨西哥	泰 国	中 国	印 度
1990	0.28	-11.11	-1.95	4.56	-6.99	-6.00	11.94
1995	2.23	-3.91	8.08	23.01	-11.91	7.95	4.95
2000	0.28	-12.47	1.93	3.59	-3.57	-1.38	9.34
2001	0.07	4.43	3.87	19.82	-13.48	7.71	0.00
2002	2.41	8.80	4.95	3.44	0.00	2.37	0.00
2003	2.14	0.47	3.59	9.26	9.24	2.10	11.02
2004	3.56	2.59	3.64	-7.17	10.61	-0.23	-5.79
2005	6.81	3.45	1.61	-17.57	3.92	1.74	-0.39
2006	6.65	11.70	2.56	14.88	23.90	7.98	10.06
2007	-0.86	4.13	3.60	0.20	-14.25	3.48	-3.33

资料来源:FAO 数据库

巴西和菲律宾交替占据着世界第二大菠萝生产国的地位,1995年前是巴西,2003年后又是巴西,其他时间里菲律宾的产量超过了巴西。

中国和印度生产规模也相差不大,多数年份两国在第四、第五位间交替。但是从长期看我国菠萝生产的国际地位有不断提高的趋势。墨西哥菠萝生产的国际地位在1993年逐年提高,主要得益于较高的产量增长率。

16.1.3 荔枝

(1)起源与分布

荔枝起源于我国南部、越南北部和马来群岛。大约在400年前,荔枝被传播到世界上许多热带、亚热带地区,荔枝的栽种对气候、土壤有很高的要求,适合荔枝生长的地区主要在北回归线附近。目前荔枝商业栽培的国家主要是中国、印度、南非、泰国、澳大利亚、毛里求斯、美国、越南等国家。

（2）世界生产现状

荔枝果实在东南亚和中国是很受欢迎的水果，但是在非洲、中东和美国却很少见。但是荔枝的商业栽培因为技术原因和地理气候因素发展很慢。在我国的广东、广西、福建、台湾和海南有大面积种植，我国荔枝大约占世界产量的80%（表16-5）。

表16-5　1992年与1999年世界主要荔枝生产国产量　　　　单位：万吨

年　份	中　国	印　度	泰　国	马达加斯加	毛里求斯	澳大利亚	南　非	其　他
1992	47.08	9.2	2.52	3.5	0.1	1.5	0.57	0.8
1999	136.8	42.9	6.1	3	3	0.5	0.5	3.1

注：该表中中国产量包含台湾省的产量

资料来源：易干军等，2002

越南北部是世界荔枝的起源地之一，但是越南荔枝商业栽培却在20世纪80年代后才开始，种植面积在3万公顷左右，分布在以Hanoi为中心的20～40千米的范围内，其中Bacgiang产量约为20 250吨，Haiduong 11 600吨，Quangninh 7000吨。因为栽培方式简单，一般收获季节集中在5月末到6月初的很短的时间内。

现在印度是继中国之后的世界第二大荔枝生产国，在印度水果生产中，荔枝按照面积是第七大水果，按照产量是第九大水果，荔枝栽培是印度数以百万的农业家庭的主要收入来源。印度荔枝75%的产量来自比哈尔（Bihar）北部，年均约31万吨，是印度最主要的荔枝生产基地；其他产地包括孟加拉西部（3.6万吨）、Tripura（2.7万吨）、Assam（1.7万吨）。荔枝栽培总面积已经从1945年的9400公顷发展到了1998年的56 000公顷，无论从产量还是面积来说近年来都有快速增长，在印度不同的州从5～6月都有荔枝供应。

16.2　全球热带水果贸易

16.2.1　全球香蕉贸易

（1）全球香蕉贸易的现状与发展

香蕉是世界水果贸易中贸易量最大的水果之一，在很多发展中国家中香蕉出口在国民经济中占有极其重要的地位。世界香蕉贸易量总体在不断增加（图16-3），1961年全球香蕉出口397.9万吨，2006年达到了1678.9万吨。1985～1997年是世界香蕉贸易快速增长的时期，在2006年达到了1678.9万吨，可以预测，随着全球经济的恢复，香蕉贸易仍有上升的空间。

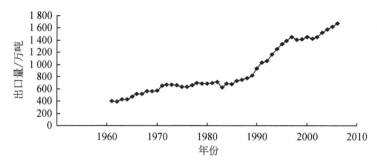

图 16-3　全球香蕉出口量变化图

资料来源：FAO 数据库

世界香蕉出口量占香蕉总产量的比例一般为 17% ~ 25.3%（图 16-4），平均为 20%。从 1990 年后一直处在 20% 以上的水平。在 1991 年以后这一比例有过一段上升，但是之后有所回落。2002 年香蕉出口占香蕉总产量 20.84%、2003 年占 22.88%、2004 年占 23.15%、2005 年占 23.27%、2006 年占 20.98%。

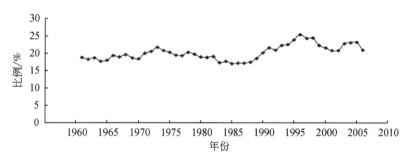

图 16-4　全球香蕉出口量占产量的比例

资料来源：FAO 数据库

近年来，国际香蕉市场竞争力激烈，已经出现了供过于求的局面，导致了国际香蕉价格下降。据哥斯达黎加香蕉协会提供的材料，2002 年来，国际市场香蕉价格已下跌了 26% ~ 49%。美国东海岸香蕉批发价格从 2001 年 5 月第一个星期的每箱（每箱 18.14 千克装）14.5 美元下降到 2002 年同期的每箱 8 美元，下降了 44.8%；而美国西海岸的香蕉批发价格从每箱 13.5 美元下降到了每箱 8.6 美元，下降了 36.3%。在同一期间，欧盟地区的香蕉批发价格则从每箱 20.66 美元下跌到了每箱 15.28 美元，下跌了 26%。哥斯达黎加香蕉协会认为，国际市场香蕉价格大幅度下跌，并有可能进一步下跌的主要原因是，厄瓜多尔这个世界上最大的香蕉生产国和出口国的香蕉产量大幅度增加，造成国际市场香蕉供大于求，进而导致价格下滑。哥斯达黎加香蕉协会还认为，国际市场特别是俄罗斯和中国市场香蕉需求量减少，是造成香蕉价格下跌的另一个重要原因。

（2）全球香蕉贸易格局

2006年世界主要香蕉出口国是厄瓜多尔、菲律宾、哥斯达黎加、哥伦比亚和危地马拉（图16-5）。其他国家出口量都相对较小，2001年厄瓜多尔香蕉出口253.36万吨，是世界第一香蕉出口大国，国际市场占有率为24.81%，2006年更是上升到29.24%（表16-6）。其次是菲律宾，2001年出口212.94万吨，国际市场占有率14.95%，到2006年间平均水平维持在12%左右。第三大香蕉出口国是哥斯达黎加，2001年出口量为195.92万吨，国际市场占有率13.76%，到2006年间一直维持此水平。哥伦比亚是世界第四大香蕉出口国，2001年出口了148.55万吨，该年度四大香蕉出口国共出口香蕉910.76万吨，是世界香蕉总出口量的64%。

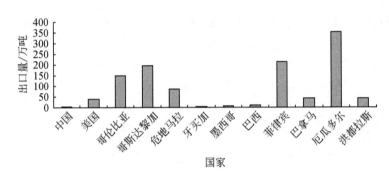

图16-5　主要香蕉出口国出口量变化

表16-6　主要香蕉出口国国际市场占有率变化与比较　　　单位:%

年　　份	哥伦比亚	哥斯达黎加	危地马拉	菲律宾	巴拿马	厄瓜多尔	洪都拉斯	合　计
1981	11.61	14.49	5.50	12.56	8.25	17.78	11.36	81.55
1985	11.63	12.41	5.38	11.72	10.17	15.96	12.54	79.80
1990	12.30	15.36	3.85	9.00	7.98	23.10	8.37	79.98
1995	10.15	15.09	4.74	9.05	5.15	27.35	3.89	75.42
2000	11.80	14.46	5.53	11.04	3.38	27.55	2.59	76.35
2001	10.43	13.76	6.14	14.95	2.99	24.81	3.03	76.11
2002	15.24	12.93	6.77	11.63	2.79	28.98	3.05	81.38
2003	13.82	13.42	6.15	12.02	2.53	30.65	2.98	81.58
2004	14.20	12.82	6.73	11.42	2.53	28.74	3.63	80.07
2005	15.31	10.96	6.97	12.49	2.18	29.40	3.37	80.67
2006	13.75	13.01	6.29	13.77	2.57	29.24	3.07	81.68

资料来源：FAO数据库

印度是香蕉第一大生产大国，但是出口量却很小，2006 年香蕉出口仅为 1.15 万吨，是国内产量的 0.06%，是厄瓜多尔出口量的 0.23%。可见，印度的香蕉大部分是在其国内消费的。与印度香蕉出口相类似的是巴西和中国，巴西是世界第二大香蕉生产国，但是出口量却非常小。

长期以来厄瓜多尔一直是世界第一香蕉出口大国，香蕉出口在厄瓜多尔总出口所占比例达 16%，是厄瓜多尔仅次于石油出口的第二大外汇来源。近年来厄瓜多尔香蕉国际市场占有率仍有不断提高的趋势，这与其国内所作的不断开拓国际市场的努力是分不开的，其成功的做法主要有 4 个方面：第一是建设自己的营销队伍和营销网络；第二是建设香蕉营销专用码头；第三是建设营销指导中心，开展网上交易；第四是组织香蕉生产协会，形成产销集团。厄瓜多尔香蕉长期以来的传统出口市场是美国和欧盟国家，输往这两个市场的香蕉一直占厄瓜多尔香蕉总出口 1/2 ~ 2/3。近年来，厄瓜多尔香蕉对东欧、亚洲地区的出口也有明显增长，俄罗斯、中国、波兰等国家已成为厄瓜多尔香蕉的重要出口市场。

菲律宾是亚洲最大香蕉出口国，在 2000 年其出口量还在哥斯达黎加和哥伦比亚之后，但是在 2001 年一下跃居世界香蕉出口第二大国的地位。在 1990 年前，菲律宾香蕉的国际市场占有率一直很高，一直在 10% 以上，此后却在不断下降，在 2000 年后，菲律宾香蕉出口开始增加，国际市场占有率也开始不断上升。

哥斯达黎加是世界传统的香蕉出口大国，其香蕉国际市场占有率一直维持在 13% ~ 16% 的高度。在绝大多数年份都是世界第二大香蕉出口国。但是从 1998 年开始其国际市场占有率有连续下降的趋势。

哥伦比亚也是世界传统的香蕉出口大国，其国际市场占有率相对比较稳定，1995 年至今的变化不大。哥伦比亚香蕉主要出口对象国有：美国、比利时、德国、挪威、意大利、中国等。1999 年对美国出口 3232 万箱，占出口总量的 35%；对比利时出口 2518 万箱，占出口总量的 27%。2001 年对美国出口 2531 万箱，对比利时出口 2532 万箱，均占哥伦比亚出口总量的 33.4%。2002 年上半年对美国出口 1348 万箱，占出口总量的 37.9%；对比利时出口 1237 万箱，占总出口的 34.78%。

洪都拉斯曾经也是世界最重要的香蕉出口国之一，但是其国际市场占有率从 1989 年后持续下滑，从 11% 下降到了 3%。与洪都拉斯相同的还有巴拿马，巴拿马香蕉国际市场占有率也出现了连续下降的趋势。

16.2.2 全球菠萝贸易

（1）全球菠萝贸易的现状与发展

菠萝是最大宗的热带水果贸易品种之一，世界菠萝贸易主要有三种类型：鲜

（干）菠萝、菠萝罐头和菠萝汁。其中菠萝汁贸易又以普通菠萝汁为主。菠萝贸易发展很快，呈现出不断增加的趋势（图16-6）。罐装菠萝长期以来是最大宗的菠萝贸易品，贸易量总体在不断增加，在1997年和1998年贸易量下降之后又恢复到了先前的增加趋势。鲜菠萝和菠萝汁的贸易则一直处于上升趋势。2007年全世界出口罐装菠萝117.3万吨，是1961年出口量3倍多。2007年出口鲜（干）菠萝是1961年的27倍多，菠萝汁是1961年的25倍多。

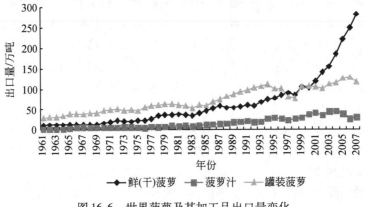

图16-6　世界菠萝及其加工品出口量变化

资料来源：FAO 数据库

1965～2007年，世界菠萝贸易品种结构发生了较大的变化（表16-7），菠萝和菠萝汁所占份额在不断增加，菠萝所占比例从1961年的26.92%提高到了2007年的65.75%，菠萝汁的比例在2001年达到最高的15.36%，2001年后稍有下滑。而罐装菠萝所占份额则大幅度下降，1961年为70.63%，2007年下降到了27.28%。

表16-7　世界菠萝贸易品种结构（各品种占世界菠萝总出口的比例）的变化

单位:%

年　份	鲜（干）菠萝	菠萝汁	罐装菠萝	年　份	鲜（干）菠萝	菠萝汁	罐装菠萝
1965	23.56	6.06	70.38	2001	44.85	15.36	39.80
1970	23.05	7.84	69.11	2002	50.86	12.57	36.57
1975	30.18	6.68	63.14	2003	49.65	14.35	36.00
1980	33.56	8.77	57.67	2004	53.76	12.92	33.32
1985	39.38	10.48	50.15	2005	57.52	9.96	32.52
1990	34.16	11.03	54.81	2006	61.88	6.47	31.65
1995	37.83	13.84	48.33	2007	65.75	6.97	27.28
2000	41.26	15.26	43.48				

注：原始数据来自FAO数据库。全世界菠萝贸易量只计算了鲜（干）菠萝、罐装菠萝和普通菠萝汁

（2）全球菠萝贸易格局

2006年泰国是世界第一大罐装菠萝出口国（表16-8），其罐装菠萝的国际市场占有率高达48.09%，其次是菲律宾，其国际市场占有率是14.51%。印度尼西亚以14.29%的国际市场占有率排第三，三国合计共占世界灌装菠萝的76.89%。印度尼西亚是近几年兴起的罐装菠萝出口大国，在1986年前其罐装菠萝的国际市场占有率极低，但是随后却异军突起。而马来西亚却由罐装菠萝出口大国下降为出口小国。

表16-8　主要罐装菠萝出口国国际市场占有率　　　　单位:%

年　份	中　国	菲律宾	泰　国	印度尼西亚	马来西亚
1981	2.83	28.21	26.28	0.00	6.25
1985	1.08	31.08	32.38	1.56	5.76
1990	3.37	19.44	43.33	5.29	6.34
1995	0.88	19.29	39.07	9.15	6.57
2000	2.09	23.41	41.56	12.26	1.38
2001	2.52	24.11	39.72	12.88	1.52
2002	3.96	14.80	38.04	18.42	1.98
2003	4.95	10.96	42.48	17.59	2.72
2004	6.72	12.06	41.62	18.11	1.90
2005	5.75	15.77	41.01	16.01	1.52
2006	5.02	14.51	48.09	14.29	1.40

资料来源：根据FAO数据库计算得到

2001年科特迪瓦是鲜（干）菠萝的最大出口国，其菠萝国际市场占有率为15.4%（表16-9），菲律宾紧随其后，2002～2006年反过来，科特迪瓦紧随菲律宾之后。2006年洪都拉斯和墨西哥分别是世界第三、第四大出口国，但是国际市场占有率却相对较低，说明世界菠萝生产与出口相对分散。在几个主要的菠萝出口大国里，除了美国的菠萝国际市场占有率在不断提高外，其他国家都在不断下降，可能其他小的菠萝出口国家作为一个集体的国际市场占有率在不断提高。

表16-9　主要菠萝出口国菠萝国际市场占有率　　　　单位:%

年　份	科特迪瓦	洪都拉斯	巴　西	菲律宾	马来西亚	美　国	墨西哥
2001	15.40	2.57	1.22	13.00	1.42	4.07	2.92
2002	12.35	1.86	0.62	12.69	1.30	3.99	1.75
2003	11.25	2.25	0.78	12.63	1.04	3.93	1.35
2004	8.56	2.73	1.26	11.01	0.77	3.70	1.81
2005	5.95	2.47	0.88	9.68	0.84	3.63	1.49
2006	4.60	2.39	0.90	9.22	0.96	0.62	1.02

资料来源：根据FAO数据库计算得到

与罐装菠萝和鲜（干）菠萝相比，菠萝汁的出口量较小。菲律宾和泰国是分别是世界菠萝汁出口第一、第二大国，两国共占 2007 年世界菠萝汁出口的50%。哥斯达黎加、巴西和马来西亚也是重要的菠萝汁出口国。

16.2.3　全球荔枝贸易

由于荔枝产量较低，且应市时间短，鲜荔枝的贸易量不是很大，在亚太地区生产的荔枝主要在当地消费了。目前每年全世界共出口荔枝在 10 万吨左右。

越南约有 70% 的荔枝在当地市场销售，剩下的出口到中国内地、中国香港和亚洲其他国家，也有一部分出口到欧洲去。越南荔枝大多出口鲜果，而荔枝罐头和干荔枝出口较少。

泰国是一个把荔枝生产作为出口产业的国家，泰国的荔枝主要通过陆路出口到马来西亚和新加坡，通过空运出口到中国香港和欧洲。每年泰国荔枝出口约有2.5 万吨。泰国荔枝因为上市时间比中国和印度早，在国际市场很有优势。

16.3　全球热带水果消费市场分析[①]

16.3.1　全球香蕉消费市场分析

全球香蕉消费主要集中在发达国家，占全世界净进口量的 84.03%（表 16-10），其中，欧盟 15 国占 26.56%，人均净进口量为 8.5 千克，美国与加拿大占了 36.00%，人均净进口量为 14 千克，日本和新西兰占了 8.83%，人均净进口量为 8.1 千克。

表 16-10　1999 年不同国家香蕉净进口量与人均净进口量

国家（地区）	净进口量/千吨	占全世界比例/%	人均净进口/千克	国家（地区）	净进口量/千吨	占全世界比例/%	人均净进口/千克
发展中国家	1 905.8	15.97	1.2	欧盟 15 国	3 169.4	26.56	8.5
拉丁美洲	513.4	4.30	8.7	其他欧洲国家	989.6	8.29	6.5
近　东	680.4	5.70	3.3	加拿大与美国	4 295.6	36.00	14.0
远　东	674.6	5.65	0.5	日本与新西兰	1 054	8.83	8.1
非　洲	37.4	0.31	0.5	世　界	11 931.7	100	4.6
发达国家	10 025.8	84.03	10.4				

资料来源：FAO 数据库

[①]　这里的消费市场分析是基于国际贸易的角度进行的分析，不包括各种热带水果在生产当地和所占国的消费量。

发展中国家无论总净进口量还是人均进口量都很低，总进口量仅占世界的15.97%，人均净进口量为1.2千克。

　　欧洲国家是世界最主要的热带水果消费市场，对热带水果的需求量逐年增大。在20世纪80年代中后期开始，欧盟香蕉进口开始大幅度增加（图16-7），在90年代后期进口量有小幅下跌，但是2001年进口量依然达到了465.6万吨，占世界香蕉进口量的32.8%。其中德国香蕉进口量达到了106.5万吨，占世界香蕉进口总量的7.5%、占欧盟15国香蕉进口量的23%。

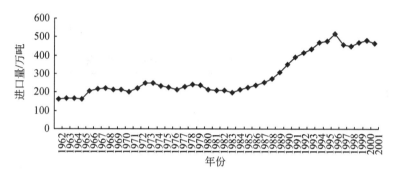

图16-7　欧盟15国香蕉进口量

资料来源：FAO数据库

　　美国对香蕉的需求量极大，1999年进口量为429.5万吨，占世界香蕉贸易量近三成，是世界头号香蕉进口国，2007年略有下降，依然达到了400.4万吨，占世界香蕉进口量的24.98%。图16-8反映了美国香蕉进口量的历史变化情况，平均来看，美国香蕉进口占世界香蕉进口总量的26%，但是近年来这一比例有下降的趋势。

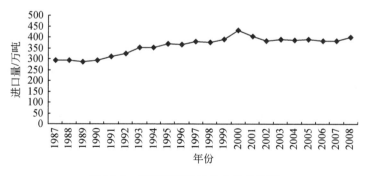

图16-8　美国香蕉进口量变化趋势图

资料来源：FAO数据库

在未来几年欧盟和美国仍将是世界香蕉的主要消费国，随着发展中国家的经济发展对香蕉的消费有望增加。

16.3.2 全球菠萝消费市场分析

与香蕉消费市场分布相同，菠萝的主要消费市场也集中在发达国家。以鲜（干）菠萝的消费为例，发达国家进口量占世界总进口量的比例基本在90％以上（表16-11），而在发达国家中，主要的消费量集中在欧盟和美国。欧盟和美国对菠萝的进口呈现连续上升的趋势（图16-9），且美国进口占世界总菠萝进口的比例迅速提高（表16-12），2006年两国合计占了世界进口量的近79％。

表 16-11 不同收入水平国家菠萝进口量比较　　　单位：万吨

年　份	最不发达国家	低收入国家	欧洲发达国家
1995	1 963	1 237	613 844
2000	2 646	1 579	954 466
2001	4 603	3 483	1 063 482
2002	2 723	3 794	597 719
2003	3 283	4 616	656 134
2004	3 251	3 639	812 639
2005	4 493	7 545	962 359
2006	5 490	13 165	1 177 684

资料来源：FAO 数据库

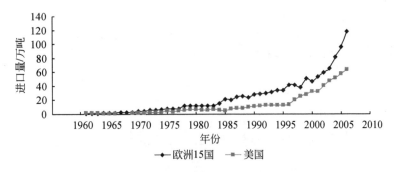

图 16-9　欧盟 15 国与美国菠萝进口量变化图
资料来源：FAO 数据库

表 16-12 欧洲各发达国家和美国菠萝进口量及占世界总进口量的比例

年 份	欧洲各发达国家/吨	美国/吨	欧洲各发达国家所占比例/%	美国所占比例/%
1990	228 641	113 885	38.38	19.12
1995	276 426	124 609	39.72	17.90
2000	473 249	318 837	45.01	30.51
2001	544 149	321 298	47.21	27.84
2002	597 719	405 715	45.43	31.83
2003	656 134	473 950	44.86	32.41
2004	812 639	513 760	47.58	30.08
2005	962 359	577 605	49.04	29.43
2006	1 177 684	634 239	51.34	27.65

资料来源：FAO 数据库

16.3.3 全球荔枝消费市场分析

荔枝鲜果保鲜期短，不易长途运输，参与国际贸易的比例很小，我国广西荔枝鲜果基本没有出口（苏伟强等，2002），广东 2002 年出口量仅是其产量的 5%。澳大利亚荔枝出口占总产量的 30%，越南产量的 75% 用于内销（黄旭明，2002）。

全球荔枝的主要消费市场集中在亚洲地区，据海关数据显示，在 2001 年我国荔枝出口中，亚洲贸易额占 94.5%。中国内地、中国香港、新加坡都是荔枝消费量较大的国家或地区，菲律宾也是亚洲地区较重要的荔枝消费国，进口量约每年以 8% 的速度增加。

近年美国和欧洲每年都从我国和越南及泰国进口相当数量的荔枝，是新兴的荔枝消费市场。

16.4 结论与讨论

16.4.1 全球香蕉生产近年来发展迅速，产量不断提高

印度、厄瓜多尔、巴西、菲律宾、中国和哥斯达黎加是世界最主要的香蕉生产国，2007 年六国产量占世界产量的比例已经达到 63% 的水平，且仍有上升的趋势。其中印度是世界最大香蕉生产国，中国排第二位，菲律宾和巴西分列第

三、第四位。世界香蕉总贸易量总体上也在不断增加，世界香蕉出口量占香蕉总产量的比例一般为 17%～25.3%，平均为 20%。由于国际香蕉市场供过于求，国际香蕉价格有下降的趋势。厄瓜多尔一直是世界香蕉出口第一大国，国际市场占有率一般为 20% 以上，近年来有提高的趋势。菲律宾是亚洲第一香蕉出口国，哥斯达黎加和哥伦比亚是世界传统的香蕉出口大国，洪都拉斯国际香蕉出口大国的地位则已经削弱。发达国家是世界香蕉最重要的消费地区，1999 年占全球香蕉净进口量的 84.03%，其中欧盟和北美地区所占份额最大。欧盟香蕉进口有不断提高的趋势，而美国在 2000 年前后有所下降。未来若干年欧洲和北美地区仍将是世界最重要的香蕉消费地区，东南亚的消费需求估计将有所提高。

16.4.2 20 世纪 80 年代后世界菠萝生产发展加快，产量逐年提高

2007 年泰国依然是世界菠萝最大生产国，巴西和印度尼西亚的产量紧随其后，位居世界第二、第三位，我国是世界第五大菠萝生产国。未来几年世界菠萝总产量有继续增加的趋势，墨西哥、中国、巴西菠萝生产的国际地位将不断得到提高，而泰国可能有继续下降的趋势。世界菠萝贸易发展很快，呈现出不断增加的趋势。主要采取三种方式：鲜（干）菠萝、菠萝罐头和菠萝汁。其中菠萝汁贸易又以普通菠萝汁为主。罐装菠萝长期以来是最大宗的菠萝贸易品，贸易量总体在不断增加，鲜菠萝和菠萝汁的贸易则一直处于上升趋势。世界菠萝贸易品种结构发生了较大的变化，菠萝和菠萝汁所占份额在不断增加，而罐装菠萝所占份额则大幅度下降。2001 年科特迪瓦是鲜（干）菠萝的最大出口国，菲律宾紧随其后，美国和墨西哥分别是第三、第四大出口国，且美国菠萝的国际市场占有率在不断提高，其他国家都在不断下降。2006 年泰国是世界第一大罐装菠萝出口国，其次是菲律宾，印度尼西亚第三，三国合计共占世界罐装菠萝出口量的 76.89%。印度尼西亚是近几年兴起的罐装菠萝出口大国。菠萝汁的出口量较小。菲律宾和泰国是分别是世界菠萝汁出口第一、第二大国。菠萝的主要消费市场也集中在发达国家，以鲜（干）菠萝的消费为例，发达国家进口量占世界总进口量的比例基本在 90% 以上，主要的消费量集中在欧盟和美国。欧盟和美国对菠萝的进口呈现连续上升的趋势且美国进口占世界总菠萝进口的比例迅速提高。

16.4.3 荔枝商业栽培的自然生态环境要求高，产区集中

目前荔枝商业栽培的国家主要是中国、印度、南非、泰国、澳大利亚、毛里求斯、美国、越南等。我国是世界第一大荔枝生产国，印度是世界第二大荔

枝生产国。鲜荔枝的贸易量不大，在亚太地区生产的荔枝主要在当地消费。泰国是个把荔枝生产作为出口产业的国家，且泰国荔枝因为上市时间比中国和印度早，在国际市场很有竞争优势。全球荔枝的主要消费市场集中在亚洲地区，中国、中国香港、新加坡都是荔枝消费量较大的国家或地区，菲律宾也是亚洲地区较重要的荔枝消费国，进口量不断增加。近年美国和欧洲是新兴的荔枝消费市场。

第 17 章
中国主要热带水果的生产、
消费与贸易

在分析我国热带水果的国际竞争力前有必要对我国热带水果的生产、消费与贸易作以详细分析。本章沿用前面一章的分析框架，把我国香蕉、菠萝、荔枝的生产、消费与贸易放在国际范围内进行考察，对他们的生产区域分布、生产发展历史及未来的趋势、国际地位逐一进行分析，然后对我国热带水果消费总量和消费结构及影响因素进行了分析，并对未来的消费趋势进行了预测分析，之后分析了我国主要热带水果进出口历史发展和国际贸易地区结构，最后给出口了主要的分析结论。

17.1 中国主要热带水果的生产与布局

17.1.1 中国香蕉的生产与布局

（1）中国香蕉生产的区域分布

我国是香蕉主产国之一，也是世界上栽培香蕉历史最悠久的国家之一，已有2000 多年的栽培历史。我国香蕉主要产区为广东、广西、海南、福建，在云南、贵州，四川和西藏也有少量栽培。

广东是我国最重要的香蕉生产地区，2007 年广东香蕉产量（表 17-1）为3 511 801吨，占全国总香蕉产量的45.04%，年末香蕉园面积12.81 万公顷，是全国当年香蕉园总面积的41.78%。广东的香蕉主要分布在粤西、粤东及珠江三角洲，以香牙蕉为主，大蕉和粉蕉次之。粤西的高州、珠江三角洲的中山市均为广东著名的香蕉生产地，高州的北运香蕉占全国很大部分。

表 17-1　2007 年中国香蕉生产的地区分布

地 区	产量/吨	占全国的比例/%	年末面积/万公顷	占全国比例/%
福 建	884 221	11.34	2.94	9.59
广 东	3 511 801	45.04	12.81	41.78
广 西	1 404 580	18.01	6.16	20.09

地 区	产量/吨	占全国的比例/%	年末面积/万公顷	占全国比例/%
海 南	1 422 134	18.24	4.80	15.66
四 川	23 087	0.30	0.12	0.39
贵 州	8 806	0.11	0.20	0.65
云 南	540 046	6.93	3.62	11.81
西 藏	524 075	6.35		

资料来源：根据《中国农业统计资料》（2007）整理而得

　　海南是我国第二大香蕉产地，2007 年产量 1 422 134 吨，种植面积 4.80 万公顷，分别占全国的 18.24% 和 15.66%。海南省具有优越的生态地理条件，是发展高产优质香蕉的理想生产基地，海南香蕉生产主要分布在儋州、定安、临高、陵水、琼山、乐东和三亚等县市。

　　广西和福建也是我国香蕉的主要生产地区，2007 年产量分别占全国产量的 18.01% 和 11.34%。广西香蕉主要分布在合浦、浦北、玉林、灵山、桂平等县市，以香牙蕉和西贡蕉为主。福建香蕉生产地区主要分布于漳州、龙海、莆田、龙溪、晋江等县市，以生产天宝蕉为主，美蕉次之。

　　（2）中国香蕉生产：总产量与单位面积产量

　　根据 FAO 的统计数据（表 17-2），不论从收获面积还是总产量来看，我国香蕉生产已经取得了很大进步，收获面积从 1961 年的 1.32 万公顷扩大到 2007 年的 30.55 万公顷，单位面积产量从 1980 年的 19.318 吨/公顷提高到了 2007 年的 23.98 吨/公顷，总产量也由 1980 年的 27.562 万吨提高到了 2007 年的 732.5 万吨。

表 17-2　中国香蕉收获面积、产量和单产

年 份	收获面积/万公顷	单产/吨/公顷	产量/万吨	占世界面积的比例/%	与世界单产差/吨	占世界产量的比例/%
1980	1.426 8	19.318	27.562	0.52	60 634	0.76
1985	5.529 2	15.004	82.961	1.88	16 134	2.10
1990	11.825 3	14.015	165.737	3.54	1 727	3.58
1995	19.807 3	16.649	329.764	5.24	18 668	5.90
2000	25.806	19.918	513.991	6.27	36 645	7.68
2005	28.51	23.384	666.684	6.81	67 447	9.57
2006	29.51	24.111	711.528	6.74	58 262	8.90
2007	30.55	23.977	732.500	6.92	55 521	9.01

图 17-1 和图 17-2 是我国香蕉总产量和单位面积产量的变化图，由图 17-1 可以看出我国香蕉生产在 1984 年以前产量较低，一直在 80 万吨以下。1985 年开始到 1988 年香蕉产量有了大幅度提高，1987 年达到了 223.35 万吨。在经历了 1989~1990 年的低产期后，我国香蕉产量开始飞跃发展，特别是 1997 年后，平均每年以 50 万吨的幅度增加。图 17-2 显示了我国香蕉单位面积产量的变化情况，总体上看，我国香蕉单位面积产量没有像产量那样有明显的增加，现反，当我国香蕉总产量曲线不断上升时单产曲线却有轻微下降趋势，说明我国香蕉总产量的提高主要不是来自单位生产面积产出率的提高的，而是靠种植面积的不断扩大来提高总产量的。事实上，比较图 17-1 与图 17-3 可以看出两图有近乎相同的变化趋势，说明我国香蕉总产量与种植面积有高度的相关性。

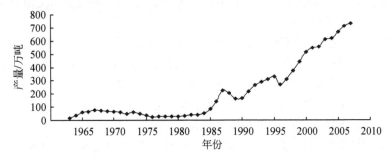

图 17-1　中国香蕉总产量变化图

资料来源：FAO 数据库

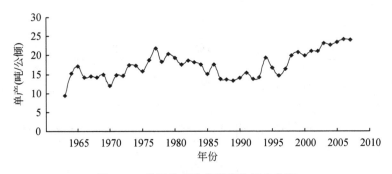

图 17-2　我国香蕉单位面积产量变化图

资料来源：FAO 数据库

（3）我国香蕉生产的国际地位

在前面章节的分析中我们已经提到，中国是世界香蕉生产大国之一，按 FAO 统计数据比较，我国在 2007 年是世界第二大香蕉生产国。表 17-2 和图 17-4 描述了我国香蕉生产在国际香蕉生产中的地位变化，在图 17-4 中，面积曲线和产量曲线有相同的变化趋势，原因是我国香蕉产量与栽种面积有高度相关性，两条曲

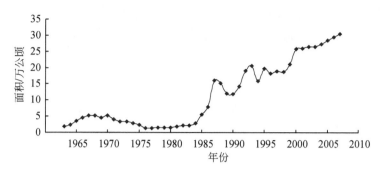

图 17-3　我国香蕉种植面积历史变化图

资料来源：FAO 数据库

线在 1985 年以后总体上大幅上升，说明我国香蕉生产的国际地位在 1985 年后在不断提高，最明显的是在 1996 年后，我国香蕉总产量占世界总产量的比例由 1996 年的 5% 提高到了 2007 年的 9%。图中我国香蕉与世界香蕉生产单产差曲线除极个别年份外一直处在横轴线以上，说明我国香蕉生产单位面积产量长期以来都比世界单位面积产量高。

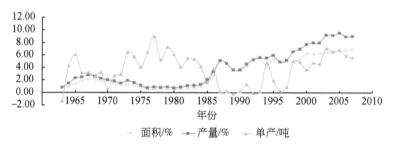

图 17-4　我国香蕉生产的国际地位与单产比较

注：①图中面积曲线和产量曲线是我国香蕉面积和产量占世界的比例。②单产曲线为我国香蕉单位面积产量减去世界单位面积产量的差

资料来源：FAO 数据库

17.1.2　中国菠萝的生产与布局

（1）中国菠萝生产的区域分布

菠萝是我国热带和亚热带地区的主要水果品种之一，主要分布在我国亚热带地区以南的广大丘陵山地。广东和海南是我国菠萝生产的最重要的地区，两地区 2007 年菠萝产量占全国产量的 85% 左右（表 17-3），其中广东产量最多，达到了 53.5511 万吨，是全国菠萝总产量的 59.17%，海南 2007 年产量达到了 23.3599 万吨，占全国的 25.81%。广东菠萝主产区主要分布在徐闻、海康、惠来、普宁、

潮安、东莞和化州等地，海南的菠萝产区在文昌、琼海和琼山。

表 17-3　2007 年我国菠萝生产的区域分布

地　区	产量/万吨	占全国比例/%	年末面积/万公顷	占全国比例%
福　建	4.051	4.48	0.42	7.71
广　东	53.5511	59.17	2.67	48.99
广　西	7.0576	7.80	0.56	10.27
海　南	23.3599	25.81	1.43	26.23
云　南	2.4892	2.75	0.38	6.97

资料来源：根据《中国农业统计资料》（2007）整理而得

广西和福建也有相当量的菠萝生产。两地菠萝生产分布为广西的南宁、钦州、宁明、崇左、灵山、博白，福建的漳浦、昭安、南靖、云霄、龙海和同安。云南的西双版纳、元阳、德宏、元江、潞西等地和西藏也有少量菠萝生产。

（2）中国菠萝生产：总产量、单位产量与种植面积

1961～2007 年的 47 年间我国菠萝生产在种植面积和总产量上都取得了长足发展。种植面积由 1961 年的 1.27 万公顷发展到了 2007 年的 6.7 万公顷（表 17-4），总产量由 1961 年的 21.3547 万吨提高到了 2007 年的 138.68 万吨。

表 17-4　中国菠萝面积、单产、总产量与占世界比例

年　份	面积/万公顷	单产/（吨/公顷）	总产量/万吨	面积占世界比例/%	产量占世界比例/%
1980	1.485	20.47	30.40	2.48	2.81
1985	1.768	18.83	33.29	3.03	3.41
1990	2.610	26.72	69.72	4.19	6.17
1995	2.931	27.15	79.58	4.25	6.38
2000	5.300	22.91	121.41	7.04	8.84
2005	6.220	20.72	128.88	7.08	7.22
2006	6.390	21.78	136.16	6.72	7.31
2007	6.700	21.49	138.68	7.01	7.63

资料来源：FAO 数据库

图 17-5 是我国菠萝总产量、收获面积和单位面积产量的变化图。由图可知，中国菠萝总产量的变化可以分为四个阶段，在 1985 年以前产量平均为 32

万吨上下，1986～1989 年是连续增产阶段，1989 年达到了 74.2 万吨。1990～
1997 年增产缓慢，平均产量为 74.8 万吨。1998 开始进入高速增产阶段，2007
年产量是 1961 年产量的 6.5 倍。中国菠萝的收获面积总体上在不断扩大，相
对与产量的变化而言，波动幅度不大，基本是平稳上升。与香蕉的情况雷同，
菠萝的收获面积和总产量的图形极其相似，说明我国菠萝的总产量与其种植面
积高度相关。

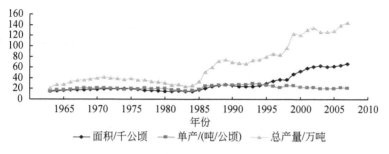

图 17-5　我国菠萝收获面积、单位面积产量和总产量变化图

　　与香蕉情况相似，我国菠萝的单位面积产量也没有像产量那样有明显的增
加，当我国菠萝总产量曲线不断上升时单产曲线却有轻微下降，说明我国菠萝总
产量的提高也主要不是来自单位生产面积产出率的提高，而是靠种植面积的不断
扩大来提高总产量的。

　　（3）中国菠萝生产的国际地位

　　2007 年我国菠萝总产量是世界菠萝总产量的 7.63%，收获面积占世界的比
例为 7.01%，按该年度产量比较，我国是世界第五大菠萝生产国，从长期趋势分
析（图 17-6），在 1977～1984 年前后，我国菠萝总产量占世界总产量的比例较
高，且在 1982 年后总体上呈现不断上升的态势，说明我国菠萝生产在世界菠萝
生产中的地位在不断提高。

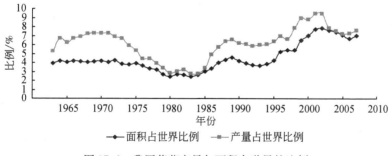

图 17-6　我国菠萝产量与面积占世界的比例

17.1.3 中国荔枝的生产与布局

（1）中国荔枝生产的区域分布

荔枝在我国已有 2000 多年的栽培历史，被誉为"果中之王"，是著名的岭南佳果。荔枝在我国分布仅限于北纬 18°～30° 的范围内，主产区在北纬 22°～24°30′ 的狭窄范围内。

广东是荔枝原产地之一，也是我国最主要的荔枝产区，2007 年广东荔枝产量为 97.7 万吨（表 17-5），占全国荔枝总产量的 57.19%，2007 年末荔枝园面积 26.69 万公顷，占全国总荔枝园面积的 47.07%。目前，广东荔枝生产已经形成三大产区，第一是粤西区，包括茂名、阳江、湛江、云浮等地，该区近年来荔枝生产发展迅速，已经成为广东早熟荔枝商品生产基地，也是商品生产量最大的产区；第二是粤中区，包括广州的白云区、黄埔区、从化等地，深圳的宝安区、龙岗区、南山区，惠州市、江门市、珠海市、佛山市等地，该区是我国荔枝品种最多、最优良的产区；第三是粤东区，包揭阳市、汕尾市、潮州市、汕头市等地，该区是中、晚熟荔枝的主产区。

表 17-5　2007 年我国荔枝生产区域分布

地　区	产量/吨	占全国比例/%	面积/万公顷	占全国比例/%
福　建	110 695	6.48	3.46	6.20
广　东	976 570	57.19	26.69	47.07
广　西	496 937	29.10	21.53	38.55
海　南	104 530	6.12	2.97	5.32
四　川	7 488	0.44	0.23	0.41
贵　州	193	0.01	0.04	0.07
云　南	11 070	0.65	0.42	0.75
西　藏	4 028	0.63		

资料来源：根据《中国农业统计资料》（2007）整理而得

广西是我国第二大荔枝主产区，2007 年产量 49.7 万吨，是全国总产量的 29.1%，年末荔枝园面积 21.53 万公顷，占全国的 38.55%。广西荔枝产区主要分布在该省的东南和西南各县。

福建尽管荔枝园面积较小，仅占全国的 6.20%，但产量却占全国总产量的 6.48%。该省荔枝产区分布在东南沿海市县。

海南因为地理气候有利荔枝生产，全省均有荔枝栽培，主要分布在北部和中部，由于温度高，荔枝成熟期比内陆早，是发展早熟荔枝的最好地区，但是目前海南发展荔枝生产的优越的地理资源优势还没有充分发挥出来，2007 年的产量仅占全国的 6.12%。

（2）中国荔枝生产：总产量、单位产量与种植面积

近几年我国荔枝生产快速发展，2007 年我国荔枝总产量 170.8 万吨。我国荔枝种植总面积在不断增加，特别是在 1991 年后每年增加的种植面积逐年提高，1996 年新增种植面积为 109.22 万亩，是 1995 年的 2 倍多，2007 年年末荔枝园面积 837.75 万亩，就种植面积而言已跃居我国第四。随着种植总面积的增加，历年的收获面积也不断扩大，从而使历年的总产量不断提高，同时我国荔枝的单位面积产量在 1987~1995 年相对稳定，一般为 200 千克/亩到 260 千克/亩，但是 1995 年后却开始下降，一直在 150 千克/亩左右徘徊（表 17-6）。

表 17-6　我国荔枝历年种植面积、收获面积、总产量与单位面积产量

年　份	种植总面积/万亩	当年种植面积/万亩	收获面积/万亩	总产量/万吨	单产/（吨/亩）
1990	273.2	27.69	73.53	163 500	222.4
1995	514.22	54.99	193.78	498 600	257
2000	942	—	821 057	785 864	145.2
2001	837.15	—	837.17	953 625	113.91
2002	854.12	—	845.15	1 054 879	154.2
2003	838.65	—	—	1 123 811	134
2004	879.15	—	879.13	1 555 803	176.97
2005	871.2	—	871.18	1 440 589	165.36
2006	855.6	—	855.59	1 507 978	176.25
2007	837.75	—	837.76	1 707 697	203.84

资料来源：www.efruit.com.cn

17.2　中国热带水果消费

17.2.1　消费总量变化及其影响因素分析

（1）我国总的水果消费呈现缓慢上升趋势

据统计，我国居民个人水果消费总量由 1981 年的 150 万吨上升到 2000 年的 3730 万吨，19 年间增长 23.9 倍；平均每年增长 18.2%（王冰凝，2003）。在食

品消费中，水果消费在整个食物消费中的比例不断上升。从水果消费支出在城市居民人均食品消费支出中所占的比例来看，呈现一个缓慢上升的趋势（图17-7）。1994 年水果消费支出在城市居民人均食品消费支出中所占的比例为 6.27%、1995 年为 6.35%、1996 年为 6.18%、1997 年为 6.54%、1998 年为 6.27%、1999 年为 6.73%、2000 年为 6.51%、2001 年为 6.52%。

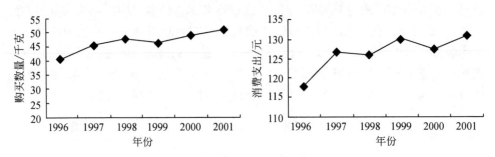

图 17-7　城镇居民家庭平均每人全年购买鲜瓜果量与消费支出

资料来源：农业部，2002

（2）收入增长与热带水果消费量的增加

水果的消费量和收入水平之间存在着正相关关系（表 17-10）。在改革开放后到 1998 年的近 20 年内是中国经济高速发展的时期，年均 GDP 增长率保持在 9.8% 左右。1985～1997 年，我国农村人均可支配收入增长了 4.1%，城市增长率为 5.7%，在这期间我国人均年度水果消费量由 1985 的 11 千克（5.12 千克）提高到了 1997 年的 41 千克（45.48 千克）[①]，其中热带水果占了 14 千克（He Xi-urong，1999）。

（3）收入差异与水果消费

目前收入差异在我国普遍存在，特别是收入的城乡差别更加明显，且有进一步拉大的趋势，不同收入阶层间的热带水果消费有较大差异。必须注意到，高收入者的水果消费收入弹性明显低于低收入者（表 17-7），且中国城镇居民水果消费收入弹性低于农村居民的水果消费收入弹性（祁春节，2001）。

表 17-7　1998 年不同收入家庭水果消费收入弹性

家庭收入	平均收入弹性	家庭收入	平均收入弹性
最低收入户	0.898 5	中等收入户	0.484 6
低收入户	0.768 8	中等偏上户	0.463 9
中等偏下户	0.609 4	高收入户	0.320 2

① 与曾经测算的数据有出入，括号内为祁春节测算的数据。

调查资料显示，高收入者随着收入提高，水果消费品种开始由温带水果向热带水果转变，且随着收入的进一步提高，高收入者的水果消费趋向稳定。

（4）热带水果消费的地区差异

我国热带水果最主要的消费区域在我国南方地区，北方以温带水果消费为主，长期以来只有香蕉和菠萝是全国范围内普遍消费的热带水果。首先因为这里是热带水果的起源地和主产区，而且大多热带水果保鲜期短，不易于长途运输，在 1990 年以前对热带水果的采后处理和储藏运输还存在诸多制约因素。且热带水果生产受气候地理因素限制，进口水果因为汇率和关税原因价格普遍较高，使北方地区消费热带水果受到了影响。

17.2.2　消费结构变化及其影响因素分析

（1）水果消费观念的改变

随着城乡居民生活水平的提高，人们对水果消费观念也随之变化了，人们对果品的消费由过去的求数量发展到现在的既求数量又求质量，讲究新、奇、特，要求高档、无污染、无公害、讲养生、求保健。因而在果品市场上，目前柑橘、苹果等普通大宗果品价格平平，还时闻"难卖"呼声，可是进口高档果品却以高于普通果品十几倍甚至几十倍的价格畅销于市，深受消费者的青睐。

（2）消费结构的变化

伴随水果消费观念的改变，人们对水果品种、产品质量和水果精加工都有了较高的要求。人们对优质水果、果汁的消费需求日益高涨，尤其是果汁消费迅速增长。例如，橙汁消费连年上涨。我国橙汁消费绝大部分依赖进口，普通柑橘汁进口量由 1998 年的 0.54 万吨增加到 2007 年的 6.5 万吨，增长了 11 倍。目前，中国人均占有果汁仅为 0.1 升，而发达国家则为 40 升以上，发展中国家人均消费也达 10 升左右。随着社会生活节奏的加快，水果加工品消费在整个水果消费结构中所占的比例将会进一步提高。另外，名优特新品种、高质量的品种也渐受消费者青睐。

17.2.3　前景分析与预测

由上面的分析我们可以看出，随着我国经济的发展和人民生活水平的提高，对热带水果的消费需求仍将进一步增加，且农村市场潜力巨大。从长期趋势看，只要我国收入水平不断提高，特别是伴随低收入者收入水平的提高，热带水果消费需量必将大幅提高。对高收入者，要通过适当的消费刺激手段进一步扩大他们对热带水果的需求量。另外，热带水果加工品的需求也将是推动未来对热带水果需求的强劲力量。

17.3　中国主要热带水果的进出口贸易

17.3.1　总体进出口现状分析

长期以来，我国水果产品以国内鲜销为主，出口比例很小。近几年水果进出口贸易持续增长，出口总量和总额大于进口。我国内地水果出口的主要地区是东南亚、日本以及我国的香港、澳门和台湾地区，大约2/3出口到这些地区（因东南亚不产苹果、梨等温带水果，日本、韩国的水果自给率已降为41%）。

（1）出口稳定增长，进口呈现波动性增长

2007年水果及加工制品出口总量达到262.12万吨（图17-8），出口总额为16.32亿美元，分别是1998年3.6倍和3.7倍；进口总量达到139.5万吨，进口总额为9.2亿美元，分别是1998年1.8倍和3.8倍。

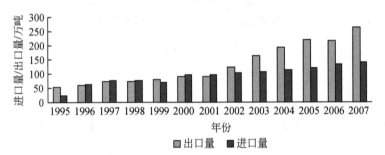

图 17-8　1995～2007年我国水果进出口趋势图

资料来源：农业部，2002

（2）水果的进出口结构及其变化

1）出口结构及其变化。我国水果出口的主要品种是苹果、柑橘、梨以及苹果汁、橘瓣罐头。2001年这几个产品的出口量比1998年分别增长了23%、70.8%、152.6%、209.9%和90.8%；出口金额分别增长了4.7%、23.6%、122.2%、183.4%和78.6%。苹果汁已占世界贸易量的40%，橘瓣罐头占世界贸易的50%以上，并且发展势头很好，具有良好的发展前景。另外，荔枝等具有中国特色的水果及加工制品出口量也开始大幅增加。

2007年主要出口产品继续保持增长势头。鲜苹果、苹果汁、柑橘罐头、鲜梨和柑橘的出口量分别为101.98万吨、104.23万吨、33.9万吨、40.52万吨和56.4万吨，同比分别增长26.81%、54.9%、7.3%、8.0%和29.7%。这期间出口结构见图 17-9。

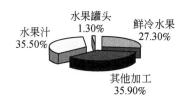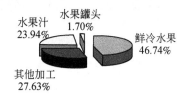

2007年水果出口额构成图   2007年水果出口量构成图

图 17-9   2007 年水果出口结构图

资料来源：FAO 统计资料

2）进口结构及其变化。香蕉进口量呈下降趋势，柑橘、柑橘汁和苹果进口量大幅增长。到目前为止，香蕉一直是我国进口的第一大水果。2007 年进口 33 万吨，比 1998 年下降 20 万吨，占进口水果总量的比例，由 1998 年的 79.3% 下降到 2007 年的 20.6%。柑橘进口量由 1998 年的 0.53 万吨增加到 2007 年的 7.4 万吨，增长了近 13 倍。柑橘汁进口量由 1998 年的 0.54 万吨增加到 2007 年的 6.5 万吨，增长了 11 倍。苹果进口量由 1998 年的 0.86 万吨增加到 2007 年的 3.6 万吨，增长了 3.2 倍。

2007 年进口鲜水果仍以香蕉为主，但品种结构发生了较大变化（图 17-10）。香蕉进口量达 33 万吨，同比下降 14.9%。鲜西瓜和鲜苹果进口大幅增长，进口量分别达到 16.7 万吨和 3.6 万吨，同比分别增长 16.0% 和 17.1%。

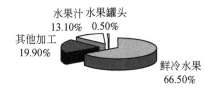

2007年水果进口额构成图   2007年水果进口量构成图

图 17-10   2007 年水果进口结构图

资料来源：FAO 统计资料

水果加工制品进口快速增长。鲜、冷、冻水果占水果进口总量的比例长期达 90% 以上。但近几年水果加工制品进口快速增长。2007 年水果加工制品进口 34.2 万吨，比 2001 增长 3.6 倍。其中水果汁 4.4 万吨，增长 1.8 倍；水果罐头 0.8 万吨，下降了 30%；其他加工水果 29.1 万吨，增长 4.9 倍。鲜、冷、冻水果进口量 127 万吨，增加 76.4%。这两个增长速度的差别，带来了进口水果结构的变化，使水果加工制品进口总量的比例由 7.4% 提高到 18.0%，上升 10.6%。

17.3.2　我国香蕉进出口贸易分析

（1）进出口现状分析

2007 年香蕉出口量为 20 878.462 吨（表 17-8），出口金额为 677.9 万美元。进口量 331 882.989 吨，进口金额达 11 122.6 万美元。净进口 311 004.527 吨，表明我国国内香蕉消费市场巨大。

表 17-8　2007 年我国主要热带水果进出口统计表

商品编号	商品名称	出口量/吨	出口额/万美元	进口量/吨	进口额/万美元
08030000	香蕉（干或鲜）	20 878.462	677.9	331 882.989	11 122.6
08043000	菠萝（干或鲜）	3 716.158	154.3	8 890.592	472.6
08109010	荔枝	12 705.390	969.0	3 470.26	300.9
20082010	菠萝罐头	80 864.656	4 677.6	2 957.852	201.1
20082090	其他菠萝	35.307	9	44.081	6.6
20089910	荔枝罐头	21 430.842	1 798.7	92.391	9.4
20094000	菠萝汁	2 563.199	93.6	155.819	13.1

注：20082090 中其他菠萝指未列名制作或者保藏的菠萝
资料来源：根据《中国海关统计年鉴》（2007）整理而得

我国内地香蕉主要出口到俄罗斯和东南亚地区，对中国香港、日本和中国澳门三地的出口量占中国内地总出口量的近 44.37%（表 17-9），另外，俄罗斯也是我国香蕉的重要出口地区之一。

表 17-9　2007 年我国内地香蕉出口流向统计表

项　目	朝　鲜	中国香港	日　本	中国澳门	蒙　古	俄罗斯
出口量/吨	11.7	6 006.14	2 249.946	1 006.345	375.00	10 656.069
占总出口比例/%	0.06	28.77	10.78	4.82	1.80	51.04

资料来源：根据《中国海关统计年鉴》（2007）整理而得

我国香蕉进口主要来自菲律宾、越南和厄瓜多尔（表 17-10），菲律宾是我国香蕉最大的进口来源地，占我国香蕉总进口量的 91.53%，越南占 3.00%，厄瓜多尔占近 1.26%，三国合计共占我国香蕉进口量的 95.79%。

表 17-10　2007 年我国香蕉进口来源统计表

项　目	菲律宾	越南	哥伦比亚	哥斯达黎加	厄瓜多尔
进口量/吨	303 763.641	9 969.068	—	—	4 189.731
占总进口量的比例/%	91.53	3.00	—	—	1.26

资料来源：根据《中国海关统计年鉴》（2007）整理而得

　　由以上分析可以看出，我国是香蕉净进口国，且逆差额巨大，说明我国国内对香蕉消费需求较大，而国内香蕉供给严重不足。我国香蕉的进口地和出口地都有高度集中的特点，在香蕉出口中，俄罗斯一个国家占总出口量的近 51.04%，在进口中，对菲律宾的进口占总进口量的比例高达 91.53%。

　　（2）进出口长期趋势分析

　　长期以来，我国香蕉总出口量呈现不断下降的趋势（图 17-11），同时我国香蕉的总产量却在不断提高（图 17-1），导致出口量占产量的比例（出口率）呈现更迅速的下降趋势（图 17-12）。

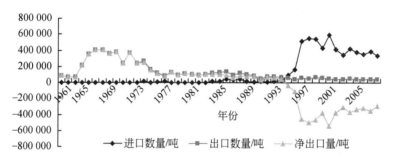

图 17-11　我国香蕉进出口变化趋势

资料来源：根据 FAO 数据整理得到

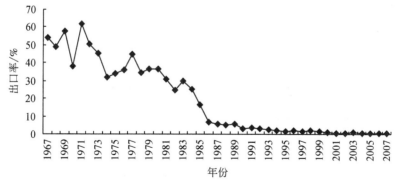

图 17-12　我国香蕉出口率变化趋势

资料来源：根据 FAO 数据整理得到

而同一期间，我国香蕉进口量却在不断增加（图 17-11），特别是在 1991 ~ 1997 年进口增加幅度最大，进口量由 1991 年的 0.932 万吨跃升到了 1997 年的 54.7 万吨，经过 1998 年和 1999 年的微幅下调后又于 2000 年达到了 59.3 万吨，不过 2007 年又降为 33.2 万吨。在出口量和进口量变化的共同作用下，我国香蕉的净出口也逐年不断下降，在 1994 年由香蕉净出口国一下子变为香蕉净进口国，且净进口量总体上也在不断增加。

综合以上分析可以得出结论，1961 ~ 2007 年，我国香蕉产量在不断增加，同时香蕉出口量在不断下降，而进口量却在增加，说明我国香蕉消费量在不断增加，且可以预测，随着我国经济的不断发展和人们生活水平的不断提高，对香蕉的需求量仍将增加。另外，对国内香蕉产业来说，近期内应把销售重点放在国内，靠国内市场占有率的提高不断增强自身的市场竞争力。

17.3.3 我国菠萝进出口贸易分析

（1）进出口现状分析

2007 年我国共有四种菠萝产品参与国际贸易，其中，鲜（干）菠萝出口 3716.16 吨，进口 8890.59 吨，净进口 5174.43 吨；菠萝罐头出口 80 864.656 吨，进口 2957.852 吨，净出口 77 906.804 吨；菠萝汁出口 2563.199 吨，进口 155.819 吨，净出口 2407.38 吨；未列名制作或者保藏的菠萝出口 35.307 吨，进口 44.081 吨，净进口 8.774 吨（表 17-8）。

2007 年我国鲜（干）菠萝最大的出口地是俄罗斯（表 17-11），共向其出口 1603.9 吨，占总出口量的 43.16%，其次是中国香港，该年共向其出口 1042.937 吨，所占比例为 28.06%，我国鲜（干）菠萝的第三大出口地是日本，出口量 167.901 吨，占我国该产品总出口量的 4.52%。对这三个国家和地区的出口量达到了我国该产品总出口量的 75.74%。我国鲜（干）菠萝进口主要来自菲律宾（表 17-12），进口 8773.795 吨，占该年总进口量的 98.69%。

表 17-11　2007 年菠萝（鲜或干）出口流向统计表

项　目	中国香港	日　本	中国澳门	吉尔吉斯	俄罗斯
出口量/吨	1 042.937	167.901	97.6	64.350	1 603.9
占总出口比例/%	28.06	4.52	2.63	1.73	43.16

资料来源：根据《中国海关统计年鉴》（2007）整理而得

表 17-12　2007 年菠萝（鲜或干）进口来源地统计表

项　目	缅甸	泰国	中国台湾	意大利	菲律宾
进口量/吨	—	22.919	93.332	—	8 773.795
占总进口比例/%	—	0.26	1.05	—	98.69

资料来源：根据《中国海关统计年鉴》（2007）整理而得

2007 年我国菠萝罐头出口分布（表 17-13）较广泛，分布也相对较均匀。较大的出口国是德国、英国、阿拉伯联合酋长国。其中，向德国出口 6284.266 吨，占总出口量的 7.77%，向英国出口 6077.252 吨，占总出口的比例为 7.52%，向阿拉伯联合酋长国出口 3930.928 吨，所占份额为 4.86%。2007 年中国香港也是中国内地较重要的菠萝罐头出口地，该年度向其出口量达 1942.978 吨，占总出口比例为 2.40%。我国菠萝罐头进口来源地（表 17-14）主要是菲律宾、泰国和日本，从菲律宾进口了 1467.635 吨，占总进口比例为 49.62%，从泰国进口 1007.128 吨，占该产品该年度总进口量 34.05%，从日本进口量为 390.72 吨，是总进口量的 13.21%。

表 17-13　2007 年菠萝罐头出口流向统计表

项　目	中国香港	以色列	科威特	巴基斯坦	阿拉伯联合酋长国	摩洛哥	英　国	德　国	法　国
出口量/吨	1 942.978	870.304	137.017	17.69	3 930.928	36.72	6 077.252	6 284.266	810.372
占总出口比例/%	2.40	1.08	0.17	0.02	4.86	0.05	7.52	7.77	1.00

资料来源：根据《中国海关统计年鉴》（2007）整理而得

表 17-14　2007 年菠萝罐头进口来源地统计表

项　目	日　本	菲律宾	泰　国	美　国
进口量/吨	390.72	1 467.635	1 007.128	2.24
占总进口比例/%	13.21	49.62	34.05	0.08

资料来源：根据《中国海关统计年鉴》（2007）整理而得

2007 年我国最大的菠萝汁出口地是哈萨克斯坦（表 17-15），向其出口了 3783.298 吨，占我国菠萝汁总出口量的 49.506%，其次是对荷兰的出口，占总出口比例是 10.48%，出口量是 800.900 吨。美国和德国也是较大的出口国，出口数量都在 400 多吨。2007 年我国菠萝汁重要的进口来源地是菲律宾和泰国（表 17-16），其中从菲律宾进口最多，占总进口量的 40.12%，进口量 134.985 吨。泰国是我国该年度第二大菠萝汁进口来源地，进口量是 65.634 吨，所占比例为 19.51%。澳大利亚是我国菠萝汁的另一个较大的进口来源地，从其进口了 26.5 吨，占总进口比例是 7.87%。

表 17-15　2007 年菠萝汁出口流向统计表

项　目	德　国	荷　兰	哈萨克斯坦	俄罗斯	美　国
出口量/吨	441.825	800.900	3 783.298	207.870	482.830
占总出口量的比例/%	5.781	10.48	49.506	2.72	6.318

资料来源：根据《中国海关统计年鉴》（2007）整理而得

表 17-16　2007 年菠萝汁进口来源地统计表

项　目	日　本	菲律宾	泰　国	德　国	西班牙	加拿大	澳大利亚
进口量/吨	4.504	134.985	65.634	0.786	8.222	25.060	26.483
占总进口比例/%	1.338 7	40.121 9	19.508 6	0.233 6	2.443 8	7.448 6	7.871 6

资料来源：根据《中国海关统计年鉴》（2007）整理而得

　　由以上分析可以看出，2007 年我国是菠萝罐头和菠萝汁的净出口国，且出口流向分布较为广泛，对亚洲、欧美市场都有相当的出口量。这也从一个侧面反映了我国菠萝制品在国际市场具有一定的竞争能力。由以上的统计资料可以看出，除了鲜（干）菠萝外，对东南亚市场出口相当有限，特别是日本和新加坡。在今后的菠萝国际市场营销中，要进一步开拓欧美市场，巩固已有的市场份额，同时注意对中国香港、日本和新加坡市场的开发。

　　（2）进出口长期趋势分析

　　总体来说我国长期以来是菠萝及其制品的净出口国，只有少数年份净出口值是负值（表 17-17），对菠萝和罐装菠萝净出口量都有先下降后上升的趋势，特别是罐装菠萝波动更加明显。而菠萝汁的净出口量总体上在不断增加。

表 17-17　我国菠萝及其制品净出口变化表

年　份	鲜（干）菠萝/吨	罐装菠萝/吨	普通菠萝汁/吨	年　份	鲜（干）菠萝/吨	罐装菠萝/吨	普通菠萝汁/吨
1986	6 624	22 119	92	2002	351	4 448	393
1990	5 183	25 250	251	2003	124	4 306	638
1995	507	− 3 141	− 65	2004	71	5 176	745.5
2000	906	12 454	605	2005	331.5	5 777	280
2001	907	18 293	1 200	2006	2 357	5 972	350

资料来源：根据 FAO 数据库计算得到

　　就总出口量变化而言，菠萝出口在 1972 年后有逐年下降的趋势（图 17-13），而罐装菠萝出口变化较大，几经波折后总的在增加，菠萝汁出口中间有下降但总体上在上升（图 17-14）。

　　在 1986 年以前我国几乎没有菠萝及其制品的进口，但在此后菠萝及其制品的进口开始不断增加（图 17-13 和图 17-14），特别是罐装菠萝的进口呈现较快的增加趋势，而菠萝的进口量在 1997 年和 1998 年出现进口高峰后呈现下降趋势，而菠萝汁的进口量增长相对平缓。

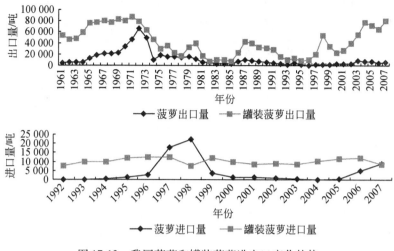

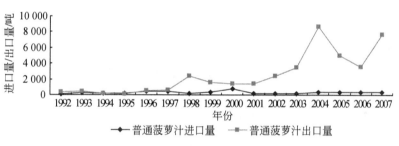

图 17-13　我国菠萝和罐装菠萝进出口变化趋势

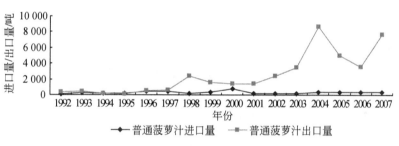

图 17-14　我国普通菠萝汁进出口变化趋势

资料来源：FAO 数据库

17.3.4　我国荔枝进出口贸易分析

（1）进出口现状分析

2007 年鲜荔枝出口 12 705.39 吨，出口金额 969 万美元，进口 3470.26 吨，进口金额 300.9 万美元，净出口 9235.13 吨。出口荔枝罐头 21 430.842 吨，进口 92.391 吨，净出口 21 338.451 吨。显然我国是鲜荔枝和荔枝罐头净出口国。

表 17-22 是我国 2007 年鲜荔枝出口地区分布统计表，该表显示，中国香港是我国内地最大鲜荔枝出口地，对中国香港的出口占该年度我国内地总出口量的 43.07%。其次是美国，对其出口了 2964.419 吨，占总出口的比例为 23.33%。第三大出口地是马来西亚，对其出口量 1687.136 吨。新加坡是我国荔枝的另外一个重要出口地。我国鲜荔枝主要进口来源地是泰国，2001 年从泰国进口了

3407.625 吨，占总进口量的 98.2%。另外从越南进口了 58.163 吨，占总进口量的比例为 1.68%。

表 17-18　2007 年新鲜荔枝出口流向统计表

项　目	中国香港	印度尼西亚	日　本	中国澳门	马来西亚	新加坡	美　国
出口量/吨	5 472.031	388.972	440.236	239.730	1 687.136	796.570	2 964.419
占总出口量的比例/%	43.068	3.061	3.465	1.886	13.278	6.269	23.332

资料来源：根据《中国海关统计年鉴》（2007）整理而得

　　我国荔枝罐头主要出口（表 17-19）到了马来西亚，法国、荷兰、德国、英国、印度尼西亚和美国等国，其中对马来西亚出口最多，出口量 6998.152 吨，占总出口量的 32.65%，欧洲是我国荔枝另一主要出口地区，法国、德国、荷兰、英国都有相当的出口量。该统计结果表明，我国荔枝罐头出口分布较广，亚洲、欧洲和北美都有出口。也说明荔枝罐头受到世界多数国家消费者的喜爱。因此出口前景比较乐观。

表 17-19　2007 年荔枝罐头出口流向统计表

项　目	文　莱	中国香港	印度尼西亚	以色列	日　本	马来西亚	菲律宾	新加坡
出口量/吨	95.257	176.855	687.511	364.902	73.896	6 998.152	483.843	81.458
占总出口量的比例/%	0.444	0.825	3.208	1.702	0.344	32.654	2.257	0.38
项　目	韩　国	南　非	比利时	英　国	德　国	法　国	意大利	荷　兰
出口量/吨	102.864	216.196	553.135	609.619	1 900.780	3 237.222	160.801	2 535.296
占总出口量的比例/%	0.479 9	1.008	2.581	2.844	8.869	15.105	0.750	11.830
项　目	西班牙	奥地利	阿根廷	美　国	澳大利亚	新西兰		
出口量/吨	346.590	437.397	1.361	764.411	599.743	22.453		
占总出口量的比例/%	1.617	2.040	0.006	3.566	2.798	0.104		

资料来源：根据《中国海关统计年鉴》（2007）整理而得

　　相对出口量而言，2007 年我国荔枝罐头进口较少，进口来源地主要是泰国，对泰国的进口量为 27.12 吨，占我国该产品总进口量的 98%。

（2）出口长期趋势分析

我国鲜荔枝出口除了 1999 年较多为，其他年份出口量都相对稳定在 3400 吨上下（图 17-15），而进口量在 1998 年后有上升趋势。荔枝罐头的出口总体呈现不断上升的趋势（图 17-16），而进口则不断下降。说明我国国内消费者荔枝消费以鲜荔枝为主，可以预测随着人们生活水平提高，对鲜荔枝需求仍将不断增加。

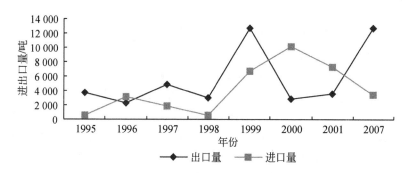

图 17-15　我国鲜荔枝进出口量变化趋势

资料来源：2001 年的数据来自《中国海关统计年鉴》，其他数据来自易干军等（2002）

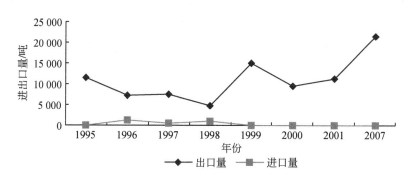

图 17-16　我国荔枝罐头进出口量变化趋势

资料来源：同上图

17.4　结论与讨论

17.4.1　尽管香蕉产量增长较快，当前及今后我国仍然是香蕉净进口国

我国香蕉生产已经取得了很大进步，1997 年后产量飞跃发展。我国香蕉是靠种植面积的不断扩大来提高总产量的，广东、广西、海南和福建是最主要的香蕉产地。我国是世界香蕉主产国之一，香蕉生产的国际地位在 1985 年后在不断

提高，单位面积产量长期以来都比世界单位面积产量高。在 1994 年我国由香蕉净出口国变为香蕉净进口国，且净进口量总体上也在不断增加，说明我国香蕉消费量在不断增加，随着我国经济的不断发展和人们生活水平的不断提高，对香蕉的需求量仍将增加。

17.4.2 菠萝生产的地位在不断提高，菠萝加工品出口潜力较大

我国菠萝生产在种植面积和总产量上都取得了长足发展，我国菠萝总产量的提高也不是主要来自单位生产面积产出率的提高，而是靠种植面积的不断扩大来提高总产量的。广东和海南是我国菠萝生产的最重要的地区，两地区 2007 年菠萝产量占全国产量的 85%。我国菠萝总产量占世界总产量的比例在 1982 年后总体上呈现不断上升的态势，说明我国菠萝生产在世界菠萝生产中的地位在不断提高。我国长期以来是菠萝及其制品的净出口国，菠萝汁的净出口量总体上在不断增加。罐装菠萝的进口呈现较快的增加趋势，而菠萝的进口量在 1997 年和 1998 年出现进口高峰后呈现下降趋势，而菠萝汁的进口量增长相对平缓。2007 年我国内地鲜（干）菠萝最大的出口目的地是俄罗斯，其次是中国香港。我国菠萝罐头出口分布相对较均匀。主要的出口地是德国、英国和阿拉伯联合酋长国。我国最大的菠萝汁出口地是哈萨克斯坦。除了菠萝（鲜或干）外，对东南亚市场出口相当有限，特别是日本和新加坡。在今后的菠萝国际市场营销中，要进一步开拓欧美市场，巩固已有的市场份额，同时注意对中国香港、日本和新加坡市场的开发。

17.4.3 荔枝生产发展快速，国内消费以鲜荔枝为主，鲜果和加工品出口潜力大

近几年我国荔枝生产快速发展，种植总面积在 1991 年后逐年提高，就种植面积而言已跃居我国第四大水果。广东是荔枝原产地之一，也是我国最主要的荔枝产区。我国是鲜荔枝净进口国，同时是荔枝罐头净出口国。近年来，我国鲜荔枝和荔枝罐头的出口总体呈现不断上升的趋势，进口则不断下降。中国香港是我国内地最大鲜荔枝出口地，其次是美国和马来西亚。鲜荔枝进口主要来源地是泰国。荔枝罐头主要出口到了马来西亚，法国、荷兰、德国、美国、印度尼西亚、英国和澳大利亚等国，其中对马来西亚出口最多。我国国内荔枝消费以鲜荔枝为主，可以预测随着人们生活水平提高，对鲜荔枝需求仍将不断增加。

第18章
中国主要热带水果的
国际竞争分析

评价国际竞争力的方法和指标很多，用进出口绩效构造的评价国际竞争力的方法得到了国内外学者广泛应用。本章选取净出口竞争力指数（NTB）、国际市场占有率（MS）和显示性比较优势指数（RCA）三个指标对我国四种主要热带水果的国际竞争力进行了测定和国际比较，并对它们各自的国际竞争力逐一进行了详细的论证，最后给出了分析结论。

18.1　中国主要热带水果国际竞争力评价指标的选择

18.1.1　国际竞争力评价指标的选择

我们选用出口绩效分析法对我国热带水果的国际竞争力进行实证分析，具体的指标主要是三个：净出口竞争力指数、国际市场占有率和显示性比较优势指数。下面将对选定的三个评价指标进行具体的分析说明。

18.1.2　选定评价指标说明

（1）净出口竞争力指数和国际市场占有率

详见第二部分第11章。

（2）显示性比较优势系数

在国际贸易理论与实证研究中通常引入"显示性比较优势系数"（revealed comparative advantage，RCA）衡量比较优势和产品的国际竞争力，该指数定义为：i 国 k 产品贸易量占 i 国贸易总量比例与世界 k 产品贸易量占世界总贸易量比例之比。

显示性比较优势指数的公式为

$$RCA = (X_{ik}/X_i)/(X_k/X)$$

式中，RCA 代表显示性比较优势指数；X_{ik} 代表 i 国家的 k 产品的出口量；X_i 代表 i 国家的总出口量；X_k 代表世界 K 产品的总出口量；X 代表世界总出口量。

这一指标反映了一个国家某一产品的出口于世界平均出口水平的相对优势，剔除了国家总量和世界总量波动的影响，较好地反映了该产品的相对优势，因此自 20 世纪 80 年代开始进行国际竞争力比较以来被广泛应用（张金昌，2001）。

RCA 反映了一国某产品出口贸易的强度和专业化优势。如果 RCA 大于 1，则 i 国家在 k 产品生产和出口方面具有竞争力；如果 RCA 小于 1，则没有竞争力。从动态观点看，该指数上升，则 i 国家的 k 产品具有比较优势；该指数下降，则 i 国家的 k 产品的动态比较劣势扩大。一般认为，若 RCA 指数大于 2.5，表明该国该产品具有极强的国际竞争力；若 RCA 指数小于 2.5 而大于 1.25，表明该国该商品具有较强的国际竞争力；若 RCA 指数小于 0.8，则表明该商品的国际竞争力较弱（王永、江耀生、张怀胜，2001）。

18.2 主要热带水果国际竞争力国内外比较

18.2.1 香蕉

近年来世界香蕉供过于求，国际市场竞争日趋激烈。在国际香蕉市场上，我国香蕉几乎没有竞争力，与主要香蕉出口大国相比，我国香蕉的国际竞争力微乎其微。

表 18-1 是我国香蕉与世界主要香蕉出口国国际竞争力对比表，无论从 NTB 还是从 MS 来看，我国香蕉都表现出很弱的国际竞争力。在所选的六个国家中，只有中国的净出口竞争力指数是负，且达到了 −0.784 左右，而其他国家的净出口竞争力指数都在 0.9 以上，说明中国香蕉已经没有了比较优势。在看国际市场占有率，在所选的六个国家中，中国香蕉的国际市场占有率最低，仅为 0.226%，与香蕉出口大国相比几乎可以忽略不计。

表 18-1 2007 年主要香蕉出口国香蕉国际竞争力对比表

国　家	MS/%	RCA	NTB1	NTB2
中　国	0.226	0.030	−0.784	−0.653
厄瓜多尔	29.290	172.865	1	1
菲律宾	10.154	32.770	0.999	0.999
哥伦比亚	9.282	34.237	0.992	0.998
哥斯达黎加	12.862	139.681	0.978	0.998
巴　西	1.051	0.532	0.999	0.999

注：NTB1 是按进出口量计算，NTB2 是按进出口金额计算

表 18-2 是主要香蕉出口国香蕉 RCA 变化趋势对比表。在所分析的时间期内，只有在 1982 年中国香蕉的 RCA 大于 1，其余年份都小于 1。与其他国家相比，只有在个别年份中国的 RCA 比巴西略大之外，其他年份都是所比较的六个国家中最小的。

表 18-2　主要香蕉出口国香蕉 RCA 变化趋势对比表

年　份	厄瓜多尔	中　国	菲律宾	哥伦比亚	哥斯达黎加	巴　西
1981	130.898 2	0.813 6	29.598 0	56.533 7	304.388 9	0.746 7
1985	79.846 6	0.928 9	30.516 7	54.724 2	260.605 1	0.807 0
1990	216.786 4	0.290 4	23.307 9	60.285 8	279.737 7	0.354 6
1995	205.265 3	0.137 6	14.149 4	48.519 4	215.026 7	0.092 3
2000	243.896 2	0.123 4	10.881 8	54.384 5	141.122 8	0.336 0
2001	255.838 9	0.076 8	13.062 8	47.532 5	146.234 1	0.395 2
2002	279.794 9	0.061 346	12.715 65	51.001 24	140.652 6	0.835 786
2003	288.732 1	0.072 003	14.464 4	47.736 83	146.950 2	0.660 466
2004	234.042 2	0.039 527	15.044 66	43.502 82	158.461 8	0.511 758
2005	198.605 2	0.034 272	15.044 66	40.251 81	126.218	0.511 076
2006	194.109 5	0.039 822	19.131 92	41.236 9	160.968 1	0.582 182
2007	172.865 8	0.030 759	17.980 82	34.237 73	139.681 1	0.532 498

资料来源：根据 FAO 数据库计算得出

18.2.2　菠萝

表 18-3 是我国罐装菠萝国际竞争力与主要出口国家对比表，该表显示，2007 年我国罐装菠萝的 NTB 大于 0，且按照进出口量计算的 NTB 大于 0.5，说明我国罐装菠萝有一定比较优势。但是与其他国家比较可以发现，特别是与菠萝生产大国相比这种比较优势又显得相对较弱。按国际市场占有率来看，我国罐装菠萝处于所比较国家序列中的中等稍微偏上水平。在计算 NTB 时，由于有的国家的进口量很小，导致计算出的 NTB 较高，所以竞争力有高估的现象，所以结合两种指标可以认为我国罐装菠萝是有一定国际竞争力的，事实上按照我国 2007 年海关统计数据计算的我国的菠萝罐头的 NTB 达到了 0.812 以上。

表 18-3　2007 年主要罐装菠萝出口国罐装菠萝国际竞争力对比表

罐装菠萝	进口量/吨	进口金额/万美元	出口量/吨	出口金额/万美元	NTB1	NTB2	MS/%
中　国	8 369	681.6	80 959	4 691.1	0.812 623 1	0.746 272 8	5.390 229
泰　国	599	42.0	568 416	42 065.6	0.997 894 6	0.998 005 1	48.334 76
菲律宾	184	18.1	198 459	12 455.2	0.998 147 4	0.997 097 8	14.311 44
印度尼西亚	28	3.3	91 092	5 798.9	0.999 385 4	0.998 862 5	6.663 128
南　非	786	48.1	5 773	477.6	0.760 329 3	0.817 005 9	0.548 778
越　南	—	—	16 165	686.3	1	1	0.788 581
巴　西	113	7.3	92	16.3	-0.102 439 0	0.381 355 9	0.018 729
马来西亚	485	31.9	22 275	1 369.9	0.957 381 4	0.954 487 1	1.574 06

资料来源：FAO 数据库

　　表 18-4 是主要罐装菠萝出口国罐装菠萝的 RCA 变化对比表，该表显示的信息与表 18-3 基本是吻合的，即与其他国家相比我国罐装菠萝大多数年份没有很强的显示性比较优势（关于我国罐装菠萝将在后面详细分析），菲律宾、泰国、科特迪瓦和南非的罐装菠萝有很强的显示性比较优势，四国平均的 RCA 分别为 54.3、52.8、7.68 和 4.98，而中国的仅为 0.66，只比巴西略高。

表 18-4　主要罐装菠萝出口国罐装菠萝 RCA 变化趋势对比表

年　份	菲律宾	巴　西	中　国	科特迪瓦	泰　国	南　非
1981	85.627	0.441	1.497	66.498	73.855	7.609
1985	103.867	0.526	0.432	28.201	92.162	2.951
1990	70.500	0.114	1.677	0.696 922	61.151	5.144
1995	41.624	0.084	0.154	0.276 387	37.081	5.497
2000	28.106	0.227	0.309	1.379 932	38.549	5.932
2001	33.167	0.172	0.350	1.424 326	39.078	4.431
2002	25.133	0.096	0.453	0.164 605	38.046	5.821
2002	25.967	0.163	0.503	0.068 541	41.274	4.407
2003	29.022	0.116	0.615	0.037 503	41.261	4.459
2004	38.917	0.035	0.492	0.012 292	38.237	3.047
2005	36.469	0.014	0.408	0.679 173	41.866	2.099
2006	39.699	0.016	0.514	0.776 181	44.487	1.100
2007	25.133	0.096	0.453	0.164 605	38.046	5.821

资料来源：根据 FAO 数据库计算得到

表 18-4 反映了这四个国家罐装菠萝显示性比较优势的变化情况，总体来说，四国的罐装菠萝的 RCA 都有明显的波动，其中的原因是多方面的，首先是各国的经济结构的不断改变导致了进出口结构的变化，使农产品出口在整个国家出口商品的中的比例不断下降，且下降的比率明显大于世界平均的比例，必然导致 RCA 的不断下降。

表 18-5 是主要菠萝汁出口国的菠萝汁国际竞争力对比情况，该表中我国的数据比用海关统计的数据计算的结果小，但是该结果依然有一定的说服力，数据显示，在所选定的国家中，我国菠萝汁无论 NTB 还是 MS 都是较小的，但是 NTB 大于 0，结合用海关的统计数据计算出的结果我们可以认为我国菠萝汁有一定的比较优势，但是国际竞争力相对其他国家较弱。

表 18-5　2007 年主要菠萝汁出口国菠萝汁国际竞争力对比表

国家	进口量	进口金额	出口量	出口金额	NTB1	NTB2	MS1/%	MS2/%
中　国	878	937	7 766	5 365	0.796 853 3	0.702 634 1	1.190 147 8	2.556 291 1
泰　国	20	31	135 752	123 247	0.999 705 4	0.999 497 1	20.804 139	1.041 068 8
菲律宾	2 047	1 123	185 708	66 278	0.978 195	0.966 677 1	28.459 949	24.818 814
印度尼西亚	127	144	18 547	13 277	0.986 398 2	0.978 541 1	2.842 347 6	0
南　非	1 032	1 101	15 281	12 877	0.873 475 1	0.842 466 7	2.341 829 6	0.169 173 7
越　南	0	0	3 901	1 505	1	1	0.597 832 4	1.301 669 7
墨西哥	1 317	2 114	2 871	1 957	0.371 060 2	-0.038 565	0.439 983 8	0.957 983 5
巴　西	63	101	7 960	7 353	0.984 295 2	0.972 900 5	1.219 878 5	0.799 153 8
马来西亚	324	315	536	434	0.246 511 6	0.158 878 5	0.082 142 6	0
哥斯达黎加	583	368	59 763	39 884	0.980 678 1	0.981 715 2	9.158 743 6	10.895 186
洪都拉斯	835	513	5 504	3 373	0.736 551 5	0.735 975 3	0.843 493 9	0.240 246 7

注：①进出口量单位为吨，进出口金额单位为千美元。②NTB1 是按进出口量计算，NTB2 是按进出口金额计算。③MS1 是按普通菠萝汁加浓缩菠萝汁量计算，MS2 是按普通菠萝汁计算。④中国、印度尼西亚、越南三国的数据是由普通菠萝汁加浓缩菠萝汁量计算得到，其他国家为普通菠萝汁进出口量

资料来源：FAO 数据库

表 18-6 是菠萝汁 RCA 变化趋势对比图，可以看出，菲律宾、南非、泰国和科特迪瓦的菠萝汁都有很强的显示性比较优势，而西班牙和中国的菠萝汁却没有显示性比较优势，尤其是我国，最高时也仅为 0.229。同样，各国菠萝汁 RCA 总体上也有不断下降的趋势，近年菲律宾有回升趋势。其中的原因与上面的分析是一样的，这里（后面）不在作重复的分析。

表 18-6   主要菠萝汁出口国菠萝汁 RCA 变化趋势对比表

年　份	菲律宾	南　非	泰　国	西班牙	科特迪瓦	中　国
1981	46.494	7.391	44.664	0.571	36.202	0
1985	35.621	7.980	39.300	0.391	17.944	0
1990	18.864	8.695	60.319	0.419	14.553	0.037
1995	13.952	5.588	39.670	0.622	6.652	0.005
2000	31.157	4.786	32.615	0.935	5.525	0.067
2001	35.726	4.292	28.371	0.863	5.167	0.076
2002	22.480	3.127	27.650	0.959	6.519	0.107
2003	41.513	4.022	26.068	0.635	5.628	0.107
2004	23.419	5.051	23.822	0.868	6.240	0.229
2005	39.606	5.615	21.645	0.699	2.005	0.116
2006	36.649	5.317	26.242	0.695	2.474	0.069
2007	37.188	5.225	22.945	0.737	2.999	0.103

资料来源：根据 FAO 数据库计算得到

表 18-7 反映了 2007 年我国与主要菠萝出口国菠萝国际竞争力比较情况，如前所述，由于我国菠萝进口数量较大，直接导致计算出的 NTB 偏小，说明我国菠萝没有比较优势。我国菠萝的国际市场占有率也很低，结合国际市场占有率的比较结果，可以认为我国菠萝有较弱的或者潜在的国际竞争力，还应积极鼓励菠萝产业的发展，满足国内市场的需求，同时要扩大向国际市场的出口。

表 18-7   2007 年主要菠萝出口国菠萝国际竞争力对比表

国　家	进口量/吨	进口金额/万美元	出口量/吨	出口金额/万美元	NTB1	NTB2	MS/%
中　国	8 935	476.5	4 944	245.6	-0.29	-0.32	0.17
南　非	104	18.5	3 953	403.2	0.949	0.912	0.14
印度尼西亚	189	12.0	473	36.1	0.429	0.501	0.02
墨西哥	192	32.4	32 256	1 284.5	0.988	0.951	1.14
多米尼亚	118	13.8	390	23.7	0.535	0.264	0.01
巴　西	1	0.4	36 764	1 763.4	1	1	1.3
泰　国	12	3.2	12 563	588.5	0.998	0.989	0.44
洪都拉斯	314	7.7	52 965	2 036.1	0.988	0.992	1.87
科特迪瓦	0	0.1	96 558	3872.2	1	1	3.42
菲律宾	0	0	270 054	14 780.7	1	1	9.55
马来西亚	935	20.8	19 713	418.8	0.909	0.905	0.7

注：NTB1 是按进出口量计算，NTB2 是按进出口金额计算

资料来源：FAO 数据库

表 18-8 是菠萝 RCA 变化趋势的国际比较。从该表可以看出，科特迪瓦的（鲜或干）菠萝一直是最有显示性比较优势的，历年的 RCA 都是在所比较的国家中最高的，其次是菲律宾和巴西。中国菠萝在 1989 年以前的 RCA 基本都是大于 1 的，但随后 RCA 越来越小，已经没有了显示性比较优势。各国菠萝的 RCA 变化也都有不断下降的趋势。

表 18-8　主要菠萝出口国菠萝 RCA 变化趋势对比表

年　份	中　国	泰　国	科特迪瓦	巴　西	菲律宾	墨西哥	美　国
1981	3. 329 418	0. 046 355	328. 854 8	4. 869 365	54. 253 82	2. 061 513	0
1985	1. 047 491	6. 076 328	302. 894 3	2. 804 76	61. 988 35	0. 526 591	0
1990	0. 406 467	0. 169 593	276. 802 4	1. 870 161	53. 977 53	0. 723 02	0. 436 068
1995	0. 051 781	0. 082 855	191. 203 9	1. 385 837	24. 267 55	0. 574 054	0. 268 196
2000	0. 044 636	0. 391 867	189. 835 3	1. 171 576	9. 810 106	1. 500 894	0. 564 722
2001	0. 045 484	0. 291 416	173. 491 9	0. 717 147	10. 280 05	1. 643 524	0. 548 483
2002	0. 021 482 4	0. 165 559 2	87. 446 75	0. 307 953 8	8. 398 530 1	1. 064 005 7	0. 608 218 7
2003	0. 037 048	0. 151 948	84. 600 01	0. 363 45	9. 596 211	0. 849 664	0. 696 915
2004	0. 028 53	0. 241 48	71. 172 52	0. 549 942	9. 066 589	0. 931 736	0. 732 161
2005	0. 020 89	0. 097 488	55. 207 06	0. 434 334	24. 142 42	0. 795 283	0. 760 29
2006	0. 017 845	0. 144 53	75. 622 46	0. 458 6	23. 614 82	0. 733 538	0. 138 652
2007	0. 015 17	0. 350 205	41. 349 09	0. 993 509	26. 509 12	0. 427 71	0. 689 263

资料来源：根据 FAO 数据库计算得到

18.2.3　荔枝

由于荔枝的栽培对地理气候条件要求非常严格，世界上适宜栽培的地域十分狭小。目前世界上荔枝进行商业栽培的国家仅有中国、印度、泰国、南非、越南等少数国家。

然而在国际市场上我国荔枝已经受到了不容忽视的竞争压力，特别是泰国、越南的荔枝的国际竞争力对我国荔枝出口构成了不小的威胁。

越南生产的荔枝等热带水果具有成熟期较中国早且应市时间长的特点。越南的荔枝干更是以其低廉的价格优势进入国际市场（李新明，2002）。

18.3 中国主要热带水果国际竞争力分析

18.3.1 总体现状分析

我们利用中国海关的统计数据计算出了我国 2007 年四种主要热带水果及其加工品的 NTB（表 18-9）。

表 18-9 2007 年主要热带水果及其加工品净出口竞争力指数

项 目	NTB1	NTB2	NTB3	RCA
香蕉（干或鲜）	− 0.881 63	− 0.885 11	− 0.784 71	0.015 17
菠萝（干或鲜）	− 0.410 45	− 0.507 74	− 0.287 56	0.514 962
荔 枝	0.570 928	0.526 104	—	—
菠萝罐头*	0.929 426	0.917 56	0.812 623	0.103 675
荔枝罐头	0.991 415	0.989 602	—	—
菠萝汁	0.885 386	0.754 452	0.796 853	0.704 016

 * 在 RCA 和 NTB3 中的相应数据是指罐装菠萝的数据，与我国海关统计中的菠萝罐头可能有差别

 注：①NTB1 按海关统计进出口量计算，NTB2 按海关统计进出口额计算。②NTB3 和 RCA 按 FAO 统计数据计算

表 18-9 显示，2007 年我国荔枝罐头、菠萝罐头具有很强的比较优势，其 NTB1 或 NTB2 均达到了 0.91 以上。菠萝汁也相对有一定的比较优势，三个净出口竞争力指数都达到了 0.75 以上，在这几种产品中其显示性比较优势指数最高，说明显示性比较优势强劲。鲜荔枝表现为中性竞争力，其净出口竞争力指数为 0.5 左右。菠萝（鲜或干）的净出口竞争力指数为 − 0.410 45，为缺乏国际竞争力。这些评价指标是根据事后的进出口指标计算出的结果得出的，对这些品种可能并不适用，例如，荔枝及其加工品，尽管我国产量很大，但是国内需求相对产量来说更大，需要大量进口来满足国内需求，必然导致净出口竞争力指数为负且接近 −1。事实上荔枝是我国特有的热带水果，无论在品种资源还是栽培规模都有一定的比较优势（见后面的详细分析）。

18.3.2 我国香蕉国际竞争力实证分析

表 18-10 是我国香蕉的 RCA、NTB 和 MS 的变化过程。图 18-1 是三个指标变

化的图形，显示我国香蕉在 1992 年以前有很强的比较优势，NTB 基本都为 0.6 以上，在 1992～1994 年有微弱比较优势，NTB 开始下降，到 1995 年 NTB 变为负值，且继续下滑，说明已经完全没有了比较优势。

表 18-10　我国香蕉国际竞争力变化表

年　份	RCA	NTB	MS
1985	0.928 946	0.624 801	0.019 697
1990	0.290 351	0.772 936	0.006 355
1995	0.137 554	− 0.126 250	0.003 774
2000	0.123 425	− 0.673 360	0.003 536
2001	0.076 807	− 0.650 270	0.002 709
2002	0.061 346	− 0.795 249	0.025 017 648
2003	0.072 003	− 0.776 420	0.028 673 982
2004	0.039 527	− 0.803 250	0.025 259 921
2005	0.034 272	− 0.803 370	0.023 360 351
2006	0.039 822	− 0.816 710	0.024 348 249
2007	0.030 759	− 0.784 710	0.020 708 988

资料来源：根据 FAO 数据库计算得到

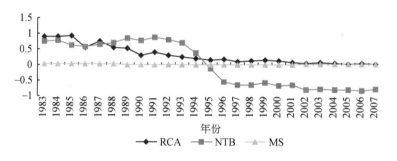

图 18-1　我国香蕉 RCA、NTB、MS 指数变化图

　　我国香蕉的国际市场占有率本来就很低，但仍然呈现不断下降的趋势，已经由 1983 年的 1.7% 下降到了 2007 年的 0.227% ，说明我国香蕉的国际竞争力在逐年下降。

　　我国香蕉总体上没有显示性比较优势，RCA 常年以来都小于 1，且也呈现逐年递减的趋势。

　　由以上分析可以看出，我国香蕉总体上没有显示性比较优势。且各项指标都表明我国香蕉的国际竞争力在逐年持续下降，如果姑且把 NTB 大于 0 看作有比较优势的话，那么从 1995 年后我国香蕉已经完全没有了比较优势，该年开始净出口竞争力指数下降为 0 以下，国际市场占有率也下降到了 0.5% 以下。

18.3.3　我国菠萝及其加工品国际竞争力实证分析

表 18-11 是我国菠萝及其加工品的 RCA 和 NTB 的变化趋势表，图 18-2 ~ 图 18-4 是这些指标的变化趋势图。

表 18-11　我国菠萝及其制品国际竞争力变化趋势表

年　份	罐装菠萝		菠萝		菠萝汁	
	RCA	NTB	RCA	NTB	RCA	NTB
1980	3.65	1	3.745	1	—	—
1985	0.43	1	1.047	1	—	—
1990	1.68	0.8	0.406	1	0.038	0.567
1995	0.15	−0.31	0.052	0.391	0.005	−0.213
2000	0.31	0.158	0.045	0.493	0.067	0.262
2001	0.35	0.287	0.045	0.616	0.077	0.778
2002	0.5	0.637	0.021	0.602	0.108	0.421
2003	0.62	0.731	0.037	0.944	0.108	0.464
2004	0.49	0.763	0.029	0.96	0.229	0.654
2005	0.41	0.724	0.021	0.818	0.116	0.704
2006	0.51	0.688	0.018	−0.05	0.069	0.541
2007	0.45	0.813	0.015	−0.29	0.104	0.797

注：菠萝汁数据是把浓缩菠萝汁和普通菠萝汁的数据相加得到的

资料来源：根据 FAO 数据库计算得到

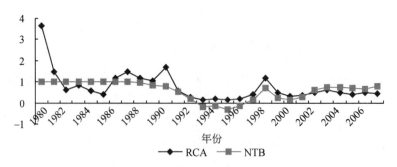

图 18-2　我国罐装菠萝 RCA、NTB 指数变化图

我国的罐装菠萝和鲜（干）菠萝都经历了有比较优势到比较劣势的变化过程。从 NTB 来看，我国菠萝及其加工品总体上具有比较优势，绝大多数年份我

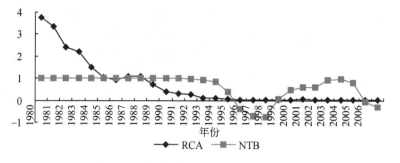

图 18-3 我国菠萝 RCA、NTB 指数变化图

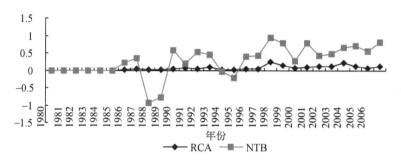

图 18-4 我国菠萝汁 RCA、NTB 指数变化图

国菠萝及其加工品的 NTB 都大于 0，其中罐装菠萝的 NTB 在 1991 年以前都大于 0.8，1993～1996 年下降为负值，随后又上升为正值，但是其值已经比先前变小，鲜或干菠萝的 NTB 变化过程与罐装菠萝基本相同，说明我国罐装菠萝和菠萝的比较优势总体上在下降。

我国罐装菠萝和菠萝在 1990 年以前 RCA 大于 1，之后下降到 1 以下，说明我国菠萝和罐装菠萝在 1990 年以前是有显示性比较优势的，之后转变为缺乏显示性比较优势。这种变化于 NTB 变化基本是一致的。

我国菠萝汁从 RCA 看总体上没有显示性比较优势，图 18-4 可以看出，我国菠萝汁的 RCA 总体上在上升，说明菠萝汁的显示性比较优势在由弱向强转变，同时显示我国菠萝汁出口竞争力经过了几次起伏，1997 年后基本维持在 0.5 左右，是相对具有竞争力的产品。

18.3.4 我国荔枝及其制品国际竞争力实证分析

我国南方地区地处热带、亚热带，光照充足、雨量充沛，而且雨热同季、干湿分明，具有发展荔枝生产的热带气候资源优势。在荔枝的生产方面，我国无论地域优势还是生产规模和品种资源，都是其他国家无法比拟的，因而发展荔枝具有很大的比较优势。

表 18-12 是我国新鲜荔枝净出口竞争力指数计算结果，该表显示总体上我国鲜荔枝有一定的比较优势，按进出口金额计算的 NTB 除了 2001 年、2004 年和 2005 年为负外，其他年份都大于 0。同时应该看到，我国鲜荔枝的出口竞争力指数从 1995 年不断下降，一方面说明我国鲜荔枝的国际竞争力正逐年减弱。另一方面原因是近几年我国荔枝进口量有大幅度提高。表 18-13 是我国荔枝罐头的净出口竞争力指数，按进出口金额计算的 NTB 都在 0.95 以上，说明我国荔枝罐头一直具有很强的国际竞争力。

表 18-12　我国鲜荔枝净出口竞争力指数（NTB）计算表

年　份	出口金额	出口量	进口金额	进口量	NTB1	NTB2
1995	683.18	3 711	31.14	569	0.734	0.913
2000	433.67	2 827	412.5	10 156	−0.565	0.025
2001	315.6	3 550.067	342.7	7 230.718	−0.341	−0.041
2004	571.8	9 652.769	657.5	5 455.583	0.277 806	−0.069 71
2005	752.0	10 033.166	7 326.5	143 374.875	−0.869 2	−0.813 83
2006	596.6	9 766.292	511.4	5 667.205	0.265 597	0.076 895
2007	969.0	12 705.390	300.9	3 470.260	0.570 928	0.526 104

注：①进出口金额单位为万美元，进出口数量单位为吨。②NTB1 为按进出口数量计算的结果，NTB2 为按进口金额计算的结果。③2001 年的数据来自中国海关统计年鉴，其他数据来自易干军等（2007）

表 18-13　我国荔枝罐头净出口竞争力指数计算表

年　份	出口金额	出口量	进口金额	进口量	NTB1	NTB2
1995	1 496.02	11 579	0.06	73	0.987 47	0.999 92
2000	707.49	9 432	0.86	16	0.996 613	0.997 572
2001	485.2	11 201.19	0.6	27.662	0.995 073	0.997 53
2004	1 170.2	19 483.666	—	—	—	—
2005	1 557.5	23 071.684	—	—	—	—
2006	1 820.8	21 908.566	—	—	—	—
2007	1 798.7	21 430.842	9.4	92.391	0.991 415	0.989 602

注：同表 18-12

18.4 结论与讨论

18.4.1 目前我国香蕉没有国际竞争力

我国香蕉的各项选定的国际竞争力指标长期以来一直呈现不断递减的趋势，RCA 历年都小于 1，且逐年下降，NTB 由最高时的 0.88 下降到了 -0.78，本来就很低的国际市场占有率连年下滑。当前国际香蕉市场竞争异常激烈，几个香蕉生产大国出口量不断增加，国际香蕉市场供大于求，降价已经成为国际香蕉竞争的有效手段。根据世界商品委员会香蕉及热带水果组织的预测，在未来几年国际香蕉供给仍有增加的势头。可以预测，今后若干年，我国香蕉的国际市场占有率会继续下滑，提高我国香蕉国际竞争力是当前香蕉生产亟待解决的问题。

18.4.2 我国菠萝及其加工品有一定的国际竞争力

我国菠萝及其加工品有一定的国际竞争力，但是与其他国家的对应指标相比国际竞争力相对较弱。历史上我国菠萝及其加工品曾经有很强的国际竞争力，但是中间经历了若干年的削弱过程，在 1996 年后各项指标值开始缓慢上升，表明其国际竞争力正在加强。在所统计的菠萝产品中，菠萝罐头和菠萝汁国际竞争力相对鲜（干）菠萝而言较强。随着人们对水果消费方式的不断改变，对水果加工品的需求将有所增加，在欧美发达国家一直对水果罐头有很大消费需求，因此有理由相信，未来我国菠萝汁和菠萝罐头的出口量将有所增加。短期内我国菠萝加工品的比较优势仍将存在。

18.4.3 我国荔枝鲜果潜在的竞争力没有得充分地发挥

我国荔枝鲜果潜在的竞争力没有得充分地发挥，荔枝罐头有较强的国际竞争力。用 NTB 衡量的鲜荔枝的竞争力较弱，如前面所分析的，由于 NTB 计算方法的制约该指标并没有反映我国荔枝的真正的国际竞争力。事实上现在国际水果供求形势呈现出温带水果过剩、热带水果稀缺的格局，热带水果在国际上具有较为广阔的市场前景，而荔枝是我国特有的热带水果品种，随着对荔枝加工储藏运输技术的进步，我国荔枝的潜在的竞争力将得到更充分的发挥。但是也必须看到，我国荔枝正受到来自越南和泰国的严重威胁，不论在国内市场还是国际市场上，这两个国家的荔枝都与我国荔枝进行着激烈的竞争。

18.4.4 荔枝罐头均有较强的国际竞争力

研究分析表明，我国荔枝罐头一直具有很强的国际竞争力。这是由于荔枝罐头都属于典型的劳动密集型加工品，在我国生产这种类型的产品具有比较优势，既可以扩大劳动就业，又可以带动热带水果产业发展和产业升级、延长产业链、促进水果产业化。

由以上分析不难看出，我国主要热带水果加工品有较强的国际竞争力，而新鲜热带水果国际竞争力相对较弱，其中香蕉基本是没有国际竞争力的水果产品。我国新鲜水果普遍存在采后商品化处理程度低和储藏加工跟不上的弊病，产后商品化处理包括采后的清洗、杀菌、分级、打蜡、包装等，这既是提高果品商品质量，增强市场竞争力的重要手段，也是提高产品附加值的重要环节。我国水果大都未经任何处理，包装简陋、外观质量很差，缺乏市场竞争力。

第 19 章
我国热带水果国际竞争力制约因素分析与对策研究

当今世界水果业竞争不仅表现为初级水果产品和单一生产环节的竞争，更表现为包括农业产前、产中和产后诸环节在内的整个产业体系的竞争。国际市场上水果竞争实际上是与该种产品密切相关的生产、加工、销售、科技诸环节及整个产业体系的较量。推进水果区域优化布局，不是局限于就生产论生产、就产品论产品，而是要着眼于整个产业的开发。通过对每一个优势水果产业发展的每一个环节进行分析，找出薄弱环节，明确主攻方向，集中力量在影响竞争力的关节点上取得突破。增强水果国际竞争力与扩大出口，除了与某个具体产业体系的竞争优势密切相关外，还与该产业相关的国内因素和国际因素有关。

19.1 中国水果业存在的主要问题

（1）中国水果（包括热带水果）产业体系系统性的整体落后

中国水果在生产中存在追求数量、忽视质量等问题。优质水果比例不高，品牌意识不强，品种改良、标准化、规范化管理不够。而"洋水果"甚至在颜色、皮的厚度等方面都有量化标准，在生产和营销方面早已实现了产业化，中国在这些方面都略逊一筹。目前，我国的水果产业总体还停留在低效、小规模的运作水平上，加之农民受教育程度所限，科技、信息应用水平还远远落后于发达国家；缺乏优质水果品牌、新技术以及有效的市场供给系统，尚未形成一个发达和完善的市场网络，许多产品的生产仍然建立在自给自足的基础上。特别是产前计划不周，产中措施不当，产后保鲜、加工体系尚未配套，整个水果产业链条较短。

（2）国产水果和"洋水果"最大的差距就在品质方面

我国虽然已成为世界第一大果品生产大国，但水果总产量中优质果仅占30%左右，精品果不足1%，50%是大路货，大量的水果品质低劣，商品性差。占总产量20%的劣质果没有市场，出现积压滞销、果农砍树现象；其余质量一般的大路货随着产量的增加，价格持续下跌。总体上讲，我国水果的外观、口感、营养成分等质量指标都不高。造成果品质量不高的主要原因有四点：一是，长期重栽轻管，追求广种薄收，重数量、轻质量，缺乏商品意识。二是，品种、品质退化，果树技术推广难以落实，经营管理粗放。三是，由于利益的驱动，一些地方在次适宜区大面积发展果树，这不但会提高成本，而且也生产不出高质量的果品。四是，缺乏产后商品化处理。

（3）分散、粗放的经营管理体制，使水果生产很难形成产业化

我国目前水果生产大多是以户为单位的分散栽培方式，真正集中成片统一管理的大型现代化果园极少。这种栽培方式决定了大多数果农既是生产者，又是销售者。这种模式使得水果生产不可能进行种植、加工、销售一条龙服务。在水果成熟季节，各家各户都采取"三轮车＋自由市场"的流通方式，不仅造成无序竞争，而且非常不利于大规模采后处理和集中销售。再者，由于不可能及时清洗细菌和预冷，储藏性能不好，水果极易腐烂。同时，这种分散的经营模式，导致大部分农民只追求数量，不在乎质量。果农大量使用高浓度的农药和化肥，使得水果农药残留严重超标，很难进行有机栽培，不仅影响出口，更影响了水果的品质。

（4）在水果包装、保鲜、加工等方面的落后等都不利于我国水果的竞争

由于我国水果产品长期以来多处于鲜销的状况，再加之水果产品的生产、加工和收储在体制上不够协调，导致我国的水果多重产前和产中，轻产后和加工。由于水果产品的生产大部分在农村，而销售又主要在城市和国际市场，同时水果生产具有很强的季节性，而消费又具有持久性的特点，这些特殊性和规律，就客观地要求我们的水果产品不但要产前、产中优质，更要产后优质；不仅要产地优质，更要保证运销优质和消费优质。当前我国水果产品大多加工粗放、包装简陋、储运条件差，导致一些优质产品在产后上市不能优质，甚至出现一些水果产品在到达消费者手中时，已面目全非或失去应有的价值。

（5）国产水果具有的价格优势和国际竞争力可能会渐渐丧失

品种退化，水果品质下降；结构发展不平衡；缺乏自己的品牌；分散、粗放的经营管理体制，难以形成产业化；农药残留；忽视采后处理技术；流通与营销成本高，缺乏效率；缺乏大的水果加工企业，尤其是龙头企业等，是国产水果与品牌洋水果竞争中失去价格优势的重要原因。如果不采取有力措施，我国热带水果的比较优势和价格优势，在国际竞争中可能会渐渐丧失。

19.2　加入 WTO 对我国热带水果市场的影响

19.2.1　正面影响

（1）国际国内水果市场一体化加强，水果市场呈现丰富多彩的局面

我国加入 WTO 后，大幅度降低了农产品关税。国外水果可以以较低的关税

涌入我国，我国水果市场将进入"战国时代"。进口外国水果，适应了对外开放的需要，又可以丰富国内的水果市场，填补国内市场空白，满足不同消费者的需要。

我国 13 亿人口的国内市场是国际水果市场的重要组成部分，加入 WTO 后，国内市场将进一步国际化，国外水果有可能大量涌入国内市场，造成销售困难，但这并不说明我国的水果消费容量小。据有关方面资料，虽然我国人均鲜果占有量已达到 43.7 千克，但与发达国家人均消费量 80 千克相比，还有较大差距。我国人均果汁占有量仅为 0.1 升，发达国家达到 40 升，而一般发展中国家也达到 10 升左右。我国水果的消费市场很大，其承受外来水果冲击的能力也较强。问题的关键是我国水果产品的综合质量和生产效率低。从长期来看，我们面临的不仅是日趋严重的竞争，同样有潜在的机遇和挑战。

开放是双向的，同样地，贸易对方关税率也将下调，这将为荔枝等热带水果扩大出口提供有利机会。作为热带水果的生产大国和消费大国，我国热带水果产业若能抵御国外热带水果产品的"入侵"，保住并扩大国内市场份额，那将是一场胜利。

（2）消费者享受到价廉物美的进口水果

在过去的二十几年中，水果业经历了巨大的发展，并从卖方市场转向买方市场，消费者对水果商品的质量要求越来越高。进口水果数量和品种的增多大大丰富国内水果市场，特别是增加了优质高档水果比例，适应各种各样的消费需求。随着中国加入 WTO，中国农产关税的下调，进口水果数量进一步增多，进口水果总体价格走低将是一个必然的趋势，销售价格必然会下降，对广大消费者来说是件好事。加入 WTO 有利于城市居民特别是高收入消费者享受到国外优质进口水果及其加工品，消费者福利水平将进一步提高。

（3）有利于从根本上杜绝水果走私，消除疫情隐患

我国对水果进口长期采取高关税政策，20 世纪 90 年代初期水果进口关税为 60%~80%。近年调整关税后，水果进口关税降低到 20%~40%。我国东南沿海邻近盛产热带水果的国家和作为自由港的中国香港，由于对漫长的海岸线难以实行有效监管，高关税造成的国内外高额价格差诱发了走私活动。严重的走私活动不仅对国内水果市场的正常经营活动造成冲击，并有可能引入和扩散检疫性病虫害，从而对我国水果业造成长期危害。

根据有关方面的统计，近几年来我国从海关正常进口的水果 70 万吨左右，而走私入境的水果每年 200 万~300 万吨，给国家造成巨大损失：估计流失各项税收达 20 亿元以上，严重冲击了国内柑橘、苹果、香蕉、芒果、杨桃等水果市场，走私水果未经检疫直接进入国内，造成巨大的疫情潜伏隐患。加入 WTO 后，由于主要水果的关税大幅度降低，给水果走私留下的利益空间狭小，可从根本上

消除水果走私。

（4）有利于热带水果流通和贸易体制改革

我国农产品流通体制经过多年改革取得了很大的进展，正在逐步向开放自由贸易体制迈进。目前农产品的内、外贸易分别由不同的部门管理，相互之间缺乏沟通，农产品内外贸政策之间往往不协调，管生产的不了解市场，管贸易的又调控不了生产。在内外贸脱节的管理体制下，生产贸易相互脱节，使我国无法根据国际市场的变化及时调整国内贸易和农业生产，在一定程度上制约了我国农产品出口的发展和农产品在国际市场上的竞争力，使国内农业生产处于被动的局面。加快农产品外贸体制改革，打破行业部门界限，使农产品的生产与贸易有机地结合起来，实行农产品生产和贸易的一体化管理，将大大提高我国农产品对外竞争的整体实力。入世和参与国际农产品市场竞争的需要，将促进我国农产品流通体制的进一步改革，形成全国统一、开放、竞争、有序的农产品市场。同时，放开农产品贸易的控制，使所有企业，包括民营企业和组织参与农产品对外贸易，鼓励企业间竞争，不仅是入世的要求（国民待遇原则），更是提高我国企业竞争力的客观需要。

加入WTO有利于建立适应国际、国内市场竞争形势的水果产销政策体系和流通机制，提高水果产品流通的效率。国内市场与国际市场的撞击所带来的相互影响、相互作用，必将促进现行水果流通体制的变革，以便形成新的流通机制。加入WTO，客观上要求必须有一整套符合国际惯例的政策、法规出台，以规范各方行为，促进市场经济的发展。作为生产者也必须要通过各种形式的联合，以保护自己的利益。

19.2.2 负面影响

（1）将失去一部分中高档水果市场和果汁市场

入世后我国水果的关税减让幅度可能达66%～70%，进口水果将大幅度增加。又由于水果、果汁之间具有很强的消费替代性，进口的国外水果及果汁将会部分地替代本国水果及果汁的消费，造成对我国热带水果及加工品的消费"挤占"。当然，这可以从根本上杜绝水果走私，但不利的方面是我国水果市场将会受到巨大的冲击。具体来看，主要是在以下三个方面：首先，我国将丢失一部分中高档水果市场。以香蕉为例，自菲律宾、厄瓜多尔等国进口我国的香蕉已连续三年超过50万吨，占全国年消费香蕉总量的十分之一，基本上占据了高档消费市场。目前国产香蕉"万顷沙"、"莞香"、"香山"、"唐"等地方品牌已相继崛起，但其覆盖范围大都仅限于一个市、镇、场，还没有一个品牌的覆盖面能够超出自己的行政管理区。其次是荔枝等鲜果市场。这些有出口优势的产品，受质量、保鲜水平、储藏条件等因素限制，短期内不可能大量增加出口，基本以保住现有市场份额为主。如越南向我国出口水果量值猛增。2002 年 1~10 月进口量为 18.5 万吨，同比增长 70%；进口额为 0.4 亿美元，同比增长 45.7%。其主要原因，一方面是越南重视向中国出口水果，采取积极出口政策，鼓励企业直接和中国企业开展贸易；另一方面是越南 2002 年水果大丰收。从数量来看，越南已成为仅次于菲律宾的对我出口第二大国。最后是果汁市场。我国橙汁加工水平低，且成本高出美国、巴西等国家 1 倍左右，果汁的营养素含量及保鲜水平均低于发达国家，竞争力较差。近年，我国每年需进口浓缩橙汁数千吨。随着人们对橙汁消费的逐步增加，今后进口数量还会逐步增加。2002 年 1~10 月果汁进口量为 4.2 万吨，同比增长 102.4%，进口额为 0.5 亿美元，同比增长 166.8%。其中主要是柑橘汁，占进口果汁总量的 83.3%；主要来自巴西和美国，分别为 2.5 万吨和 0.4 万吨，同比分别增长 164% 和 129.6%，进口额分别为 0.3 亿美元和 0.05 亿美元，同比分别增长 251.6% 和 192.6%。

（2）外国优质水果的大量进口对国内市场造成一定程度的冲击

在中国加入 WTO 前，农产品的关税保持在很高的水平，"洋水果"并没有对我国的水果市场造成很大的冲击。但洋水果在口感、品质及外观上的优势目前已十分明显。优势有：一是品种多，如山竹、火龙果等是国内没有的品种；二是档次高、包装好、保鲜期长，是馈赠亲友的佳品。同时，随着关税的下降，近来进口水果的价格在不断地"跳水"，由此不断蚕食着国产水果的市场份额。中国加入 WTO 后，"洋水果"与国产水果的市场之争更是异常激烈。除美国的脐橙、苹果外，不知不觉中，东南亚水果也已悄然登陆国内市场。2002 年越南、泰国荔枝丰收，加工一级荔枝干成本不超过 4 元，每千克仅 7 元。

（3）国内热带水果的产销矛盾加剧，"卖难"更加突出

就在中国尚未入世的几个月前，海南的香蕉园主和蕉农已经深刻感受到了来自国外香蕉产业的强大冲击。加入 WTO 后对国内某些低质量、高成本、劣势的热带水果产品的生产将产生直接冲击，加重国内部分热带水果的产销矛盾，使其"卖难"更加突出。以香蕉为例，加入 WTO 后，国外质优价廉的香蕉进入国内市场，对日趋饱和国内市场产生重大冲击，一是进一步引起国内香蕉价格下跌，引发市场波动，增加国内市场不稳定因素；二是进一步加重国内原本香蕉"卖难"矛盾，引起流通渠道的混乱；三是影响蕉农收入的增加，挫伤蕉农的生产积极性。2000 年我国主动大幅下调农产品关税，香蕉进口关税从原来的 30% 下调至 19%。在 2002 年的香蕉价格战中，国外香蕉商是以每箱低于到岸成本价 5 元，26~28 元/箱的价格对中国市场进行倾销。而即使进口香蕉回升至每箱 35 元左右的微利价投放中国市场，相对国产香蕉也具有巨大的竞争优势。

（4）加入 WTO 后我国热带水果及其加工品的出口形势和前景不能盲目乐观

随着 WTO 的正式运行，关税水平全面下降，给予发展中国家优惠关税待遇的普惠制的作用已严重削弱，发展中国家从普惠制中获得的利益也大为减少，目前受惠国享受普惠制待遇的出口大约只占其向给惠国出口的应税货物的四分之一。发达国家在不断促成贸易自由化范围扩大的同时，却拒绝对普惠制的原则扩展到新的贸易领域，这严重地影响到发展中国家的贸易条件。与这一问题有关的是关税高峰问题，自乌拉圭回合协议实施以来，发达国家（和一些发展中国家）仍然实行较高关税，有利于发展中国家的普惠制税率削减被打了折扣，而园艺产品包括热带水果是关税高峰发生的主要领域之一。同时，发达国家变相的国内支持与补贴依然存在，国外严格的反倾销措施和苛刻的卫生检疫标准以及五花八门、层出不穷的"绿色壁垒"，消费习惯与偏好等将严重地制约着我国热带水果及其加工品的出口。因此，加入 WTO 后我国热带水果及其加工品的出口形势和前景不能盲目乐观。面对技术壁垒、绿色壁垒，中国显然还没有做好充分的准备，难以应付对手新的杀手锏；一些农产品生产、加工的质量管理观念与手段落后于国际化的商业竞争需要；参与国际竞争的营销体系的建立准备也不充分；在倾销与反倾销的斗争面前，仍准备不足，特别是农民的组织化程度太低，不能适应加入 WTO 后国际、国内市场的激烈竞争。

（5）外国资本可能控制我国农产品及水果流通领域

根据我国加入 WTO 所作的承诺，入世后将允许外商设立从事佣金代理、批发、零售和特许经营服务的合营公司，从事除烟草及其制品、食盐、书报杂志、药品、农药、农膜、化肥、原油、成品油以外商品的进口和批发、零售业务；入世 3 年内逐步取消对合营公司的数量、地域、股权和企业设立方式方面的限制；入世 5 年内除烟草的批发和零售、食盐的批发以外，逐步取消对其他商品的经营限制。

外商要求我国开放分销领域，其目的绝不仅仅是为获取流通利润。在我国入世谈判中，外商要求在我国建立分销网络，先是要求能够任意销售合资企业在我国生产的商品，继而要求能够销售其国外母公司生产的商品，进而要求能够销售国外其他公司生产的商品。总之，是为了使国外商品更加通畅地进入我国市场。从国际经验看，一个分销领域被外国公司控制的国家，也很难再有民族工业的品牌商品。

加入 WTO 对农产品营销部门的冲击大于对生产部门的冲击。一方面，加入 WTO 对一些垄断性经营部门，包括国有农业外贸部门和国内流通部门，将会起到更大的冲击，因为入世意味着更大的市场开放和更强的市场竞争。另一方面，一些非国有贸易部门将获得更多的进出口贸易权利和国内市场经营权利。无论是国有经营部门还是非国有经营部门，它们与市场的关系是常年性的，对市场的反应非常敏感，需要经常胜地面对国际市场变化进行决策。而农业的生产周期长，农民的重大生产决策，每年最多不过两三次，一经决定（播种），就不能更改。并且，经营和流通环节竞争的增强，使得农民会获得更好的出售产品条件。当然，也应当看到，加入WTO后，政策风险会降低，而市场风险将增大，无论是对生产者还是经营者，均是如此。

19.3 提高热带水果国际竞争力的政策与建议

由于土地资源和财力有限，我国农业不可能也没有必要追求所有的农产品完全自给，应集中资源发展收益高、市场潜力大的热带水果生产，提高农业资源配置效率，通过参与国际竞争获取国际分工和交换的巨大利益。同时，热带水果比较优势和国际竞争力是相对、动态、可变的，需要国家采取持续、有力政策措施强化现有的比较优势，否则其优势有可能在激烈的国际竞争中逐步丧失。在符合WTO允许的"绿箱"政策和可免与减让的其他措施的名义下，国家一方面应通过调整农业经济资源分配格局，改变目前农业负保护状态；另一方面要集中财力重点扶持优势热带水果的生产与贸易，既保证农村稳定，又保证农业比较优势的发挥。加入WTO后，只有用好、用足WTO农业规则，加强国内支持力度，改善热带水果品质，降低成本，提高生产效率和市场竞争力，才能使热带水果真正迎接加入WTO及农业国际化的挑战。

今后热带水果发展的战略思路是，以国内外市场需求为导向，以科技进步和改革开放为动力，以优化布局与调整结构为主线，以发挥比较优势和提高国际竞争力为核心，改良品种、提高品质、突出加工、建立品牌、降低成本，努力扩大出口，振兴热带水果产业，为我国农业和农村经济发展作出更大的贡献。按照突出重点、以点带面的思路，在每种优势热带水果的优势产区选择若干个重点地区，面向热带水果整个产业发展的需要，采取一种优势热带水果制订一个战略、明确主要目标市场、选择一批龙头企业、推广一套实用技术、制订一套扶持政策、实施项目带动等措施，大力推行规模化生产、标准化管理、专业化服务、产业化经营，提高优势产区的生产和管理水平，辐射带动形成一批优势产业带和产业区。通过培育一批产业关联度大、技术装备水平高、经济实力雄厚、带动能力强的龙头企业和扶持一批专业合作社、协会，把基地和市场连接起来，形成稳固的热作产业链和特色产业带，依靠龙头企业带动热带水果产业的发展，实现具有较强国际竞争力的现代化热带水果产业体系。

其主要任务是，今后热带水果发展要通过实施"五大战略"，力争实现"五大转变"：实施信息化发展战略，实现由政府主导向市场信息引导为主转变；实施区域化发展战略，实现由分散粗放经营向区域集约经营转变；实施优质化发展战略，实现由数量型增长向质量效益型增长转变；实施产业化发展战略，实现由注重初级产品生产向突出加工增值转变；实施多元化市场开发战略，实现由主要满足国内需求和单一出口市场向国内外两个市场和全方位的出口市场转变。

其战略目标是，全面提高热带水果产业的竞争力，加快我国热带水果产业化、现代化、国际化步伐，尽快实现我国由热带水果生产大国向热带水果出口强国的跨越。近期的具体目标是，建立热带水果种质资源圃、良种苗木繁育基地，使良种覆盖率提高到80%以上，建立热带水果名优基地和出口基地，保鲜及商品化处理率提高到80%，热带水果的加工率由20%提高到40%，无公害产品率达100%，优质品率提高到80%以上。

提高热带水果国际竞争力，要实行区域化布局、规模化生产、标准化管理、专业化服务、产业化经营，提高优势产区的生产和管理水平。以培育、发挥热带水果的比较优势为核心，提高产品质量，降低生产成本，搞好产销衔接。

19.3.1 优化区域布局，调整品种结构

按照区域比较优势原则，调整水果区域布局，使得热带水果种植向最佳生态适应区集中，形成几个具有鲜明特色、世界知名的热带水果优势产业带区，建立一批规模较大、市场相对稳定的优势热带水果出口基地。积极引导果农改善果园栽培条件，尤其是水利、土壤条件，提高栽培技术，实施科学、规范管理，为产后处理提供高质量的产品。抓好以水利为重点的农业基础设施建设，改善农业生产条件，增强果业抵御自然灾害特别是旱灾的能力，间接减少水果的生产成本。

调整树种结构，根据国内外市场需求，适当控制荔枝的种植面积，积极发展名特优新品种；我国荔枝品种资源丰富，具有发展特早熟、早熟、中熟、中迟熟、迟熟和特迟熟荔枝的自然条件与生态环境，要积极利用这些有利条件调整品种熟期结构，调节产期，积极发展早、晚熟品种和反季节栽培，实现早、中、晚熟品种合理搭配，均衡上市。

在品种结构调整中，品种选择应首先考虑市场需求、品种特性及该品种在当地环境条件下的表现，其次，应考虑当地的技术水平和交通条件等，认真制订发展早熟、中熟、迟熟荔枝品种的规划，将具有不同特点的良种安排在最适宜区域规模种植，各地可选择2或3个优良品种作为主栽品种发展，实施名牌战略。例如，广西防城和钦州等地是发展早熟荔枝生产的理想区域，应进一步扩大发展三月红品种；苍梧和藤县等则是发展特迟熟荔枝生产的较适宜地区，应当集中规模发展，品种以沙头迟熟荔及江口荔等为主。

海南是国外香蕉产业大国在中国建立品牌基地的理想地点，也是我们借用国际香蕉知名品牌、行业标准、资金、技术和先进的管理模式打造海南香蕉产业供应链体系的最佳捷径。要把海南建成国际香蕉品牌产品在中国的发展基地。

加强新品种的选育，发展有市场前景的粉蕉。为丰富香蕉品种资源，在积极发展原有香蕉品种的同时，应有计划地引进品质好、产量高、果实长、抗逆性较强的外来名优新品种，提高香蕉的精品率；近年市场上粉蕉（如西贡蕉）需求量大，同时粉蕉的抗寒性比香蕉强，应大力推广。此外，根据市场需求的多样性，还可适当发展大蕉、龙牙蕉、小蕉等蕉类。

在生态最适宜区和适宜区，应结合农村产业结构的调整和果林业的发展，因地制宜发展热带水果生产，相应发展热带水果加工业。在大中城市郊区县，发展以鲜食和供速冻产品为主的水果生产；在边远地区，发展供制菠萝脯、脱水菠萝片、荔枝罐头为主的加工品生产。

建议国家制订我国主要热带水果优势区域发展规划。

19.3.2 引进、培育和推广优良品种，提高集约化供种水平

引进、培育和推广优良品种是加快优势热带水果发展的基础。要把种业作为热带水果优势产品和优势产区发展壮大的先导产业，加大投资倾斜力度，提高种苗质量和供种能力。

1）种质资源库（圃）建设。为保护好我国热带作物种质资源，组织有关人员对热带作生物资源进行调查和收集；保护好热带作物生物资源原生境；建设种质资源库，利用现代信息技术做好热带作物种质资源的管理保存工作；利用现有种质资源选育开发新品种，使我国热带生物资源逐步得到合理开发和持续利用，为我国 21 世纪热带水果产业持续发展提供保证。

2）加快果树种苗繁育体系和科技推广体系建设。在香蕉、菠萝、荔枝优势产区集中建设一批无病毒苗木繁育基地，使优势产区新发展和改造的果园全部实现无病毒化。重点抓好无病毒良种苗木繁育，推广以提高质量为主的配套技术措施。加大对热带作种子种苗生产单位的生产许可证、生产经营许可证、产品质量合格证的检查和管理力度。对"三证"不全的，勒令停止种苗生产；对生产不合格或淘汰品种苗木的生产单位，收回"三证"。

3）积极引进、推广科研成果，加大科研开发力度。引进、消化、吸收国外优良热带水果新品种及适用技术；更新果园，推广新品种；组织制约产业发展的重大技术攻关，重点是热带水果的保鲜技术和出口产品的鲜果产品快速实用的检验检疫技术；推广台湾的红芒、无刺卡因种菠萝等引进的新品种，推广水果套袋技术、香蕉采收运输技术、营养配方诊断施肥、果树丰产技术、优良抗性品种推

广、生物防治等技术。按照生产规模化、产品标准化的要求，在优势产区实行统一供种，提高优良品种的集约化应用水平。

19.3.3　实行标准化生产和管理，创建产地品牌

实行标准化生产和管理是提高农产品整体质量水平的前提。

在优势产区选择龙头企业带动能力强、产业发展基础好的重点县市，按照产业化的要求，建设一批标准化生产示范基地，主要建设小型农田水利设施、良种供应设施、技术服务体系、质量检测体系和机械化作业服务体系等，实现良种、成套技术规程、产品质量的标准化，发展"订单农业"，搞好产销衔接。

实行标准化栽培管理，加强标准化生产和管理技术的培训，推动标准入户。进一步推广高产优质栽培技术，从育苗到种植、建园、施肥、喷灌等各个环节都从高标准、高要求进行管理，确保高产优质，降低成本，提高产品竞争力。把标准化生产示范基地建设成为优势农产品的出口基地、龙头企业的原料供应基地和名牌产品的生产基地，创立产地品牌，增强市场竞争力。

实行反季节栽培。如反季节香蕉是一种反常规种植生产的香蕉，是根据市场的销售情况而摸索出来的一种科学种植方法，反季节生产的香蕉其收获季节能与其他水果上市的旺季错开，可以调剂市场余缺，解决"卖难"问题，又能取得不错的价格。利用优势，加强"绿色香蕉"的生产。所谓"绿色香蕉"就是通过施有机肥和合理使用农药，使香蕉无残留有毒的物质、无机械损伤，在包装和运输等环节实行清洁管理，符合卫生标准。

建议国家研究实施"水果清洁生产与开发计划"。

19.3.4　推广成套热带水果技术，提高生产和管理水平

提高优势热带水果竞争力的核心是提高科技含量。适应优势热带水果和优势产区发展的需要，调整农业科研布局、技术推广方向和重点，整合技术力量，在优势产区开展专业化服务。

1）扶持一批专业性或综合性的骨干农业科研机构，完善科研设施，改善科研手段，针对关键技术进行科研攻关和开发，解决热带水果发展的技术"瓶颈"。

2）深化农技推广体系改革，创新推广机制和方式，面向优势热带水果的生产、加工、销售全过程，有针对性地推广一批成套技术。改善果树园艺操作技术，提高生产及管理效率。在热带水果优势产区重点推广一批降本增效技术和保鲜、储藏、加工等产后商品化处理技术。

3）在优势产区鼓励和扶持农机大户、联户和专业化农机服务组织的发展，

提高优势农产品生产、加工和运销等环节的机械化水平。

4）借鉴欧盟 IFP（integrated fruit production）水果生产制度，优化我国水果生产管理制度，尽快建立起各主产区与绿色果品相配套的生产技术指南和监督监测机构，提高我国水果产品在国际和国内高档果品市场上竞争力。

5）在优势产区选择一批重点县市优先建设、完善以"绿色证书"、"青年农民培训工程"为主的农民技术培训教育体系，提高农民的科技素质。

19.3.5 建立预警预报体系，加强市场信息服务体系建设，促进产销衔接

加强水果市场体系和信息服务设施建设是提高热带水果竞争力的重要条件。

1）热带水果主产区要及时收集国内外有关热带水果的产业政策、生产、加工、保鲜、市场及自然灾害等方面的信息，建立及时、准确、系统、权威的热带水果产品预警信息发布系统，为生产者、经营者、消费者提供决策参考，达到调控热带水果产品市场的目的。

2）建立产销预警系统，强化水果信息网络，向果农及时提供国内外市场行情信息，建立市场导向的供应体系。建立功能齐全、反应敏捷的热带水果进出口预警系统，及时提供热带水果生产和贸易信息；建立水果产量与进口量监视预警制度，防止产销失衡，必要时采取紧急处理措施。选择优势产区的重点县市，优先建设和完善农业电视节目传输和接收设施，扩大覆盖范围，提高节目进村入户普及率。在优势产区选择若干重点县市优先建立网络信息服务平台，与农业信息网站联网运行，提高农产品信息服务水平。

3）引导市场主体为保护合法权益，针对进口产品的倾销行为进行投诉和出口产品的反倾销指控应诉；研究绿色壁垒问题，研究新一轮 WTO 谈判有关热带水果方面的立场问题，为热带水果开展国际竞争创造有利条件。

19.3.6 实行全程质量监控，提高热带水果质量安全水平

提高热带水果质量安全水平是增强竞争力的关键。要重点在主要热带水果的优势产区，率先推行市场准入制度和产品质量追溯制度，加强对生产过程、生产投入品和产品质量的监测，全面提高热带水果的质量安全水平。

1）建设完善优势产区植物疫病虫害防治体系，提高对危险性疫病虫害的防范和控制能力；优先在优势产区建成若干片符合国际惯例的种植业非疫病生产区。

2）在优势产区建设和完善一批农产品、农业投入品、农业环境质量、药物

残留等综合性监督检测机构，建设若干个转基因产品安全检测与评价中心，提高检测水平和服务能力。

3）尽快制订产前、产中、产后的技术操作规程，制订水果质量标准体系及质量控制体系，加快与国际先进水平接轨，并在标准化生产示范基地推广。

4）建立优良国产水果品质认证制度，引导农民及地方组织建立产地品牌，加强宣传和促销。

从育苗、种植到采摘的各个生产环节全面提升香蕉等热带水果的品质，在保鲜、包装和深加工等方面狠下工夫，同时加强运输、销售等市场环节的建设，特别是要学习外国农产商敏锐的市场机遇意识和先进成熟的市场营销策略，否则不可避免要受到"舶来品"冲击。

19.3.7 发展水果产业化经营，增强龙头企业和产销中介组织的辐射带动作用

水果产业化经营是提高水果国际竞争力重要的带动力量和经营方式。

1）大力培植水果产业化经营的运销组织载体。一是大力扶持运销大户，引导其发展为龙头企业。各级政府扶持其逐步扩大经销规模、界定产权，通过产权重组和资本运营，引导运销联合体向股份合作制企业方向发展。对现有流通企业进行彻底的股份制改造，可通过"置换、参股、拆股、扩股"等形式进行改造，提高竞争力以带动果农参与市场竞争。二是组建果品流通协会，提高果农进入市场的组织化程度。通过荔枝等流通协会在果农与龙头企业之间架起桥梁，其职能主要体现在"规范、服务、保护"三个方面。三是积极培育果农运销合作社，从组织上注重果农的经济利益，不仅节约从产品产出到消费过程的中间交易成本，而且把由交易成本节约而形成的经济剩余保留在农业内部。必须在生产规模大、荔枝商品率高的主产区发展果农的流通组织——果农运销合作社。

2）培育龙头企业，加快发展热带水果专业合作社和协会等中介组织。一是龙头企业，通过兼并、重组等资本运作，培育能成为市场竞争主体和科技创新主体，并带动热带作物产业发展的热带作物产业化龙头企业。作为市场竞争主体，把种植、采后保鲜、加工和市场连接起来，创出自己的热带作物农产品名牌，增强热带作物产品在国内外市场中的竞争力；作为科技创新主体，与有关科研教育和技术推广部门在互惠互利的基础上建立稳定的协作关系，走产加销研结合的道路，提高热带作物产品及其加工品的科技含量，增加花色品种，提高产品质量档次。二是专业合作社和协会吸引热心于热带作物事业的高级专业人才，引导从事热作产业的加工企业、种植大户等，在平等自愿的基础上自发组成专业合作社和

协会等中介组织，以此为桥梁，促使优势企业与优势农户结合，参与市场竞争。以热带作物主产区主管部门牵头，在全国范围内成立荔枝、菠萝、香蕉、芒果等热带水果专业协会。三是推广应用契约制、合作制、会员制、股份制等多种一体化经营的利益分配机制，通过资本营运和资产重组，形成类似于美国新奇士那种柑橘经营专业公司，实现水果产销一体化。

3）充分发挥龙头企业和产销中介组织的辐射带动作用。采取"公司＋果农（场）"、"合作组织＋果农（场）"、"批发市场＋果农"以及"订单农业"等方式，走小农户、大基地，小规模、大群体的路子，通过产业化龙头企业，带动优势农产品和优势产区的发展壮大。扶持有条件的龙头企业在热带水果产区建设水果生产、加工、出口基地，加强基地与农户、基地与企业之间的联合与合作。发挥龙头企业在引进、示范和推广新品种、新技术等方面的作用，不断进行技术创新。利用龙头企业开拓市场能力强、信息灵敏的优势，把市场信息、适用技术、管理经验及时传送给农户，组织开展水果购销。支持龙头企业发展水果精深加工业，延长产业链，促进热带水果的转化增值。积极发展多种形式的专业合作经济组织，提高农民的组织化程度，开展农业社会化服务。

4）切实加强果实产后商品化处理环节，大力发展水果加工业。引导农民联合体产销队伍共同合作，建立大型分级包装线；借鉴欧盟经验，建立"运作基金"对生产者联合组织提供资助，设立水果加工业援助计划和项目；要像20世纪80年代利用外资发展家电工业那样，引进技术和利用外资，创办合资企业和合作企业，改造现有加工企业，提高水果加工技术水平，形成规模经营。

对水果加工企业、批发市场、合作组织等各种类型的农业产业化经营龙头企业，只要有市场、有效益，能够增加农民收入，都要一视同仁，给予扶持。引导龙头企业与果农结成利益共享、风险共担的利益关系，增强带动作用。

19.3.8 发展外向型热带果业，积极开拓国际市场

（1）加快出口基地和标准化生产示范基地建设

抓好农业部确定的10个无公害热带作物生产基地的建设，创建一批新的热带农产品标准化生产示范基地，推动无公害热带农产品的发展；热带作物生产基地在生产过程中严格按照标准组织生产，把热带作物标准化生产与无公害农产品开发有机结合起来，把标准化渗透到热作生产的全过程；在香蕉、菠萝、芒果、荔枝、龙眼等热带水果名优示范基地中，按照统一环境质量、统一关键技术、统一规程标准、统一监测方法、统一产品标志等的要求，严格组织标准化生产示范；科学合理使用化肥、农药、除草剂、生长激素等投入品，利用先进安全的病

虫害综合防治技术，无公害农药品种，配方施肥技术和有机肥、复混专用肥；在热带农产品采收加工、储运保鲜、批发销售等环节推广标准化管理。

（2）练好"内功"，力挽出口难局面

尽快实现从地头到餐桌、从原料生产到最终产品的一体化管理，强化对各个生产环节的规范和监督检验，已是增强我国水果国际竞争力、有效应对绿色壁垒的必由之路。应尽快建立水果出口信息服务体系，组织力量搜集并发布水果出口主要数据及主要市场情况，为出口企业提供国际农产品生产、需求动态和市场信息。同时，鼓励和帮助企业积极开拓市场，鼓励中小企业在国际市场特别是新兴市场开展广告宣传、营销策划及参加国际认证，增强企业进入市场的能力。此外，还要发挥进出口商会等行业组织的作用，制定行业标准和行业规章，加强行业自律，规范行业的经营秩序，加强与国外同行的交流与沟通。

（3）调整水果出口政策，全面开拓国际市场

建立农产品出口基金，用于开拓海外市场，对果品出口企业提供信贷担保（美国采取这一做法）；制订农产品出口促进计划，努力开拓国际水果市场；允许国内贸易企业向国外进口商实施信贷销售计划，扩大水果出口；实施名牌战略、以质取胜战略和差别优势制胜战略，增强果品国际竞争力；建立全国水果及加工行业协会，规范行业保护价格和出口行为，积极应对国外反倾销诉讼，稳步扩大国际市场占有率。

细分热带水果市场，实施出口市场多元化战略，有重点地开拓国际水果市场。

对于荔枝这类我国特有的稀有热带水果，要进一步稳定传统的国际消费市场，重点是中国香港、日本、菲律宾、新加坡市场，对于东南亚市场仍要下大力气开拓，尤其是在华人集中的国家和地区更应该做好国际营销工作，有待进一步开拓欧洲和北美市场，特别是欧盟和美国市场。

我国是香蕉消费大国，而且国内香蕉生产不具有国际竞争优势，因此对国内香蕉生产来说重点是对国内消费市场的开拓，利用地域优势与国外香蕉开展竞争，在竞争力进一步提高后可以考虑适当地的开拓国际市场。

对于菠萝产品，主要的出口方式是菠萝罐头和菠萝汁，首先有必要继续稳定现有的国际市场，主要是美国、英国、阿拉伯联合酋长国和和荷兰，而长期以来我国菠萝制品对距离我们较近的周边国际市场开发不够，今后的菠萝国际市场营销中，要进一步开拓欧美市场，巩固已有的市场份额，同时注意对中国香港、日本和新加坡市场的开发。

（4）扬长避短，趋利避害，克服障碍

国外在水果等劳动力密集产品的进口上设置的品质、标准等技术壁垒、环境壁垒不断加强，特殊保护措施和反倾销诉讼的运用日益增长，我国具有潜在比较

优势农产品的出口势头受阻。面对技术壁垒、绿色壁垒，中国显然还没有做好充分的准备，难以应付对手新的杀手锏；一些农产品生产、加工的质量管理观念与手段落后于国际化的商业竞争需要；参与国际竞争的营销体系的建立准备也不充分；在倾销与反倾销的斗争面前，仍准备不足，特别是农民的组织化程度太低，不能适应加入WTO后国际、国内市场的激烈竞争。要把我国的劳动密集型农产品具有的资源优势变为一种能在市场实现的产品优势，中间需要很多过程，从品种到管理，包括品种引进方式、向农民推广、种植过程中的管理要求等。加入WTO后，要改变这种现状，必须扬长避短，发挥好在成本价格和自然资源方面的优势，并尽力克服进口国在两个方面的阻碍：食品质量安全问题和卫生检疫问题；各类贸易保障措施，包括反倾销措施、反补贴措施、保障措施和特殊保障措施。

（5）采取得力措施，尽可能保护国内生产和市场

采取得力措施，防止农产品进口激增对国内市场形成冲击。根据今后几年热带水果进口可能增加的趋势，应建立热带水果进口监测与产业损害预警系统和快速反应机制；灵活有效地利用世贸组织规则和保障措施机制，实施符合世贸组织规则的技术性措施；遵照反倾销法和反补贴法，防止国外有补贴的果品及加工品过度进入而冲击国内生产；在某些特定条件下，可以运用特别保障条款措施（SSC），征收报复性关税；建立应对国外农业高额补贴的应急机制，对那些受到补贴的国外热带水果，实行进口限制政策。明确各种进口水果的疫区和检疫对象与对策，制定严格的、具有灵活性的SPS标准；由商检局将农业纳入进出口实施检验项目，加强进口水果检疫，搜集进口国农业使用管理及残留资料，以提供检验农药种类参考。

参 考 文 献

蔡昉 . 1993. 论农业保护及其替代政策 . 农村经济与社会，（2）.

曹庆波 . 2002. 我国水果国际贸易状况及趋势 . 西北园艺，（2）.

陈廷速，胡德泉，周嘉运等 . 2002. 国内外香蕉产业发展概况及我区发展对策 . 广西农业科学，
（1）.

陈武 . 1997. 比较优势与中国农业经济国际化 . 北京：中国人民大学出版社 .

程国强 . 2000. WTO 农业规则与中国农业发展 . 北京：中国农业出版社 .

符气浩 . 1991. 中国热带作物资源及其利用 . 世界农业，（12）.

傅江景 . 2002. 广东出口贸易比较与竞争优势分析 . 学术研究，（4）.

桂扬深，陆梅芳，陈天扬等 . 1989. 菠萝产品国际市场供求现状、趋势和产品标准的研究 . 农
牧情报研究，（9）.

国家发展和改革委员会，国家经济贸易委员会，农业部 . 2002. 食品工业"十五"发展规划 .

国家体制改革委员会.1997.中国国际竞争力发展报告（1996）.北京.中国人民大学出版社.

国家统计局城市社会经济调查总队.2001.中国价格及城镇居民家庭收支调查统计年鉴2001.
　北京：中国统计出版社.

海关总署.1981.中国海关统计年鉴1980.北京：海关部署.

海关总署.1982.中国海关统计年鉴1981.北京：海关部署.

海关总署.1983.中国海关统计年鉴1982.北京：海关部署.

海关总署.1984.中国海关统计年鉴1983.北京：海关部署.

海关总署.1985.中国海关统计年鉴1984.北京：海关部署.

海关总署.1986.中国海关统计年鉴1985.北京：海关部署.

海关总署.1987.中国海关统计年鉴1986.北京：海关部署.

海关总署.1988.中国海关统计年鉴1987.北京：海关部署.

海关总署.1989.中国海关统计年鉴1988.北京：海关部署.

海关总署.1990.中国海关统计年鉴1989.北京：海关部署.

海关总署.1991.中国海关统计年鉴1990.北京：海关部署.

海关总署.1992.中国海关统计年鉴1991.北京：海关部署.

海关总署.1993.中国海关统计年鉴1992.北京：海关部署.

海关总署.1994.中国海关统计年鉴1993.北京：海关部署.

海关总署.1995.中国海关统计年鉴1994.北京：海关部署.

海关总署.1996.中国海关统计年鉴1995.北京：海关部署.

海关总署.1997.中国海关统计年鉴1996.北京：海关部署.

海关总署.1998.中国海关统计年鉴1997.北京：海关部署.

海关总署.1999.中国海关统计年鉴1998.北京：海关部署.

海关总署.2000.中国海关统计年鉴1999.北京：海关部署.

海关总署.2001.中国海关统计年鉴2000.北京：海关部署.

海关总署.2002.中国海关统计年鉴2001.北京：海关部署.

海关总署.2003.中国海关统计年鉴2002.北京：海关部署.

海关总署.2004.中国海关统计年鉴2003.北京：海关部署.

海关总署.2005.中国海关统计年鉴2004.北京：海关部署.

海关总署.2006.中国海关统计年鉴2005.北京：海关部署.

海关总署.2007.中国海关统计年鉴2006.北京：海关部署.

何普锐.1998.云南热区主要经济作物开发现状及今后发展思路.云南热作科技,21（4）.

黄昌贤.1995.对发展热带水果的意见.果树科学,（12）.

黄国成,陈兴发.1999.菠萝栽培技术问答.北京：中国盲文出版社.

黄季焜,李宁辉.1999.贸易自由化与中国农业：是挑战还是机遇.农业经济问题,（8）.

黄江康,王亚琴,易干军等.2002.中国荔枝生产贸易：现状、前景及入世对策.广东科技,
　（5）.

黄旭明.2002.亚太地区国家荔枝生产状况和发展动向.中国南方果树,（1）.

黄祖辉,张昱.2002.产业竞争力的测评方法：指标与模型.浙江大学学报（人文社会科学
　版）,（4）.

金碚.1997.中国工业国际竞争力—理论、方法与实证研究.北京:经济管理出版社.

柯炳生.2002.影响我国农产品竞争力的因素分析与政策建议.农村改革与发展,(06).

李崇光.1998.中国农产品比较优势.武汉:华中农业大学.

李光晨.2000.园艺通论.北京:中国农业大学出版社.

李绍鹏,陈文河.2000.厄瓜多尔香蕉产业经营经验考察报告.热带农业科学,(6).

李新明.2002.水果生产新军:市场前景广阔—越南水果生产印象记.柑桔与亚热带果树信息,(07).

李玉萍.1998.世界香蕉产销及加工近况.热带作物科技,(3).

联合研究组.1998.中国国际竞争力发展报告.北京:中国人民大学出版社.

刘德标.2002.世界贸易组织及其多边贸易规则.北京:中国对外经济贸易出版社.

刘容欣.2002.东亚经济出口竞争力的比较研究.南开经济研究,(5).

刘绍民,吴文良.2002.我国农产品市场竞争力的分析.农业系统科学与综合研究,(3).

刘雪,傅泽田,常虹等.2002.我国蔬菜出口的显示性对称比较优势分析.农业现代化研究,(5).

刘展,冯宗宪.2002.我国主要农产品国际竞争力的实证分析.陕西省行政学院、陕西省经济管理干部学院学报.(3).

卢峰.1997.比较优势与食物贸易结构——我国食物政策调整的第三种选择.经济研究,(2).

倪鹏飞.2001.中国城市竞争力理论研究与实证分析.城市,(1).

农业部.2002年水果市场形势分析.http://www.agri.gov.cn/xxfb/t20030123-50080.htm[2008-12-05].

农业部.2002.2001中国农业统计资料.北京:中国农业出版社.

庞鹃.2001.提高我国产业国际竞争力初探.广西商业高等专科学校学报,(1).

祁春节.2000.中美两国柑橘产业的比较研究.国际贸易问题,(7).

祁春节.2001.入世与中国水果业:影响及应对措施.国际贸易问题,(1).

祁春节.2001.中国入世后美国柑橘准入机会及我们的对策.国际贸易问题.(09).

祁文辉,周智慧.2002.加入WTO对中国农产品进出口贸易的影响与对策.合作经济与科技,(8).

乔娟.2000.中国主要新鲜水果国际竞争力变动分析.农业经济问题,(12).

苏美霞,吴振先,韩冬梅等.2000.荔枝贮藏保鲜及加工新技术.北京:农业出版社.

苏伟强,彭宏祥,刘荣光.2002.加入WTO后广西发展荔枝生产的建议.柑桔与亚热带果树信息,(4).

涂悦贤,肖军,詹兴伴.2000.广东省荔枝生产气候生态分析与区划.中国农业资源与区划,(5).

王冰凝.2003-02-13.入世后,中国水果市场将面临洋水果的冲击和挑战.国际商报.

王秉安,陈振华,叶穗山.2000.区域竞争力理论与实证.北京:航空工业出版社.

王仁曾.2002.关于产业国际竞争力的测度指标体系的思考.西北民族学院学报(哲学社会科学版),(2).

王思明.1999.中美农业发展比较研究.北京:中国农业科技出版社.

王永,江耀生,张怀胜.2001.贸易商品国际竞争力检验方法的探讨.江苏理工大学学报(社会科学版），（2）.

邢福金. 1999-4-27. 海南：发展早熟荔枝前景无限. 海南日报.

薛华. 2002. 广西发展几种热带稀有水果的前景. 广西热带农业，（2）.

严伟良. 2002. 国际竞争力及其要素分析. 上海综合经济，（5）.

杨睿，刘德江，朱雯等. 2002. 中国农产品对外贸易的比较优势分析. 企业经济问题，23（12）.

杨永材，许春丽，朱其祥. 2002. 荔枝市场国际竞争力问题的探索. 南方农村，（6）.

易干军，王小兵，霍合强. 2002. 中国荔枝出口的现状及对策. 果树学报，（3）.

岳昌君. 2000. 我国外贸出口结构变化与比较优势实证分析. 国际经贸探索，（3）.

曾莲，罗道汉. 1996. 荔枝、龙眼等南亚热带水果商品流通上存在的问题和解决途径. 中国南方果树，（3）.

张长梅. 2002. 关于入世后我国水果出口竞争力的思考. 国际贸易问题，（6）.

张文中. 杨荫凯. 2001. 挑战 WTO—中国产业竞争力再造. 北京：科学出版社.

钟甫宁，徐志刚. 2001. 中国粮食生产的地区比较优势及其对结构调整政策的涵义. 南京农业大学学报. 社会科学版，（1）.

祝美群，白人朴. 2000. 我国食物生产的地区比较优势分析. 农业技术经济，（2）.

庄丽娟，商春荣. 2002. 推进广东荔枝产业化经营的系统思路. 南方农村，（2）.

Christopher Menzel. 2002. The lychee Crop in Asia and the Pacific. RAP publication.

FAO. 1999. Intergovernmental group on bananas and tropical fruits of FAO Committee on Commodity Problems. Australia：Market for Tropical Fruits in China First Session.

FAO. 2000. The report for AD-HOC expert meeting on socially and environmentally responsible banana production and trade. ROME.

FAO. 2001. Intergovernmental group on bananas and on tropical fruits of FAO committee on commodity problems. San José：Current Market Situation.

Wong Kai Choo. 2000. Longan Production in Asia. Bangkok：RAP PUBLICATION.

第四部分 中国蔬菜生产、消费与贸易研究

——一个供求平衡的计量经济分析框架

蔬菜是人们日常生活中最重要的食品之一，它对于提高人民生活水平、安置农村劳动力、增加农民收入水平以及增加外汇都有着重要的作用。在中国已经加入WTO的今天，随着市场经济体制的不断完善以及人民生活水平的不断提高，蔬菜作为一种重要的产业在国民经济中的地位越来越重要。在这个全球化竞争的时代，保持蔬菜产业供需总量基本平衡，既有利于充分发挥农业资源的经济效益，又有利于提高中国蔬菜的国际竞争力。因此，对蔬菜产业进行计量经济分析，并在此基础上，对未来蔬菜产业的供给与需求总量进行前瞻性的预测与评估，挖掘出中国蔬菜产业在供需平衡上存在的问题，提出有针对性、可操作性的政策建议，对于指导中国蔬菜产业的发展、弥补国内在这一领域研究的不足，无疑有着重要的理论意义与现实意义。

在本部分中，运用了大量数学研究领域前沿知识（如多元统计的主成分分析、典型相关分析、回归分析以及灰色系统理论等）以及现代统计工具（如SPSS、SAS、MATLAB软件），采取了宏观与微观相结合、定量与定性相结合、横向与纵向比较相结合的研究方法，构建了蔬菜产出水平、消费水平以及净出口水平的数学模型，预测了未来（2009~2015年）一段时间内中国蔬菜的产出、消费、净出口水平的具体数据，并分析了这些数据所包含的政策含义。

本部分分为5章。第20章阐明了本部分研究的目的与意义。第21章从生产的角度，分析了中国蔬菜生产变化与特点，用定量与定性相结合的方法探讨了影响蔬菜产出水平的若干因素，并构建了蔬菜产量的预测模型，并且也用其他预测方法如灰色系统理论、一元线性回归对蔬菜产量进行了预测，并作比较分析，找出了一个客观的、符合实际的预测总量。在第22章里，首先总结了中国消费现状与特点，分析了影响蔬菜消费的若干因素，并把这些主要因素和消费量放在一起，构建了城乡人均蔬菜消费量的主成分回归预测模型，并同时采用指数模型对城乡人均蔬菜消费量进行预测，并把三种预测结果进行比较分析，找出一个合适

的消费预测量。然后，预测出 2009～2015 年的城乡人口数，从而计算出 2009～2015 年的中国蔬菜消费总量。第 23 章，主要研究蔬菜出口贸易问题，首先分析中国蔬菜出口贸易现状，阐述了中国蔬菜出口的总量、结构、地理流向与省份贡献。接着对中国蔬菜出口优势与潜力及其制约因素进行了理论分析。最后，利用灰色系统理论构建了中国蔬菜净出口预测模型，并对 2009～2015 年的蔬菜净出口数量进行了预测。第 24 章首先对第 21～23 章的结论作综合，并从供需平衡的角度上分析中国蔬菜产业发展所存在的问题；其次指出问题存在的可能性原因；最后探讨要达到蔬菜供需平衡所应采取的对策与措施。

第 20 章
研究的意义

20.1 研究的目的与意义

20.1.1 蔬菜产业在人民生活、经济发展中的重要地位

（1）蔬菜具有极高的营养价值

蔬菜是人们基本的副食品，品种多、营养价值全面。例如，豆类蔬菜富含蛋白质与脂肪；薯类蔬菜富含碳水化合物；人们日常食用的果菜类和叶菜类，就是人体所需要的无机盐类和维生素的主要来源。尤其是在膳食中缺乏牛奶和水果时，蔬菜就显得更为重要。

人体是由六大营养素及蛋白质、碳水化合物、脂肪、维生素、矿物质和水构成，在这六大营养素中，蔬菜对人体都起着程度不同且十分重要的作用。如平均每 100 克蔬菜中，含蛋白质 1~3 克、含脂肪（豆类食品除外）0.1~0.3 克、约含碳水化合物 6 克；而且蔬菜含有二十多种无机化合物的元素，其中含量较多的是钙、磷、铁、钾、镁、锰等。蔬菜中含有丰富的维生素 A、维生素 B_2、维生素 C；而且蔬菜的含水量在 90% 以上，是人体水分的主要来源。

（2）蔬菜有防病治病的功能

大量的研究表明，蔬菜有防病治病的功能。例如，番茄能清热解毒、凉血平肝，预防高血压、眼底出血，帮助消化、利尿；马铃薯能和胃、调中、健脾、益气、缓解痉挛等。

（3）蔬菜产业是农民脱贫致富奔向小康的支柱产业

蔬菜是中国最普遍的农产品，随着中国城镇化的发展、人口的相对集中、人们市场观念的增强，许多农民把蔬菜作为脱贫致富奔小康的主要产业。据有关部门统计，城镇郊区的农民收入快速增长的主要原因是得益于蔬菜的种植与销售。

（4）蔬菜也是人民基本的生活消费品

蔬菜品种的丰富及数量的保证也是人民脱贫致富进入小康生活水平的标志之一。目前，中国是世界上最大的蔬菜生产国，中国居民家庭蔬菜的人均占有量呈

现直线上升态势。1978年以来，中国居民家庭蔬菜的人均占有量快速提高。1991年中国居民家庭蔬菜的人均占有量为178.7千克，1995年达到204千克，2002年上升到400千克余，比世界蔬菜人均占有量102千克高出3倍多。

(5) 蔬菜产业发展对国民经济和社会发展具有多种贡献

蔬菜产业发展对国民经济和社会发展的贡献包括产品贡献、要素贡献、市场贡献和出口创汇贡献，正像农业对国民经济的贡献一样，作为农业的一个重要组成部分，这些贡献是不能被忽视的，中国蔬菜总产量也保持了持续快速增长的势头。同时，蔬菜还可以带动包装、运输、商业、医药、化工、食品、旅游的发展；而且蔬菜是中国重要的外销产品。2002年，中国出口蔬菜360万吨，比2001年同比增长20.8%，出口创汇金额18.88亿美元，同比增长7.87%。发展蔬菜产业对社会发展的贡献主要还表现在使菜农家庭收入得到提高，为城乡提供了大量就业机会，丰富了老百姓的菜篮子，使人民的生活质量得到显著提高。

20.1.2 中国蔬菜产业发展的问题

然而，面向21世纪中国蔬菜产业的发展仍存在一些突出的问题。

其一，单产低，科技含量不高，产品虽具有价格优势，但品质不高。

其二，产后商品化处理水平低，加工业发展严重滞后，出口数量虽然递增，但金额并没有同比增长。

其三，蔬菜质量安全问题应引起高度重视。尽管中国蔬菜具有一定的比较优势和出口潜力，但是农药和化肥等有害物残留较高，蔬菜食品卫生质量差，其标准短期内难以达到国际要求而经常陷入外国"绿色壁垒"的陷阱之中。

其四，中国小农经营格局难以改变，产销割裂，蔬菜生产并未形成规模，导致产业化经营处于低水平阶段。

其五，蔬菜产品流通体制尚不健全，国内蔬菜流通成本太高。中国蔬菜出口离岸价格大大高于国内批发价格，这里面可能包含初级加工费用，但出口价格偏高说明中国国内市场体制不完善，流通领域存在超额利润。农产品流通环节的费用对农产品最终价格的形成有直接影响，如果以生产者出售价格获得这些产品，中国对外出口尚不足为艰，但要经过国内流通环节再出口，效益就会大打折扣，导致菜农难以增收。

其六，蔬菜加工保鲜能力不足，浪费严重。

中国作为蔬菜生产大国和消费大国，加入WTO后，在乌拉圭回合《农业协议》的框架下，蔬菜产业和蔬菜市场必将受到巨大影响。因此，在分析影响中国蔬菜产业生产、消费与贸易因素的基础上，预测出今后一段时间内中国蔬菜生产能力与消费能力，对于研究蔬菜供需平衡以及对于在中国宏观经济背景下指导中国蔬菜生产出口贸易具有重要的理论意义。同时，本部分用多种方法预测中国蔬菜未来总产和中国国内家庭消费总量，为政府制定相应的政策措施提供可靠的科学依据和决策参考，具有一定的实践意义。

本部分研究的目的在于，立足于农业家庭承包经营这一基础，从经济学的角度，运用多元统计等经济数学理论，全方位地探索中国蔬菜产业发展的内在规律，在总结他人研究成果的基础上，初步形成中国蔬菜供需平衡经济理论的分析框架。具体目标是：其一，通过对历史资料及历史现象分析，找出中国蔬菜产业发展规律，探索最新发展动态，研究中国蔬菜生产、消费、贸易与其影响因素之间的联系。其二，对蔬菜产出水平、蔬菜国内消费能力、蔬菜贸易进行多方式的趋势预测。其三，在预测结果出来之后，重点研究中国蔬菜供需平衡，为今后的蔬菜生产、消费与出口提供一个客观的理论依据。

20.2　国内外研究动态

研究动态的叙述仅限于已查阅的专著与文献，主要集中在主成分回归预测模型、灰色系统理论预测模型、Markov 链预测模型、一元线性回归模型、一元非线性回归模型以及供需平衡理论等方面的文章及有关农业经济学、国际贸易、计量经济、西方经济学、数理统计、SAS 软件、SPSS 软件等方面的书籍。

20.2.1　蔬菜生产、消费及趋势预测等方面的研究

关于蔬菜产量预测的研究国内非常少，只是在有关供需平衡的文章里作过一些分析，如冯彪和徐兆亮（1995）在《城市蔬菜供需平衡问题的优化研究》一文中对兰州市蔬菜产、供、销历史与现状进行研究，并对其供求关系进行定量分析及预测。但其预测只停留在感性上，并未做精确的产量预测模型。虽然，蔬菜产量预测的研究很少，但其他农产品产量预测的研究还是有一些，主要有：黄季琨、（美）斯·罗泽尔的《迈向 21 世纪的中国粮食》一书，该书从中国的实际情况出发，运用了现代计量经济学的分析方法探讨了影响粮食产量、消费的各种因素，从而建立系统性强的预测模型，得出了相当客观的结论即中国人完全能养活自己。其他预测方面的文章主要有：朱孔来等（1990）的《应用马尔柯夫链预测粮食产量》，马承霈（1990）的《中国粮食单产和总产的预测》，李宏标（1996）的《1996 年中国玉米供求预测》，唐兴文（1999）的《用回归分析看广西粮食发展》，陈锡康等（1996）的《中国粮食生产发展预测及其保证程度分析》，刘元根、赵学君（1989）的《安图县粮食产量预测模型》，苏帆（1994）

的《湖北省粮食产量的灰色预测》等。在《中国蔬菜市场供求特点分析》一文中，唐妍（1998）对中国蔬菜生产与消费特点作了详细的分析。李加旺和张文珠（2001）在《21世纪中国蔬菜生产的发展趋势与对策》一文中指出中国今后的发展趋势与对策有五个方面：①调整产业结构，变革传统农业；②大力发展精品农业；③大力发展城郊型蔬菜产业；④创建绿色食品蔬菜基地；⑤全力推进产业化蔬菜生产。《中国蔬菜》杂志、网站、农业部信息网经常公布有关蔬菜生产方面的信息。李鹿贵和张晓昱（1996）在论文《我国蔬菜食品产销浅议》中分析了中国蔬菜产销特点，提出了中国应采取的方法。陈殿奎（1998）在《中国蔬菜的生产消费与流通》中对中国未来蔬菜生产与流通提出了很好的建议。

20.2.2　蔬菜产业方面的研究

中国蔬菜信息网上显示，随着中国加入 WTO 和人民生活水平的不断提高，蔬菜产业将朝着环保、方便、创汇三个方向发展，并将逐步走向多元化、国际化。具体表现在三个方面。第一，蔬菜栽培种植趋向环保科技型；第二，蔬菜加工储藏趋向方便实用型；第三，蔬菜产销趋向出口创汇型。吕春修（1995）在《对辽宁省蔬菜产业结构调整的探讨》论文中对蔬菜产业结构调整进行了探讨。葛晓光（2002）在《怎样进行蔬菜产业结构调整》中指出了中国蔬菜产业结构特别要注意的问题和蔬菜产业结构调整的步骤。

20.2.3　蔬菜贸易方面的研究

全国农业技术推广服务中心的张真和（2002）在《中国蔬菜出口存在的主要问题及对策》中指出影响中国蔬菜产品出口的主要因素有：体制不健全，秩序差；产品质量卫生安全性差；采后处理的意识不强，技术、设备水平较低，包装也常常不符合外商的要求；品种不对路。另外，中国蔬菜出口企业的规模一般较小；出口信誉度低；育种水平和栽培技术与发达国家相比也存在一定的差距。并且他提出促进中国蔬菜产业健康发展的建议有：首先，要深化行政管理体制改革，建立高效一体的适应 WTO 框架的行政管理体制，杜绝生产管理部门管不了销售，销售部门不管生产的状态；其次，为产销企业和农民合作经济组织制定符合 WTO 规则的扶持政策；再次，加强蔬菜行业自律，树立讲信誉的良好形象，最好成立行业协会，统一协调生产和销售，加强出口市场信息的服务和交流。最后，优化调整出口产业结构，建立蔬菜质量保证体系，实施"科技兴菜"的发展战略和园艺产业振兴计划，尤其是育种和引种要加强，对蔬菜等在国际市场有竞争空间的园艺产品要大力扶持，实施以进口大国为重点的市场多元化拓展战略。文风（2002）在《日本市场需要哪些中国蔬菜》中指出日本需要进口的蔬菜品种主要有：洋葱、扁豆、土豆、豌豆、甜玉米、毛豆、南瓜、大蒜、大葱、生姜、黄瓜等。需要进口的蔬菜主要有三类，即盐渍蔬菜、冷冻蔬菜和森林蔬菜。日本市场每年有大约40亿日元的盐渍蔬菜需要进口。其中从中国和韩国约进口25万吨，从中国进口的约占80%。各种森林蔬菜在日本也比较畅销，山野菜有松茸、黑木耳、菇类等；茎菜类有竹笋、山芹菜、野豌豆等；叶菜类有香椿等；花菜类有桂花、菊花、金银花、黄花菜等；果菜类有板栗、酸豆等。日本对进口蔬菜要求严格，一要外观好看、大小一致；二要供货及时，不能时断时续；三要质量上乘、口味新鲜。谢静华、李岳云（2002）在《提高蔬菜卫生质量促进蔬菜出口》一文中指出制约中国蔬菜出口的主要问题是蔬菜卫生质量低，并对中国蔬菜卫生质量问题的成因作重点分析，提出了相应的对策和建议，即一要努力创造良好的生态环境；二要发展绿色蔬菜；三要健全国家法律、法规，完善卫生质量监控体系。薛彦斌（2002）在《加入WTO后中国出口蔬菜面临的形势和对策——寿光市出口蔬菜创汇剖析》中借用寿光市出口蔬菜创汇情况分析了中国蔬菜出口在新时期下面临的形势，并指出了应对对策：①实施国际标准认证；②调整蔬菜产业结构；③绿色食品与有机蔬菜；④培植和打造品牌；⑤标准化生产；⑥发展行业协会，实行行业自律。朱春泗（2001）在《中国蔬菜出口可持续发展的障碍——面对世界绿色贸易壁垒的思考》中探讨了国际环保法规对中国出口贸易的影响，他认为要保持蔬菜出口可持续发展就应该顺应历史潮流，加速发展中国绿色产业，积极靠拢并研究国际市场，拆除绿色贸易壁垒。刘玉萍、张明娜（2002）在《入世后中国蔬菜产业面临的形势及对策》中分析了中国贸易现状的有利与不利条件，提出了主要措施与对策。

20.2.4　蔬菜供需平衡方面的研究

冯彪和徐兆亮（1995）在《城市蔬菜供需平衡问题的优化研究》一文中对兰州市蔬菜产、供、销历史与现状进行研究，并在对其供求关系进行定量分析及预测的基础上建立了兰州市蔬菜供需平衡的线性规划优化模型，通过求解得到了商品蔬菜基地建设和蔬菜调出量、调入量的优化安排，以期达到蔬菜供应的最佳经济效益与社会效益。

有一点需要指出，通过查阅大量的资料后发现，国内外特别是国内研究蔬菜问题经济方面的文章不多，而且大多数集中在贸易、供销体制等方面，研究蔬菜产量与消费量预测方面的文章非常少，这方面研究的缺乏给我们的研究带来极大的挑战。

第 21 章
中国蔬菜生产及趋势预测

与粮食一样，蔬菜是人们生活中必不可少的食品之一，在人们日常生活中扮演着重要的角色。蔬菜的供需平衡与否直接影响着人民生活质量与社会的稳定。因此，前瞻性地了解中国蔬菜未来产量的发展趋势，对于蔬菜生产调整、丰富人民物质生活尤为重要。然而至今还没有学者通过研究蔬菜产出水平的预测模型，来对未来蔬菜产量进行预测。本项研究或将填补这一空缺。

本章首先概述中国蔬菜生产的基本情况，简要分析了影响中国蔬菜产出水平的若干因素，然后通过对这些因素进行主成分分析，提取了基本上保留原有信息的三个主成分，并用典型相关分析探讨了在三个主成分作为自变量的前提下，用蔬菜总产量作为主要指标来研究产出水平。并在此基础上利用逐步回归法建立了蔬菜产出水平的主成分回归预测模型，对 2003 ~ 2015 年的蔬菜总产作了预测。最后再用灰色系统理论与一般线性模型对预测结果进行了检验。

21.1 中国蔬菜生产的基本情况

21.1.1 中国蔬菜种植规模迅速扩张

随着市场经济体制的不断完善与人民生活水平的不断提高，人们对蔬菜的消费需求日益增加。特别是 20 世纪 90 年代以后，在粮食出现结构性剩余的背景下，农业结构调整的一个趋势就是缩减粮食等作物的种植面积，转向蔬菜等相对收益率较高的经济作物。特别是在两轮"菜篮子工程"以及国际市场需求的强力推动下，中国蔬菜种植规模迅速扩张。20 多年来，全国蔬菜的播种面积、总产量持续增长。据农业部统计资料显示，2007 年中国蔬菜播种面积 1732.9 万公顷、总产量 5.34 亿吨，分别是 1985 年 475.3 万公顷、1.25 亿吨的 3.65 倍和 4.28 倍，是 1978 年 333 万公顷、8243 万吨的 5.21 倍和 6.80 倍。2007 年全国蔬菜平均单产 32.51 吨/公顷，比 1978 年 24.75 吨/公顷增长了 30% 左右。2007 年全国人均蔬菜占有量已达 426.37 千克，显著超过世界人均占有 120 千克的水平。

从图 21-1 可以看出，自 1991 年起，中国蔬菜种植面积持续增加，其中以 1993 年和 2000 年增长率最大，分别达到 14.99% 和 14.16%，平均年增长率为 9.1%。而蔬菜总产量从总体上保持增长，但增长率波动较大。在 1992 年、1993 年、1994 年连续三年负增长后，蔬菜开始出现供给不足。为了缓解这种局面，国家在 1995 年启动了第二轮"菜篮子工程"，极大地刺激了全国蔬菜生产。1995 年蔬菜总产增长率达到 54.94%，是 1991～2002 年平均增长率 9.5% 的 5.78 倍。随后随着蔬菜单产水平增速减缓，蔬菜总产增速大幅下降，到 2000 年时，单产年增长率已为负值，年总产量增长也达到近年最低水平（4.66%）。2001 年蔬菜总产又开始了新一轮的增长，总产量增长率为 14%，2002 年以后增速有所减缓，但仍高于平均增速。

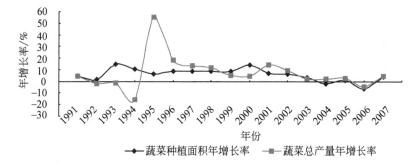

图 21-1　1991～2007 年中国蔬菜种植面积和总产量年增长率变化

表 21-1 中显示，中国蔬菜种植面积与产量占农作物播种面积与产量的比例越来越大，蔬菜种植面积比例由 1978 年 2.22% 上升到 2007 年的 11.29%，这说明蔬菜产业已经成为中国最重要的产业之一。与此同时，蔬菜总产值在农业总产值的比例增长速度也很快。2007 年中国蔬菜总产值占农业总产值的比例超过了 10%，高于渔业、林业的产值。

表 21-1　蔬菜种植面积占种植业的比例及蔬菜产量、人均占有量及单产水平的变化

年　份	蔬菜面积 /万公顷	农作物播种 面积/万公顷	蔬菜面积 比例/%	蔬菜产量 /万吨	人均占有量 /千克	单产水平 /（吨/公顷）
1978	333.0	15 010.5	2.22	8 243	84.36	24.75
1985	475.3	14 362.6	3.31	12 500	116.18	26.30
1990	661.0	14 836.3	4.46	19 519	170.72	29.53
1991	691.6	14 958.6	4.62	20 410	176.22	29.51
1992	703.0	14 900.8	4.72	20 000*	170.69	28.45
1993	808.4	14 774.1	5.47	19 695	166.18	24.36
1994	892.1	14 824.1	6.02	16 602	138.52	18.61
1995	951.4	14 987.9	6.35	25 723	212.37	27.04

年 份	蔬菜面积 /万公顷	农作物播种 面积/万公顷	蔬菜面积 比例/%	蔬菜产量 /万吨	人均占有量 /千克	单产水平 /（吨/公顷）
1996	1 036.8	15 238.1	6.80	30 379	248.22	29.30
1997	1 127.8	15 396.9	7.32	34 473	278.85	30.57
1998	1 229.1	15 570.6	7.89	38 485	308.47	31.31
1999	1 334.6	15 637.3	8.53	40 514	322.09	30.36
2000	1 523.7	15 630.0	9.75	42 400	334.54	27.83
2001	1 633.9	15 570.8	10.50	48 337	378.75	29.58
2002	1 735.3	15 463.6	11.20	52 909	411.89	30.49
2003	1 795.4	15 241.5	11.77	54 032	418.12	30.09
2004	1 756.0	15 355.3	11.43	55 064	423.61	31.36
2005	1 772.1	15 548.8	11.39	56 451	431.73	31.86
2006	1 663.9	15 214.9	10.93	54 004	410.84	32.46
2007	1 732.9	15 346.4	11.29	56 336	426.37	32.51

* 为作者估计值

资料来源：根据《中国农业年鉴》、《中国农村统计年鉴》相关年份数据整理而得

从世界范围上看，中国已成为当今世界播种面积最大、产出量最多的国家。据 FAO 统计，2007 年，世界蔬菜（含瓜类）总产达到了 893 43 万吨，而仅中国就达到了 448 98 万吨，占世界总产的 50%，其中新鲜蔬菜占到了世界新鲜蔬菜总产的 61%。表 21-2 列举了 1990～2007 年中国蔬菜总产占世界蔬菜总产的比例变化。

表 21-2　中国蔬菜总产占世界蔬菜总产比例变化

年 份	蔬菜 （含瓜类） 总计/万吨	世界蔬菜 （含瓜类） 总计/万吨	所占比例 /%	中国蔬菜 （新鲜）总计 /万吨	世界蔬菜 （新鲜）总计 /万吨	所占比例 /%
1990	12 838	46 312	28	6 166.6	14 049	44
1995	20 270	56 515	36	8 904.3	16 779	53
2000	32 881	74 813	44	12 155.0	21 643	56
2001	35 653	77 936	46	12 897.0	23 142	56
2002	38 924	81 226	48	13 603.0	23 124	59
2003	40 063	84 146	48	13 800.0	24 152	57
2004	41 032	87 342	47	14 001.0	25 083	56
2005	42 326	89 118	48	14 201.0	25 877	55
2006	43 733	88 974	50	14 585.0	24 086	61
2007	44 898	89 343	50	14 720.0	24 084	61

资料来源：联合国粮食及农业组织 FAOSTAT 数据库

在中国，蔬菜产业已成为种植业中仅次于粮食的第二大产业。蔬菜生产的迅速发展，使在计划经济中长期困扰着各级政府的蔬菜供应问题基本得到解决。全国城乡蔬菜市场供应充足，价格稳定，花色品种不断增多，商品质量明显改观，均衡供应水平不断提高，基本做到"淡季不淡，旺季不烂"，蔬菜季节性差价进一步缩小。许多大城市蔬菜日上市品种在 50 个以上，蔬菜市场已不再是卖什么吃什么，而是想吃什么有什么。

21.1.2　蔬菜供应情况正在改善

中国蔬菜的区域布局大体经历了三个阶段。第一个阶段是 1984 年以前，蔬菜基地主要分布在大中城市郊区，农区只有少量的自食菜地和季节性菜地，基本上属于半封闭状态的自给自足生产形式；第二个阶段是 20 世纪 80 年代中期到 90 年代初，随着蔬菜产销体制的改革，逐渐形成了五大片农区商品菜生产基地（南菜北运基地，黄淮早春菜基地，西菜东调基地，冀、鲁、豫秋菜基地和京北夏秋淡季菜基地），每年向全国提供 1.2 多亿吨的商品蔬菜，约为城市消费量的 30%左右；第三个阶段是 90 年代以来，由于城市建设用地的需要和近郊劳动力成本的上升，以及广大农区种植结构的调整，全国蔬菜的区域布局发生了很大的变化，特别是随着节能型日光温室蔬菜栽培技术成果的推广应用，北方农区冬季蔬菜生产得到了迅速发展。目前，全国蔬菜产区更加集中，蔬菜大县不断增多，蔬菜播种面积为 6666.7 公顷（10 万亩）以上的县由 1990 年的 163 个，发展到 2002 年的 658 个，其中 2 万公顷以上大县已有 55 个。全国蔬菜生产的区域布局进一步优化，农民正在摆脱家庭小菜园式的生产方式，走上规模化、专业化、区域化生产的路子。蔬菜大生产、大市场、大流通的格局已基本形成南菜北运、西菜东调、北菜南销，各地都在最大限度地发挥自己的区位优势、交通优势、技术优势，发展本地的蔬菜生产，扩大市场份额。

21.1.3　科技水平不断提高，综合生产能力逐步增强

中国是世界蔬菜品种起源中心之一。蔬菜品种资源极其丰富，搜集入库保存材料 3 万余份。中国蔬菜育种工作者，在遗传种质资源研究基础上，选育出了一批高产、优质、抗病蔬菜新品种。特别是最近二十年时间里，杂种一代制种技术在蔬菜品种改良上获得普及，十大类蔬菜累积推出了近千个优良杂交新品种。

近年来，各地积极推广保护地尤其是日光温室蔬菜的综合栽培技术、无公害生产技术、高山蔬菜生产技术、特色菜配套栽培生产技术。1996 年全国保护地面积 99.7 万公顷，其中，北方冬春季不加温就可进行越冬生产的节能型日光温

室 16.2 万公顷，遮阳网的应用面积 1996 年为 2.7 万公顷、8800 万平方米，而 1978 年全国只有少量的保护地设施，遮阳网的应用面积几乎为零。为了适应消费者对品种多样化的需求，三十多年来共选育、审定、推广了千余个新品种，同时还因地制宜地引进和推广了一大批名特优稀品种，全国主要蔬菜的栽培品种实现了 2 或 3 次更新，良种覆盖率达到 80% 以上。城市郊区标准化菜田的比例已达 40% 以上，约比 1990 年提高了 20%，蔬菜生产的设施化水平不断加强，蔬菜综合生产能力不断在提高。

21.1.4 农民商品意识逐步增强

随着蔬菜生产的发展，蔬菜业在农村经济尤其是种植业中地位越来越重要。在许多地区，一座日光温室就是一个"绿色工厂"，一块高山菜地就是贫困农民的一个"聚宝盆"，发展蔬菜生产是农民脱贫致富的重要途径。由于蔬菜生产商品率高，在时效性上、鲜活性上要求也高，农民在市场竞争中逐渐改变了传统的生产经营习惯和方式，市场意识、商品意识、科技意识普遍增强，一代有文化、懂科技、会经营的新型农民正在成长。

21.2 影响蔬菜产出水平的主要因素分析

蔬菜产业是一个复杂的系统，其影响因素涉及很多方面。有直接影响因素也有间接影响因素。直接影响因素包括蔬菜种植面积、劳动力投入以及物质费用投入等；间接影响因素包括科技水平、蔬菜价格、居民收入、蔬菜收益水平、城市化水平、市场化水平、交通状况、经营体制以及气候条件等。下面将从这些方面来探讨影响蔬菜产出的具体情况。

21.2.1 直接影响因素

（1）蔬菜种植面积

蔬菜种植面积（万公顷，以下记为 x_1）是影响蔬菜产量重要的因素。从图 21-2、图 21-3 中不难看出。第一，中国蔬菜种植面积与年产量几乎同比增长，增长幅度均较大。第二，20 世纪 90 年代以后蔬菜单产水平几乎没有变化，即使与 1978 年相比，2007 年单产水平也变化不大。第三，从图 21-4 中可以看出，蔬菜年产量与蔬菜种植面积存在着高度的相关性。二者的相关系数高达 0.978，其显著性概率小于 0.0001。

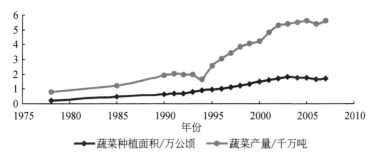

图 21-2　1978～2007 年中国蔬菜种植面积、蔬菜总产变化

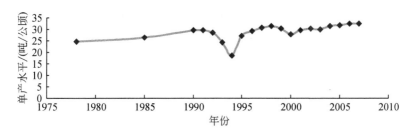

图 21-3　1978～2002 年中国蔬菜平均单位面积产量的变化

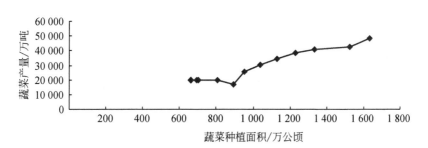

图 21-4　蔬菜产量与蔬菜种植面积散点图

由上述现象可以得出以下结论：

1）中国蔬菜总产量的增长主要得益于蔬菜种植面积的扩张，这表明中国蔬菜生产还处在面积扩张性的、土地密集型的阶段。

2）单产水平的稳定表明，中国蔬菜产量（质量）依赖科技水平的程度不高。蔬菜产业属于劳动密集型产业，几千年来中国就形成了一套精耕细作的种植技术。科学技术的进步无法在较大空间上提升这种技术。科学技术的进步在蔬菜产业上主要体现在品种的更新、设施蔬菜的研究与推广以及营养外观包括色香味等方面，科学技术的进步催生了许多蔬菜新品种的诞生，推广了蔬菜种植的地域和种植的季节，提高了蔬菜的经济效益。但是蔬菜种植规模越大，蔬菜平均单产水平越面临着减产的风险，这也从另一个角度上说明了中国蔬菜种植规模的扩张远远快于科学技术进步的速度，科学技术的进步并未得到全方位的推广。

（2）物质费用投入与劳动力投入

根据蔬菜生物学特性，物质费用投入（元/公顷，以每公顷每年投入物质费用总金额表示，记为 x_2）是蔬菜赖以生长的基础要素。物质费用投入包括化肥、农药、灌溉、种子、机械等费用。由于资料收集的限制，在此就不逐一研究。劳动投入（天/公顷，以每公顷每年投入劳动标准工作日表示，记为 x_3）对蔬菜生产的作用显而易见。蔬菜生产属于劳动密集型产业，培种、施肥、浇水、除虫、采集以及包装运输等一系列生产过程是无法用机器代替的。而中国劳动力资源丰富、价格便宜，正好适合于发展蔬菜这一需要大量劳动力的产业，这也是中国蔬菜产业在世界上处于领先水平的根本原因所在。

21.2.2　间接影响因素

（1）科技进步

在前面已经提到，中国蔬菜科技水平不断提高，蔬菜综合生产能力不断加强。蔬菜科技水平的进步，可以尽可能地减轻限制蔬菜生产的如气候、位置、土地等条件的影响程度，针对中国目前蔬菜生产的现状，最重要的技术措施应包括提高土地生产率的技术，即设施蔬菜栽培的关联技术；适应自然环境的品种及种植方法的改良技术，即新品种及新栽培技术；经济性及物理性的距离的缩短技术，即包装和运输技术。

尽管中国蔬菜生产技术有了明显的提高，但各地区发展不平衡，特别是广大分散经营的蔬菜生产农户技术水平急需提高。就全国范围而言，中国的整体技术水平提高并不明显，尤其在提高蔬菜单产水平上步履蹒跚。由于本部分是研究蔬菜产出水平（质量），并没有涉及蔬菜产出的经济效益，因此在以下的预测研究中就不考虑科学技术进步这一因素。

（2）生产收益性水平

成本纯收益率（%，记为 x_5）对蔬菜供给影响较大。表 21-3 表示蔬菜与其他主要农产品的投入产出与收益性的比较情况。从表中可知蔬菜的亩均净利润为小麦、玉米和大豆的 10 多倍，为水稻、棉花的 5～9 倍。虽然蔬菜的资本投入较多，但其成本纯收益率较其他农产品也高，达到 109.33%。蔬菜与其他农产品相比不但具有较高的土地生产率，而且，现阶段蔬菜也具有更高的经济效益。这是改革开放以来中国蔬菜生产迅速发展的主要原因。

表 21-3　2007 年主要农产品每亩投入产出与收益率比较

项　目	产量/千克	产值/元	总成本/元	净利润/元	成本纯收益率/%
蔬菜平均	3 245.2	3 971.4	1 897.2	2 074.2	109.33
水　稻	450.2	784.29	555.16	229.13	41.27
小　麦	359.90	563.91	438.61	125.30	28.57
玉　米	422.40	650.52	449.70	200.82	44.66
大　豆	110.10	466.96	291.75	175.21	60.05
棉　花	82.20	1 353.48	965.56	387.92	40.18

资料来源：根据《2008 年全国农产品成本收益资料汇编》整理而得

（3）蔬菜价格

从经济学角度上看，蔬菜价格（用蔬菜零售物价指数表示，记为 x_4）是影响蔬菜需求量的重要因素，同时它也是影响供给的重要因素。作为蔬菜生产者，在社会效益保障的前提下，经济效益是他们的最大追求。在蔬菜生产成本已经固定的条件下，尽可能地提高蔬菜的销售收入是驱动蔬菜生产者积极性的重要环节。蔬菜零售价格的高低一方面影响消费者购买蔬菜的数量，另一方面也影响生产者生产蔬菜的热情。因此，要研究蔬菜产出水平就必须充分考虑到价格对生产的影响。

（4）市场化程度、城市化水平与交通状况

市场化程度（元/人，以人均年社会消费品零售额表示，记为 x_6）、城市化水平 1（%，用城市人口所占全国人口比例表示，记为 x_7）、城市化水平 2（%，用全国从事第二产业、第三产业人口占全国人口比例表示，记为 x_8）、交通（吨/人，用每年人均货物运输量表示，记为 x_9）是影响交易与流通的重要因素。

从理论上来讲，蔬菜产出能力并不能都直接转化成蔬菜的供给能力，除了有统计口径的不一致的人为误差之外，这里还有很多其他的原因。其中最主要的是流通与交易的速度与成本的问题。农民生产出来的蔬菜产品，除了自己消费一部分之外，其他的就会通过集贸市场出售。这就涉及三个方面的问题：

一是生产经营形态问题。无论是在蔬菜主产区还是在蔬菜非主产区，家庭联产承包责任制始终是中国农业生产的基本制度。蔬菜经营的基本单位是农户，千家万户小规模的蔬菜生产经营，面对的是复杂多变的大市场，承担较大的市场风险，特别是在加入 WTO 以后，市场风险变化莫测。为了克服这种小规模生产经营与大市场的矛盾，提高中国蔬菜产业的竞争力，中国蔬菜生产经营必须走规模经营与集约化之路。由于中国土地政策等的影响，欧美式的大规模的经营在中国很难实现。通过一体化经营来提高中国蔬菜生产的经营水平是发挥中国资源与劳动优势、扩大出口最重要的途径。

二是市场交易场所的软件与硬件建设问题。蔬菜批发市场是蔬菜贸易的重要场所，因此蔬菜批发市场的建立与完善是确保蔬菜流通速度与成本的重要环节。中国应该建立有数量保证与成交额规模的蔬菜交易市场，与此同时，还应科学地布局好蔬菜市场的位置以及加强蔬菜市场的组织与法制建设，确保中国蔬菜交易在一个健康、有序的良性环境下进行。

三是加速城镇化建设步伐的问题。回顾中国蔬菜发展的历史不难发现：蔬菜产业的发展和进步与城市化的进程密切相关。将中国 1990 ~ 2007 年的蔬菜产量与城市化水平1、城市化水平2进行了相关分析，相关系数见表21-4。

表21-4　蔬菜产量与城市化水平1、城市化水平2的相关系数

项　目	蔬菜总产量	城市化水平1
城市化水平1	0.981 **	1.000
城市化水平2	0.844 **	0.853 **

** 表示在 0.01 水平下显著

从表21-4中可以看出中国城市化水平与蔬菜总产量的确高度相关，产生这种局面的原因是显而易见的：一方面，城市化水平越高，表明脱离土地的人口数量在增加，表明靠种植蔬菜来满足蔬菜消费的人口数量在减少。城市居民或在城市生活的农村居民其蔬菜消费数量与质量显然要高于在农村居住的农村居民，因此蔬菜消费总量的增加是必然的，蔬菜消费量的增加能动地带动了蔬菜生产规模的扩张。另一方面，城市化水平的提高，带动了第三产业特别是服务业的发展，从事蔬菜贸易的人员数量增多、职业化程度也在增加。贸易渠道的畅通也会极大地调动蔬菜生产者与经营者的积极性，蔬菜产量增加理所当然。

四是交通问题。市场化程度高低的一个明显标志是交通是否发达。蔬菜贸易对交通的依赖程度相当高，这主要是由蔬菜的商品特性所决定的。蔬菜商品不但品种多样，标准化困难，而且作为新鲜产品，多数蔬菜具有易腐性，不耐储藏。另外，蔬菜作为生活必需品，在每日饮食生活中不可缺，需求价格弹性低，购买频率高。因此对于蔬菜流通体系的重要组成部分，蔬菜交通不但要求能保持蔬菜商品鲜度，而且要加速蔬菜在空间上转移的速度，使蔬菜供应快捷、迅速、安全。

（5）居民收入

城镇居民人均可支配收入（元，记为 x_{10}）、农村居民人均纯收入（元，记为 x_{11}）是反映消费者购买能力的指标。居民的收入越高，对生活质量的追求也就越高，对蔬菜价格的敏感程度就会降低。在收入增加的起始阶段，人们将更多的收入用来购买生活必需品，用以改善生活。但随着收入继续提高，蔬菜这种价格弹性较小的商品，其消费量不增反减，但是蔬菜支出金额不会减少。这反映出人们对蔬菜花色、品质、色味的更高追求。消费量与供给量又是密切相关的。由此

可见，居民收入对蔬菜产量的影响是必然的。

（6）农业劳动力受教育程度

农业劳动力受教育程度（年，用农民家庭劳动力的平均受教育的时间表示，记为 x_{12}）是决定蔬菜劳动生产率水平的关键因素。其原因在于：①农民受教育程度决定了其生产经营能力大小，农民受教育程度越高，其市场意识、信息意识、科技意识越强，越能紧紧围绕市场需求组织生产，捕捉市场信息，抢占蔬菜市场，向新品种、新技术要市场、要效益。因此，其单位劳动投入带来的产出就越高。②农民文化水平是农业科技水平的集中体现。农民是农业生产的主体，也是科学技术转化为农业产出的具体实践者。王红伶等（1986）的研究表明，中国"八五"时期知识进展对农业产出增长的贡献率为 28.08%，而国外的一项研究则表明，发展中国家基于文化教育的回报在 20% 以上。综合以上两点可知，农民受教育程度是影响农业劳动生产率的关键因素。而蔬菜产业恰恰就是一个能充分能体现劳动者智慧的产业。

21.3 蔬菜产出及其影响因素的相关分析

21.3.1 资料收集与整理

考虑到现实统计资料的可获取性，以上指标采样时段为 1990～2002 年，实际因素中 x_1 资料来自《中国农村统计年鉴》相关年份；x_2、x_3、x_5 资料是根据国家发展和改革委员会等七部委编《全国农产品成本收益资料汇编》相关年份中计算得到；x_{10}、x_{11} 资料来自《中国统计年鉴》相关年份；x_4、x_6、x_7、x_8、x_9、x_{12}、x_{13} 是根据《中国统计年鉴》相关年份计算得到。各价值型因素指标则按 1990 年可比价格换算。

为了弄清 13 个因素之间的相关关系，我将 13 个因素变量数据作相关分析，不难发现，x_1 与 x_6、x_7、x_9、x_{12}、x_2 以及 x_4 与 x_8、x_{11} 等又很强的相关性。由于讨论的是多个因素对蔬菜产出的影响，多个因素之间相关系数又是错综复杂的，任何两个因素之间都有简单的线性关系，而这种相关关系还夹杂了其他变量所带来的影响。因此，现在就需要有一种进行简化的方法，可以在不损失或很少损失原有信息的前提下，将上述若干个个数较多而且彼此相关的因素转化为新的且个数较少并且彼此独立或不相关的综合因素。主成分分析法就是解决这类问题的一个很有效的方法。

对于上述提出的 13 个因素，主成分分析法将重新组成一种新的两两不相关、信息尽可能不丧失的、不重叠的几个综合因素代替原有因素。并结合蔬菜生产实际，从不同角度说明蔬菜产出水平的不同特征，揭示影响中国蔬菜产出水平的普遍信息与特殊信息，从而找出影响蔬菜产出水平的关键因素。

21.3.2 主成分分析

将表 21-5 中的资料写成矩阵形式：$X = \begin{bmatrix} x_{11} & x_{12} & \cdots & x_{1,13} \\ x_{21} & x_{22} & \cdots & x_{2,13} \\ \vdots & \vdots & \vdots & \vdots \\ x_{13,1} & x_{13,2} & \cdots & x_{13,13} \end{bmatrix}$

并求出指标均值 $\overline{x}_i = \dfrac{1}{13}\sum_{t=1}^{13} x_{ti}$ 与修正方差 $s_i^{*2} = \dfrac{1}{12}\sum_{t=1}^{13}(x_{ti}-\overline{x}_i)^2, (i=1,2,\cdots,13)$。

为了消除原来各指标的量纲，使各指标之间具有可比性，需对原资料作标准化处理得

$$y_{ij}(x_{ti}-\overline{x}_i)/s_i^*,\quad Y=(y_{ij})_{13\times13}$$

计算其相关系数矩阵 $R=(r_{ij})_{13\times13}=\dfrac{1}{12}(Y^TY)$，$j=1,2,\cdots,13$，其中 $r_{ij}=\dfrac{1}{12}\sum_{i=1}^{13}y_{ti}y_{tj}$ 是第 i 个指标与第 j 个指标之间的样本相关系数，并进一步由 R 的特征方程 $|R-\lambda I_{13}|=0$ 计算出其特征值 λ_i（$i=1$，2，$\cdots$，13）（表 21-5）。

表 21-5　影响中国蔬菜产出水平因素的相关系数矩阵的特征值

特征值序号	特征值	相邻特征值的差	方差比例	累计方差比
1	10.157 370 6	9.081 358 8	0.781 3	0.781 3
2	1.076 011 8	0.244 093 9	0.082 8	0.864 1
3	0.831 917 8	0.233 105 1	0.064 0	0.928 1
4	0.598 812 8	0.395 387 7	0.046 1	0.974 2

从表 21-5 的结果可以看出，第一、第二、第三主成分累计解释方差的比例已经超过了 92.8%，所以只需要求 λ_1、λ_2、λ_3 所对应的正交化特征向量 α_i（$i=1,2,3$）。计算结果列在表 21-6 中。

表 21-6　影响中国蔬菜产出水平因素的相关系数矩阵的主要特征向量

主成分	Y_1	Y_2	Y_3	Y_4	Y_5	Y_6	Y_7	Y_8	Y_9	Y_{10}	Y_{11}	Y_{12}	Y_{13}
Z_1	0.29	0.30	-0.22	0.28	-0.19	0.30	0.31	0.30	0.29	0.31	0.31	0.31	-0.04
Z_2	-0.07	0.03	0.17	0.00	0.38	0.13	-0.02	0.11	0.16	0.02	0.10	0.01	0.87
Z_3	-0.09	0.24	0.65	0.00	0.48	0.11	-0.03	0.13	0.22	0.10	0.06	-0.01	-0.43

根据表 21-6 可知

$$Z_1 = \alpha_1 Y^T, \ Z_2 = \alpha_2 Y^T, \ Z_3 = \alpha_3 Y^T$$

式中，$Y = [y_1, y_2, \cdots, y_{13}]$，

$\alpha_1 = (0.29, \ 0.3, \ -0.22, \ 0.28, \ -0.19, \ 0.30, \ 0.31, \ 0.30, \ 0.29, \ 0.31, \ 0.31, \ 0.31, \ -0.04)$，

$\alpha_2 = (-0.07, \ 0.03, \ -0.51, \ 0.11, \ -0.14, \ -0.07, \ 0.06, \ -0.04, \ -0.19, \ -0.05, \ 0.02, \ 0.06, \ 0.78)$，

$\alpha_3 = (0.16, \ 0.12, \ 0.24, \ 0.24, \ 0.85, \ -0.01, \ 0.02, \ 0.12, \ 0, \ 0.07, \ 0.08, \ 0.05, \ 0.27)$。

从表 21-6 结果可以得到，前面三个主成分（$Z_1 \sim Z_3$）基本上反映了原来所有的信息。第一主成分与蔬菜种植面积、每公顷物质费用、蔬菜零售物价指数、市场化程度、城市化水平 1、城市化水平 2、交通、城镇居民可支配收入、农村居民纯收入、农民文化素质等密切相关，表示的是市场经济综合因素，着重反映的是市场经济的成熟程度与国家现代化水平；第二主成分与每公顷劳动投入、成本纯收益率等密切相关，表示的是劳动者动力因素；第三主成分与气候条件密切相关，显然表示的是气候因素。

通过对蔬菜产出的影响因素的主成分分析，我们得到影响蔬菜产出水平的主要因素，把原来较多的因素转化成相互独立的彼此不相关的三个主成分来代表原来的诸多因素。所得的主成分为主成分回归以及中国未来蔬菜产出的预测工作打下了一个很好的基础。

21.3.3 典型相关分析

蔬菜产出水平主要体现在蔬菜总产量（W_1）、人均蔬菜占有量（W_2）、蔬菜总产增长速度（W_3）三个方面，并称作因变量组（简称"产出组"）。现在的问题是，到底哪个因变量与主成分 Z_1、Z_2、Z_3（简称"影响组"）关系更为密切呢？一般的相关关系很难全面地回答这个问题，解决它最好的办法是典型相关分析法。

（1）基本理论

典型相关分析是 1936 年由 Hulling 提出的，所揭示的是两组多元随机变量之间的关系。其具体做法是，在第一组变量中提出一个典型变量，在第二组量中也提出一个典型变量，并使这一对典型变量具有最大的相关；然后又在每一组变量中提出第二个典型变量，使得在与第一个典型变量不相关的典型变量中，这两个典型变量线性组合之间的相关性最大。如此下去，直到两组变量间的相关性被提取完毕为止。可见，典型相关分析是把原来两组变量之间的相关，转化为研究从

各组中提出的少数几个典型变量之间的典型相关，从而减少研究变量的个数。

（2）资料整理

将影响中国蔬菜产出水平的资料的标准化矩阵 Y 代入 $Z_1 = \alpha_1 Y^T$，$Z_2 = \alpha_2 Y^T$，$Z_3 = \alpha_3 Y^T$ 中，得到了每个年份的三个主成分得分，表21-7 给出了 Z_1、Z_2、Z_3 的具体得分以及 1990~2007 年中国蔬菜总产的具体资料。

表21-7　蔬菜产出水平与影响因素的三个主成分资料

年份	蔬菜产量 W_1 /万吨	人均占有量 W_2 /千克	总产增长速率 W_3/%	主成分 Z_1	主成分 Z_2	主成分 Z_3
1990	19 519	170.72	9.80	−4.87	0.22	−0.07
1991	19 578	176.22	0.30	−4.14	−0.79	−1.17
1992	19 637	170.69	0.30	−3.99	−0.28	0.39
1993	19 695	166.18	0.30	−3.48	1.48	0.66
1994	16 602	138.52	−16.0	−2.78	0.43	2.42
1995	25 723	212.37	54.9	−1.11	−0.86	0.27
1996	30 379	248.22	18.1	−0.88	0.43	−0.38
1997	34 473	278.85	13.5	−0.50	−0.53	−0.73
1998	38 485	308.47	11.6	−0.31	−0.04	−0.45
1999	40 514	322.09	5.27	0.51	0.68	−1.41
2000	42 400	334.54	4.66	0.82	0.75	−0.80
2001	48 337	378.74	14.0	1.46	0.16	−0.78
2002	52 909	411.89	9.46	2.34	−1.61	0.18
2003	54 032	418.12	2.12	2.90	−1.50	0.91
2004	55 064	423.61	1.91	3.85	−0.80	0.52
2005	56 451	431.73	2.52	4.85	−0.24	0.06
2006	54 004	410.84	−4.33	5.33	2.51	0.38
2007	56 336	426.37	4.32	−4.87	0.22	−0.07

（3）模型计算与统计检验

将表21-7 的资料进行典型相关分析，得到表21-8 的结果：

表21-8　蔬菜产出水平与影响因素的三个主成分的典型相关系数及特征值

序号	典型相关系数	标准误差	特征值	方差比例	累计方差比例
1	0.982 193	0.010 189	27.330 9	0.917 4	0.917 4
2	0.810 462	0.099 059	1.914 2	0.080 9	0.998 3
3	0.439 231	0.232 983	0.239 0	0.001 7	1.000 0

从表 21-8 可知，前两个典型相关系数较高，表明相应典型变量之间密切相关。但要确定典型变量之间相关性的显著性程度，尚需进行相关系数的 F 统计量检验。其具体做法是，比较 F 计算值与临界值大小，根据比较结果判定典型变量的相关性的显著程度。其结果如表 21-9 所示。

表 21-9　相关系数检验

序　号	F 计算值	自由度	F 检验的显著性概率
1	10.88	9	0.000 1
2	3.60	4	0.028 2
3	2.15	1	0.176 5

从表 21-9 看，只有前两对典型变量通过了统计量检验，表明相应典型变量之间相关关系显著，能够用三个主成分影响变量来解释产出变量。

从表 21-10 可以看出：①前两对典型变量的解释能力均较强；②第一对、第二对典型变量具有较高的解释百分比，典型相关系数的平方表明，产出变量中分别有 96.47% 和 65.68% 的信息可以由相应的影响变量予以解释；③前两对典型变量的重叠系数较大，产出组的方差被影响组典型变量解释的比例分别为 62.53%、13.49%。由于第三对典型变量在上述②、③项指标中的数值均较小，且未能通过 F 检验。因此舍弃第三对典型变量，只选定前两对典型变量进行分析。

表 21-10　典型变量的解释能力

序　号	产出组方差被影响组解释比例	对产出组解释能力	产出组方差被典型变量解释比例	对影响组解释能力	影响组方差被典型变量解释比例
1	0.964 7	0.648 1	0.625 3	0.333 5	0.321 7
2	0.656 8	0.205 4	0.134 9	0.333 8	0.219 2
3	0.192 9	0.146 5	0.028 3	0.332 8	0.064 2

（4）典型相关模型

鉴于原始变量的计量单位不同，不宜直接比较，我们采用标准化的典型系数，给出典型相关模型，见表 21-11。

表 21-11　蔬菜产出水平与影响因素的三个主成分的典型相关模型

序　号	典型相关模型
1	$u_1 = 6.164 W_1 - 5.2023 W_2 + 0.0696 W_3$ $v_1 = 0.9953 Z_1 - 0.0054 Z_2 - 0.0948 Z_3$

序　号	典型相关模型
2	$u_2 = 14.7443\ W_1 - 15.0750\ W_2 + 0.9105\ W_3$ $v_2 = 0.0132\ Z_1 + 0.9591\ Z_2 - 0.2804\ Z_3$

（5）结果分析

根据典型变量的重要程度及系数大小，从建立的典型相关模型可以看出，三个主成分代表的影响组对蔬菜产出水平的关系可以用两对典型相关变量予以综合描述，具体体现在如下几个方面。

1）主成分 Z_1 即市场经济综合因素对中国蔬菜产出水平起根本性作用。市场经济综合因素与蔬菜总产出的关系体现在第一对典型变量 u_1 和 v_1 中，u_1 是中国蔬菜产出水平各指标的线性组合，其中，蔬菜总产出（W_1）的载荷为 6.164，是各产出水平指标中最大的。v_1 是影响因素指标的线性组合，其中市场经济综合因素（Z_1）的载荷为 0.9953，远远超过 v_1 内其他指标的数值。考虑到第一对典型相关变量的相关系数几乎接近于 1，可以认为，市场经济综合因素对蔬菜总产出水平起根本性作用。

2）主成分 Z_2 及劳动力动力因素是决定人均蔬菜占有量的关键因素。第二对典型变量中，人均蔬菜占有量（W_2）在典型变量 u_2 中的载荷为 −15.075，是各产出水平指标中最大的，而主成分 Z_2 则在典型变量 v_2 中载荷最大，为 0.9591。这一对典型相关变量的相关系数非常之高，表明主成分 Z_2 对劳动力动力因素起关键作用。

3）在第二对典型变量中，W_1 与劳动力动力因素关系也非常密切。因为在第二对典型变量中，W_1 在 u_2 中的载荷为 14.7443，与 W_2 差距并不明显。由此可以分析得出，用 W_1 作为产出水平的代表，Z_1、Z_2、Z_3 作为影响变量建立因果预测模型效果是最好的。

21.4　中国蔬菜总产的主成分回归预测

21.4.1　中国蔬菜产量的发展趋势

从图 21-5 中可以看出，1990～2007 年，中国蔬菜总产大致经历了两个阶段。第一阶段是 1990～1994 年，蔬菜增速缓慢，1994 年出现了减产，图形上出现了一个波谷。第二阶段是 1995～2007 年，在第二轮"菜篮子工程"的推动下，中国蔬菜产量进入了一个快速增长的阶段。

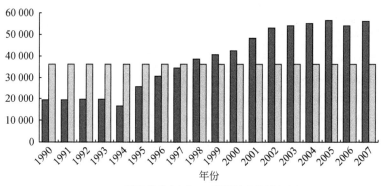

图 21-5　1990～2007 年中国蔬菜总产量与平均总产量

21.4.2　建立主成分回归模型

将表 21-7 的资料建立蔬菜总产 W_1 对三个主成分的回归方程

$$W_1 = a + bZ_1 + cZ_2 + dZ_3 + eZ_1^2 + fZ_2^2 + gZ_3^2$$

利用逐步回归得到 W_1 的主成分回归方程为

$$W_1 = 29\ 481 + 3646.41Z_1 - 1344.20Z_3 + 352.21Z_1^2 - 1705.54Z_3^2$$
$$(<0.0001)\ (<0.0001)\quad (0.0394)\quad (0.0007)\qquad (0.0301)$$

$$W_1 = 37\ 565 + 3338.620\ 81\ Z_1 - 1695.132\ 31\ Z_3^2$$
$$(<0.0001)\qquad (0.0070)\qquad\quad (0.1637)$$

将 Z_1、Z_2、Z_3 的值代入上述回归方程得到 1990～2007 年的实际值与预测值，见表 21-12。

表 21-12　1990～2007 年蔬菜产出水平的主成分回归预测值与实际值比较

年　份	实际值/万吨	预测值/万吨	相对误差/%	年　份	实际值/万吨	预测值/万吨	相对误差/%
1990	19 519	21 297	9.11	1999	40 514	35 897	-11.39
1991	19 578	21 422	9.42	2000	42 400	39 217	-7.51
1992	19 637	23 986	22.15	2001	48 337	41 408	-14.33
1993	19 695	25 208	27.99	2002	52 909	45 322	-14.34
1994	16 602	18 356	10.57	2003	54 032	45 843	-15.16
1995	25 723	33 735	31.15	2004	55 064	49 960	-9.27
1996	30 379	34 382	13.18	2005	56 451	53 751	-4.78
1997	34 473	34 992	1.51	2006	54 004	55 115	2.06
1998	38 485	36 186	-5.97	2007	56 336	59 546	5.70

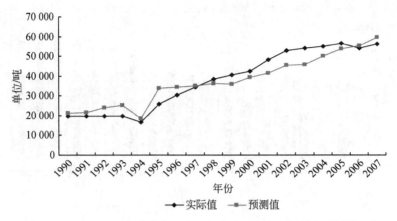

图 21-6　1990～2007 年蔬菜产出水平的主成分回归预测值与实际值比较

21.4.3　2008～2015 年蔬菜产出水平的预测

图 21-7 是第一主成分即市场经济综合因素 1990～2008 年散点图。

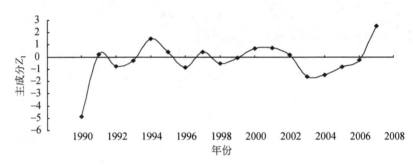

图 21-7　主成分 Z_1 的散点图

　　从图形中可以看出，主成分 Z_1 的运动轨迹呈现出 Gompertz 曲线的特点，即初期增长缓慢，以后逐步加快，当达到一定程度后，增长率又逐步开始下降，最终接近于一条水平线。这符合客观实际。因为 Z_1 代表的是市场经济综合因素，在 1990～1994 年，市场经济体制开始建立，但还不健全，此时蔬菜总产量增长缓慢。1995～2007 年是中国蔬菜增长的高峰时期，蔬菜总产已由 1994 年的 16 602 万吨猛增到 2007 年的 56 336 万吨，在短短的几年间总产翻了三倍。在这段时间里，蔬菜种植面积、每公顷物质费用、蔬菜零售物价指数、市场化程度、城市化水平、交通、城乡居民纯收入、农民文化素质得到全面发展，2007 年中国蔬菜种植面积已占农作物总面积的 11.2% 以上，比 1994 年的 6.02% 上升了近 5%。这种面积的增加在很大程度上是以牺牲粮食种植面积为代价的。在 2004～2008 年蔬菜增加速度将开始放慢。此类问题非常适合用 Gompertz 曲线来拟合。

Gompertz 曲线是以英国统计学家与数学家 B. Gompertz 而命名的。曲线方程为

$$Y_t = Ka^{b^t}$$

式中，K、a、b 为常数，$K > 0$，$0 < a$，$b \neq 1$。

为确定曲线中的未知参数，将上式改为对数形式

$$\ln Y_t = \ln K + b^t \ln a$$

利用修正指数曲线的常数确定方法即三和法来确定三个常数，令

$$S_1 = \sum_{t=1}^{4} \ln Y_t, \quad S_2 = \sum_{t=5}^{8} \ln Y_t, S_3 = \sum_{t=9}^{12} \ln Y_t$$

则有：

$$b = \left(\frac{S_3 - S_2}{S_2 - S_1}\right)^{\frac{1}{m}}, \ln a = (S_2 - S_1)\frac{b - 1}{b(b^m - 1)^2},$$

$$\ln(K) = \frac{1}{m}\left(S_1 - \frac{b(b^m - 1)}{b - 1}\ln a\right), m = 4$$

于是

$$b = \left(\frac{8.542\ 996 - 6.905\ 317}{6.905\ 317 - 2.223\ 119}\right)^{\frac{1}{4}} = 0.7690$$

$$\ln a = (6.905\ 317 - 2.223\ 119) \times \frac{0.7690 - 1}{0.7690 \times (0.7690^4 - 1)^2}$$

$$= -14.336, a = 0.000\ 000\ 594$$

$$\ln K = \frac{1}{4}\left[2.223\ 119 - \frac{0.769 \times (0.769^4 - 1)}{0.769 - 1} \times (-3.32597)\right]$$

$$= 2.755\ 82, K = 15.734$$

因此

$$Y_t = 15.734 \times (0.000\ 000\ 035\ 94)^{0.769^t} - 5$$

通过计算，Z_1 要达到增长上限，需要花数十年的时间。

利用式 $Y_t = 15.734 \times (0.000\ 000\ 359\ 4)^{0.769^t}$ 可以计算出 2003 ~ 2015 年第一主成分的预测值，具体结果见表 21-5。

图 21-8 是第三主成分即市场经济综合因素 1990 ~ 2007 年散点图。

从图 21-8 可以看出，波峰与波峰之间相隔三年，波谷与波谷之间也几乎相差三年，是一个明显带有周期的波动。造成这种局面的原因是显然的，因为 Z_3 主要由天气因素控制，从国内外研究的结论看，天气因素本身就具有波动性质。另外，1994 年对应的 Z_3 值超过了 2.5（1.59），其余的 Z_3 值均落在（-1.5，1.5）之间。从这个角度看，1994 年造成大幅减产的主要原因是天气。相对于 1993 年，在种植面积增加的前提下，1994 年蔬菜总产只有 16 602 万吨，下降了 15.7%，仅是 1995 年的蔬菜总产的 64.54%。但随着中国农业生产设施的不断加强，今后再出现 1994 年这样蔬菜大面积减产的可能性不大。

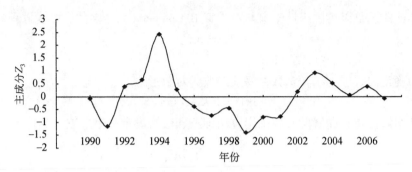

图 21-8　主成分 Z_3 的散点图

在此用波动趋势预测法来预测 2010 ~ 2015 年的 Z_3 趋势值，具体结果见表 21-13。

表 21-13　2008 ~ 2015 年中国蔬菜产出水平的主成分回归预测值

年　份	Z_1	Z_3	蔬菜产出水平 W_1/万吨
2008	8.684 02	-0.8	87 691.24
2009	9.090 76	0.9	89 145.68
2010	9.411 75	-0.1	95 116.59
2011	9.663 55	-0.7	97 714.34
2012	9.860 18	1	96 628.48
2013	10.013 17	0.1	101 155.5
2014	10.131 9	-0.6	102 774.8
2015	10.223 84	0.86	101 159.3

将 Z_1 与 Z_3 的值代入主成分回归预测模型

$$W_1 = 29\,481 + 3646.41\,Z_1 - 1344.20\,Z_3 + 352.21\,Z_1^2 - 1705.54\,Z_3^2$$

得到 2008 ~ 2015 年蔬菜产出水平的预测值，具体结果见表 21-13。

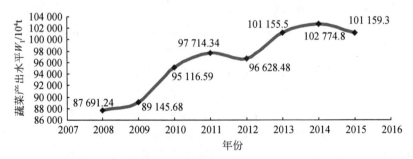

图 21-9　2008 ~ 2015 年蔬菜产出水平的主成分回归预测值

图 21-9 提供了这样的信息：在 2008～2010 年中国蔬菜产出水平仍然处于高速增长阶段，平均每年增加 5700 万吨，高于 1990～2002 年平均每年增加 3035 万吨的增长速度。但在 2010 年以后增长速度明显趋于缓和甚至下降，平均每年增长数量只有 1000 万吨左右，这符合事物发展的客观规律。在 2010 年之前，在国家宏观政策与国际蔬菜需求的双重作用下，在土地资源充足与蔬菜利润空间较大的前提下，蔬菜产出水平增长快速是可以理解的。但蔬菜产出水平达到一定的水平之后，蔬菜消费空间特别是出口空间受到挤压，导致利润下降，从而打击菜农生产蔬菜的积极性。另外，土地资源开始紧缺，蔬菜产出也不可能无限制增长。而且，人民生活水平的提高会降低粮食和蔬菜等生活必需品的投入，增加对生活奢侈品的消费。因此，估计中国蔬菜的极限数值有可能为100 000万～110 000 万吨。

第 22 章
中国蔬菜消费及趋势预测

蔬菜的消费在中国人民的饮食中占有重要的地位。随着经济的发展与人民生活水平的提高，中国城乡居民的蔬菜消费结构向着多元化、高档化方向发展。1990 年来，在消费结构变化的影响下，蔬菜人均消费从数量上看呈现出稳中有降的趋势，从而导致蔬菜总量消费增加开始平缓。然而，从 20 世纪 90 年代以来，特别是在 1995 年第二轮"菜篮子工程"的推动下，中国蔬菜产量增加迅速。作为第二大种植业的蔬菜，其消费需求能力备受人们关注。

本章首先概述中国蔬菜消费现状，分析了影响蔬菜消费的因素，然后从城市与农村两个层面建立了蔬菜人均消费量的主成分回归模型，并对中国未来 5 年城乡人均蔬菜消费量作了预测。最后利用 Markov 链和指数预测法对主成分回归的预测结果进行了验证。

22.1　中国蔬菜消费状况分析

22.1.1　中国蔬菜消费水平

（1）中国蔬菜人均消费数量

改革开放以来，中国蔬菜消费呈现出有规律的变化。从图 22-1 中可以看出，

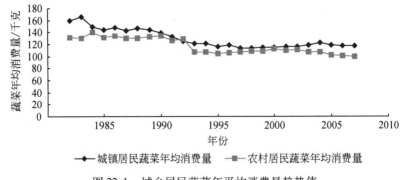

图 22-1　城乡居民蔬菜年平均消费量趋势值

从 20 世纪 80 年代初期开始到近年，中国城乡居民蔬菜消费大致经历了一个先升后降并逐渐趋于稳定的过程。2007 年，城乡蔬菜人均消费分别是 1173.0 千克和 99.0 千克，仅次于粮食，居食物消费的第二位。

（2）中国蔬菜人均消费金额

从居民生活费支出角度上看，由于农村居民的蔬菜消费以自给自足为主，所以笔者仅对城市居民的生活费用支出的数据进行分析。

表 22-1 2007 年全国城镇居民人均消费支出在食品结构中所占比例

项　目	食　品	粮　食	干豆类及豆制品	油脂类	肉禽及制品	蛋　类	水产品	蔬　菜	糖　类	其　他
金额/元	3 628.03	278.30	44.43	117.32	703.27	83.83	243.78	348.61	34.50	1 743.99
结构/%	100	7.67	1.22	3.23	19.38	2.31	6.72	9.61	0.95	48.90

资料来源：根据历年《中国统计年鉴》整理而得

由表 22-1 可见，蔬菜消费支出在城镇居民的食品消费支出中所占的比例较大，处第二位，约为肉类消费支出的一半，与粮食消费支出相差不多。而且值得注意的是，中国城镇居民蔬菜消费支出已经开始超过粮食消费支出。这表明，中国城镇居民生活水平日趋提高，人们把更多的目光投向能给自己带来更多高档次享受的物品上。同样作为生活必需品，蔬菜的花色品种远远多于粮食，其消费支出比例不断提高甚至超过粮食消费支出也就不足为怪。

更多的年份还表明（表 22-2），虽然蔬菜的消费数量在减少，蔬菜消费支出的金额却一直呈增加趋势，除物价上涨的因素外，也从相当程度上说明，城镇居民蔬菜消费的品质在不断提高。

表 22-2 1993～2007 年中国蔬菜消费支出金额在食品结构中所占比例

项　目	1998	1999	2000	2001	2002	2003	2004	2005	2006	2007
蔬菜支出金额/元	197.02	194.63	192.32	194.33	213.48	236.4	256.5	275.5	298.5	348.6
食品支出金额/元	1 926.9	1 932.1	1 958.3	2 014.0	2 271.8	1 058.2	1 422.5	1 766	1 904.7	1 941.8
结构/%	10.22	10.07	9.82	9.65	9.40	22.34	18.03	15.60	15.67	17.95

资料来源：根据历年《中国统计年鉴》整理而得

（3）中国蔬菜消费品种

中国是世界蔬菜品种起源中心之一。蔬菜品种资源极其丰富，搜集入库保存材料 3 万余份。中国蔬菜育种工作者，在遗传种质资源研究基础上，选育出了一批高产、优质、抗病蔬菜新品种。最近二十年时间里，杂种一代制种技术在蔬菜品种改良上获得普及，十大类蔬菜累积推出近千个优良杂交新品种。随着中国人民生活水平的提高，居民百姓餐桌上的蔬菜花色品种越来越多。例如，近年来北京蔬菜市场有 70 余种蔬菜可在全年分期上市，有 40 余种蔬菜做到周年供应。

22.1.2　中国蔬菜消费的差异

中国的食物消费需求存在着相当大的差异，这一点，在蔬菜消费上能得到充分体现。

（1）区域差异

中国幅员广阔，从北到南地跨寒温带、亚热带、热带，地势西高东低，土壤条件复杂，气候资源丰富。人口分布也极不均匀。东部经济发达，人口密度较大，中西部经济比较落后，人口密度除少数省份如四川外，大多比较低。而少数民族多聚居在边疆省区，如黑龙江、新疆、西藏、宁夏、云南、贵州等地，自然条件复杂，蔬菜的生产供应方式以及居民饮食习惯复杂多样，蔬菜消费的地域差别明显。

从消费习惯和烹饪方式上看，北方城市居民蔬菜消费量明显高于南方。中国 12 座大城市蔬菜人均年消费量位居前列的蔬菜品种构成为：①北方排在前七位的蔬菜是：大白菜、黄瓜、番茄、甘蓝、茄子、芹菜、马铃薯。这与北京市排序基本一致，北京作为北方代表，大白菜占了绝对的第一位。②南方排在前七位的蔬菜是：油菜、甘蓝、大白菜、黄瓜、茄子、芹菜、番茄。③全国排在前七位的蔬菜是：大白菜、黄瓜、甘蓝、番茄、油菜、茄子、芹菜。④马铃薯消费量比较多的城市是大连、沈阳、哈尔滨。⑤广州的蔬菜消费的品种结构完全不同于其他南方城市。

从消费量上看，东北与华北地区蔬菜消费量最大，平均消费量达 130 千克以上；消费最少的基本上为东南部地区，平均消费量只有 100 千克左右。其余地区蔬菜消费量处于这两个地区的中间。由此大致可以判断中国居民蔬菜消费量北方量大、东南部量少。

从购买蔬菜的支出金额上看，消费量最多的北方地区支出金额却不多，反而是消费量最少的东南沿海地区支出金额多。造成这种局面的原因主要有两点：一是由蔬菜消费品种差异所决定的。中国北方与内陆地区白菜、萝卜等分量较重的内陆菜品种较多，东南沿海地区居民消费的蔬菜中名、特、优品种比较多，所以消费的量轻，但支出金额较多。二是居民收入也是形成这种状况的重要因素。东南沿海地区是中国经济发达的地区，该地区居民的人均收入在全国是最高的。Crook（1996）指出"蔬菜消费量下降的原因在于消费者嗜好的转变。即随着人均收入的增加，蔬菜消费从重的根菜类作物转向轻的叶菜类，从而引起消费产品质量的减少"。这也可用来解释不同地区间蔬菜消费的上述差异。

（2）城乡差异

2007年中国农村人口占全国总人口的55.06%，而同年中国农村人口人均纯收入仅有4140.4元，大致为城市居民的1/3。根据2007年数据计算，城镇和农村的恩格尔系数分别为36.3和43.1。联合国把恩格尔系数40~50划为小康水平。在中国，城镇居民已步入小康，而农村居民仍处于向小康过渡阶段。蔬菜属于生活必需品，在收入比较低的阶段，人们会把收入增加的部分中较多地用于购买这种生活必需品，以改善基本的生活，但随着收入的不断提高且达到一定的水平后，由于必需品的数量已足够满足基本生存，人们用于购买这种必需品的相对量会减少。基于收入差距原因，以及农村社会长期形成的较强的简朴节俭的消费意识与消费习惯，中国城镇居民和农村居民在蔬菜消费量也呈现出从量上城镇大于农村，从质上城镇优于农村的特征。

图22-1可以清楚地看到城镇居民蔬菜消费的绝对量在总体上高于农村居民的消费水平。事实上从统计数据看，在近二十年中仅有1992年农村居民的消费量达129.12千克，高出城镇居民4.21千克，其他所有年份均低于城镇居民的消费水平。从图22-1还可以看到，两条曲线都在缓慢下降，同时有逐步在同一水平上稳定下来的趋势。这表明，随着中国经济的发展，城乡居民的生活水平都在提高，即使是相对收入较低的农村居民，至少在数量上对于蔬菜这种必需品的需求也已达到与城镇居民同步满足的水平。同时需要指出一点事实是：由于我们对城镇居民消费数据是以城镇家庭人均鲜菜购买量来代替的，而城镇居民在外就餐的机会远远高于农村居民，在外用餐部分包括蔬菜在内的副食品消费又占很大的比例。所以从总体上看，城镇居民的人均蔬菜消费量仍然要高于农村居民。

另外，从蔬菜消费的质量上看，城镇居民的消费水平要优于农村居民。在城镇居民购买的鲜菜中，有相当部分是经过初步加工的蔬菜，而且随着人们工作生活节奏的加快，越来越多的中等以上收入的城市居民，尤其是思想观念比较新的中青年人对经过加工的方便型净菜十分青睐。这部分鲜菜的购买，从量上虽然只占很少的一部分，但由于能够直接用于烹饪，完全没有拣择过程的损耗。

从城镇居民和农村居民蔬菜的消费品种上看，由于各级政府对"菜篮子工程"的重视，加之全国范围内一个逐渐成熟的蔬菜运销系统已形成，市民的菜篮子花样丰富。在中国一般城市的蔬菜零售商处，常年供应的品种有40~50个。而且近年来城镇居民越来越注重蔬菜的营养功能和安全性。相比之下，农村居民蔬菜消费主要还是自给自足，以当地生产品种为主。停留在"吃得饱"的阶段。

22.1.3　中国蔬菜消费的发展趋势

随着人民生活水平的提高和国际贸易的发展，蔬菜市场的需求发生了巨大变化，中国蔬菜产业为适应新的形势需要，已由"产量型"迅速向"安全、优质、方便型"发展。蔬菜消费趋向多元化，过去千百年来人们吃菜是为了佐餐下饭，如今生活水平提高了，在菜源充足、品种增加的情况下，挑好选优、讲究无公害、追求营养已成为消费者的基本要求。食用安全洁净的蔬菜是人们的首选目标。鲜嫩、无污染蔬菜在市场上十分抢手，而高营养保健型蔬菜则更是受到广大消费者的青睐。同时、不少居民为了调剂口味、感受自然，对天然野生蔬菜的需求也在不断增加。人们不仅喜爱应时菜，对野生类蔬菜如姜芽、香椿、关芹、紫苏、荷兰芹、留兰香、菊花脑等的消费量也日益增多。许多消费者还格外欣赏奇形异彩型蔬菜，并争先购买品尝，在超市包装净菜的销售也悄然兴起，并拥有广阔的发展前景。蔬菜消费的多元化必然促进蔬菜生产的大变革。

22.2　影响蔬菜消费总量的主要因素分析

22.2.1　区域因素

蔬菜生产与供应受自然条件的影响很大。中国幅员辽阔，地跨温热两带，各个地区自然气候资源差异性非常大，蔬菜生产存在着季节性。作为消费者，对蔬菜消费要求全年均衡，但由于客观条件的限制，有效需求往往只能有所不同。旺季供应充足时，消费者选择的余地比较大；淡季时，因品种、数量、价格等原因，消费者会自觉调整其实际的消费需求。随着中国科学技术的不断进步、设施蔬菜与输送技术的迅速发展，蔬菜的周年供应有了巨大的进步，世界各国都十分重视克服这类问题，采取了如异地调运、提高复种指数、大力发展设施蔬菜与储藏加工等主要措施。就蔬菜市场的总体而言，蔬菜供应季节的不均衡性虽未得到彻底解决，但在本部分里对于整个国家整个年度的蔬菜消费总量上的影响并不是决定性的。

22.2.2　人口因素

人口的数量与结构在消费水平一定的条件下是影响蔬菜消费需求总量的最直接的因素。应该说，在某一时间点上，人口数量是固定的，计算中国蔬菜消费总量是不难的。但由于城镇居民与农村居民在蔬菜消费上的差异，将城乡混合起来进行蔬菜消费总量预测不能说是合理的。因此在本部分里，在预测蔬菜消费总量上，将城市与农村分开来进行。

然而我们面临新的问题是，根据户籍划分，城镇人口中真正的非农业人口在20世纪80年代初仅占2/3左右。近十几年来，中国城镇化发展迅速，其中大量的人口仅仅在行政区划上划为城镇人口，并未实现名副其实的城镇化，而仍旧属于农业人口，这样我们在确定真正有多少人是按城镇居民的人均鲜菜购买量来计算，有多少人应该按农村居民的人均蔬菜消费量计算就不能完全依照统计资料上公布的城乡人口来计算了。

然而，由表22-3发现，全国城镇居民和农村居民消费蔬菜的平均水平相差不大，远远小于肉类等副食品，加上农业人口占总人口的比例极大，相对少量人口划归在不同的消费类型而引起的微小变化基本不影响蔬菜需求总量。于是，在本部分里，汪晓银还是采用统计资料上公布的城乡人口作划分进行预测。

表 22-3　主要年份中国蔬菜消费总量

项　目	1985 年		1990 年		1995 年		2007 年	
	市镇	乡村	市镇	乡村	市镇	乡村	市镇	乡村
人口/万人	25 094	80 757	30 191	84 142	35 174	85 947	59 379	72 750
人均消费量/千克	144.36	131.00	138.70	134.99	116.47	104.62	117.8	99.0
年总消费量/万吨	3 622.6	10 579.24	4 187.5	11 358.3	4 096.7	8 991.8	6 694.8	7 702.3
城乡合计/万吨	14 201.7		15 545.8		13 470.1		14 197.1	
项　目	1985 年		1990 年		1995 年		2007 年	
	非农业	农业	非农业	农业	非农业	农业	非农业	农业
人口/万人	17 971	87 880	21 733	92 600	26 946	94 175	43 077	87 755
人均消费量/千克	144.36	131.00	138.70	134.99	116.47	104.62	117.8	99.0
年总消费量/万吨	2 594.3	11 512.3	3 014.4	12 500.1	3 138.4	9 852.6	5 074.5	8 687.8
城乡合计/万吨	14 106.6		15 514.4		12 991.0		13 762.2	
两种计算结果差距	95.1		31.4		479.1		4 349.8	

资料来源：《中国统计年鉴》相关年份整理计算

如果进一步考虑人口迁移和流动对蔬菜消费的影响，蔬菜的直接消费需求量也将出现一定的变化。永久性迁往城镇的农村人口和暂时性居住在城镇从事非农业工作的来自农村的流动人口，由于环境的变化，食品消费结构也会发生向城镇居民趋同的变动。

22.2.3　收入因素

收入的高低直接影响人们消费支出金额和结构。从20世纪90年代初开始，中国居民人均消费量呈递减趋势，但在每一年份，根据收入分等级的居民家庭的蔬菜消费依然是按收入的高低从多到少排列的。我们选取了1985~2007年中国城镇居民按收入等级全年人均购买蔬菜量的统计数据，列在表22-4里。从横向看，

2007 年以后最高收入户的人均蔬菜消费量比高收入户人均蔬菜消费量少，2002 年以前均按收入由低到高蔬菜人均消费量也由少到多。而从纵向看，同一收入等级的家庭，蔬菜购买量在时间序列上基本上都处于下降趋势并开始趋于稳定。下面将从两方面讨论收入对蔬菜消费量的影响，一是收入水平的总体性影响，二是收入差距的结构性影响。

表 22-4　按收入分组的城镇居民蔬菜人均消费量　　　　单位：千克

年　份	总平均	最低收入户	低收入户	中等偏下收入户	中等收入户	中等偏上收入户	高收入户	最高收入户
1985	147.72	129.53	139.74	136.76	149.30	152.19	164.88	179.67
1990	138.7	117.34	124.68	128.83	132.58	136.61	148.87	163.31
1995	116.47	97.12	106.56	110.67	116.39	121.56	129.42	139.83
2000	114.74	98.43	105.04	112.39	114.58	118.78	124.95	136.72
2001	115.86	100.74	108.78	112.67	116.45	119.51	124.86	135.14
2002	116.52	102.66	109.08	112.73	116.06	121.98	127.16	126.56
2003	118.34	105.03	110.25	116.33	117.40	124.09	129.91	124.97
2004	122.32	111.94	116.3	120.15	121.77	129.49	130.92	124.51
2005	118.58	105.22	111	116.87	121.07	126	127.76	118.79
2006	117.56	104.83	111.02	116.13	121.16	123.72	124.77	117.05
2007	117.80	96.22	105.28	114.93	122.04	127.98	129.22	125.48

資料来源：根据《中国统计年鉴》，整理而得

关于结构性影响，我们用不同收入组城镇居民的蔬菜消费量加以说明，如表 22-4 所示。从表 22-4 的横向变动可以看出，蔬菜的购买量与收入之间存在着密切的关系。收入对蔬菜需求的影响可以通过蔬菜的收入弹性来测定。沈金虎 (1998) 的研究结论表明，蔬菜的收入弹性为正数，其大小大于粮食，但小于肉禽、水产品与蛋类。这说明在中国现阶段，随着收入的提高，城镇居民也相应增加蔬菜消费量。另外，随着时间的推移，收入的整体性增加，高收入户的蔬菜消费量比低收入户蔬菜消费的差额有递减的趋势。

关于收入水平的总体性影响，再看表 22-4。从表 22-4 的纵向变动可以看出，不同收入等级的家庭，其消费结构大体一致。即随着时间的推移，各收入水平的居民家庭收入都有不同水平的提高，而且他们用于增加购买各类食品的支出占其收入增加部分的份额也是相类似的。即使是收入水平较低的居民，也不会一味增加蔬菜、粮食等相对低档食品的消费量，而是在自己的预算内追求不同的食品搭配。这个问题也可以用下面的散点图来说明。

图 22-2 是利用 1980～2007 年的中国统计年鉴数据作出的农民家庭人均蔬菜

消费量与农民家庭人均纯收入的散点图。从图中散点的关系可以看出，农民家庭纯收入与蔬菜人均消费量之间存在着高度的负相关性（相关系数为 -0.862）。这说明在解决温饱问题以后，城镇居民把更多的购买力用于其他高档次食品的消费，如动物性食物消费（辛贤，2001）。

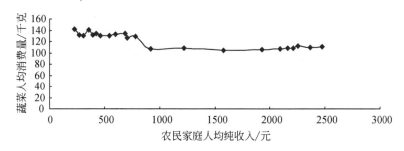

图 22-2　农民家庭纯收入与蔬菜人均消费量散点图

22.2.4　价格因素

除了收入的影响外，各类食物的价格之间也存在着相互的影响与制约。利用沈金虎（1999）的分析结论，粮食与蔬菜对中国居民来说是基础性食物，需求量受价格影响虽没有其他食物强，但作为副食品，蔬菜与其他食物之间的确具有一定的替代关系。从表 22-5 可以发现，蔬菜与粮食、肉禽和水产品的物价指数之比在 1 的上下浮动，这意味着在大多数年份里，肉禽和水产品的价格变动幅度与蔬菜处于一种竞争关系。这也从一定的程度上说明了肉禽、蛋类和水产品等其他食品的价格对蔬菜消费量有些影响。

表 22-5　蔬菜与其他食品消费物价指数比例

项　目	1999 年	2001 年	2003 年	2005 年	2007 年
蔬菜: 粮食	1:0.966	1:1.017	1:0.876 9	1:0.939 6	1:0.959 2
蔬菜: 肉禽	1:0.918	1:1.023	1:0.881 4	1:0.950 7	1:1.001
蔬菜: 水产品	1:0.922	1:0.972	1:0.866 8	1:0.982 8	1:0.976

资料来源：根据历年《中国统计年鉴》整理而得

从蔬菜价格对人均蔬菜消费量的总体性影响来看，蔬菜价格的上升制约了蔬菜的消费。图 22-3 为 1981～2007 年蔬菜零售物价指数（1981 年 = 100）与城镇居民蔬菜人均消费量散点图，从图中可以看出，二者具有高度的负相关，其相关系数为 -0.905。这说明了蔬菜价格的确是影响蔬菜消费量的重要因素，这与谭向勇（2001）的结论有些区别。

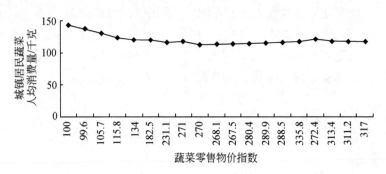

图 22-3　1981～2007 年蔬菜零售物价指数与城镇居民蔬菜人均消费量散点图

22.2.5　其他方面

蔬菜出口、蔬菜加工与损耗，也是构成蔬菜需求的重要方面。

中国蔬菜出口数量虽然只占需求总量很小的一部分，但由于中国种植蔬菜的自然条件优越，又具有劳动力成本较低的优势，入世后蔬菜出口必将大有可为，对中国蔬菜市场的影响也越来越大，关于这一问题，将在第四节展开论述。

在发达国家食品加工占食品消费比例为 80% 以上，而中国只占 25% 左右。随着人民生活水平的提高与生活节奏的加快，蔬菜加工食品逐步将以其高品质和方便性更多地取代传统蔬菜的简单消费方式，加工业所要的原料蔬菜将大幅度提高。

另外，流通过程中的损耗会因流通效率不同而不同，这一部分直观感觉数量很大，但并无实际数据。随着流通效率的提高和运输储藏设施的改善应当会有减少的趋势。

22.3　构建城乡居民消费量预测模型及消费量预测

22.3.1　城镇居民消费量的预测

（1）相关数据收集、整理与相关分析

表 22-6 是中国城市居民蔬菜人均消费量与其影响因素表。在表中，恩格尔系数是用来反映人民生活水平的指标。生活水平直接影响着蔬菜消费结构，消费结构对消费量又有较大的影响。因此为了全面考察城市蔬菜消费人均消费量变化的因果关系，特将此指标放入影响变量组中。

表 22-6　城镇居民人均蔬菜消费量与其影响因素

年　份	城镇居民人均蔬菜消费量/千克	城镇居民人均可支配收入 X_1/元	恩格尔系数 X_2	城镇蔬菜价格零售物价指数（1989年=100）X_3	粮食相对蔬菜零售价格比例 X_4	肉禽相对蔬菜零售价格比例 X_5	水产品相对蔬菜价格比例 X_6
1989	144.56	1 376	54.5	100	125	113.8	121.8
1990	138.70	1 510	54.2	99.6	96.7	97.4	98.1
1991	132.18	1 701	53.8	105.7	99.9	96.9	98.7
1992	124.91	2 027	53	115.8	112.4	103.9	104.8
1993	120.64	2 577	50.3	134	124.6	112.1	112.9
1994	120.74	3 496	50.0	182.5	149.8	138.4	119.4
1995	116.47	4 283	50.1	231.1	136.3	124.5	114.7
1996	118.51	4 839	48.8	271	105.8	106.6	104.7
1997	113.34	5 160	46.6	270	90.4	101.5	101.1
1998	113.76	5 425	44.7	268.1	97.1	91.9	93.4
1999	114.94	5 854	42.1	267.5	96.6	91.8	92.2
2000	114.74	6 280	39.4	280.4	88.9	97.1	101
2001	115.86	6 860	38.2	289.9	101.7	102.3	97.2
2002	116.52	7 703	37.7	288.5	98.9	100.7	95.9
2003	118.3	8 472.2	37.1	335.8	87.69	88.14	86.68
2004	122.3	9 421.6	37.7	272.4	131.46	122.64	116.73
2005	118.6	10 493.0	36.7	313.4	93.96	95.07	98.28
2006	117.6	11 759.5	35.8	311.2	94.92	90.01	94.27
2007	117.8	11 759.5	36.3	317.0	95.92	100.01	97.6

资料来源：根据《中国统计年鉴》相关年份整理而得

　　根据蒋乃华等研究畜牧业消费的经验，要建立弹性不变消费函数模型，需要将所有原始数据对数化。为了观察出各个影响变量之间的相关关系，我们将所有影响变量的对数数据作了多重共线检验。表 22-7 是城镇居民人均蔬菜消费量影响因素的多重共线诊断结果。

表 22-7　城镇居民人均蔬菜消费量影响因素的多重共线诊断结果

编　号	特征值	条件指标	方差分量						
			截距项	X_1	X_2	X_3	X_4	X_5	X_6
1	0.013 68	22.596	0.000 331	0.003 63	0.001 45	0.007 69	0.000 52	0.000 12	0.000 13
2	0.000 54	112.93	0.016 59	0.001 68	0.065 61	0.011 59	0.074 19	0.009 62	0.000 61
3	0.000 29	153.72	0.029 82	0.149 17	0.015 53	0.476 12	0.003 05	0.002 86	0.003 62

编 号	特征值	条件指标	方差分量						
			截距项	X_1	X_2	X_3	X_4	X_5	X_6
4	7.36E-5	308.1	0.000 67	0.094 85	0.174 41	0.027 41	0.462 66	0.078 47	0.252 97
5	3.22E-5	465.86	0.685 7	0.738 63	0.683 81	0.444 52	0.319 47	0.140 03	0.000 42
6	2.48E-5	530.88	0.267 18	0.012 03	0.059 18	0.032 66	0.140 09	0.768 9	0.742 23

表 22-7 中的条件指标数据从编号 3 开始远远超过了严重多重共线的衡量值 30，这说明自变量间存在着严重的多重共线。而且由表中的方差比例可以粗略判定，编号 6 中，X_5、X_6 的方差比例同时较大，分别为 0.768 9、0.742 23，说明这几个变量之间存在着多重共线性。

目前解决多重共线的方法主要有主成分分析法和岭回归法。如要达到预测的目的，主成分分析是个很有效的方法。

（2）主成分分析

为了消除原来各指标的量纲，使各指标之间具有可比性，需对原数据作标准化处理，并进一步计算相关矩阵 R。由特征方程 $|R - \lambda I_6| = 0$ 计算出其特征值 λ_i（$i = 1, 2, \cdots, 6$）（表 22-8）。

表 22-8 城镇居民人均蔬菜消费量影响因素相关矩阵的特征值

特征值序号	特征值	相邻特征值的差	方差比例	累计方差比例
1	4.021 170 45	2.347 744 36	0.670 2	0.670 2
2	1.673 426 09	1.527 873 89	0.278 9	0.949 1

从表 22-8 的结果可以看出，第一、第二累计解释方差的比例已经超过了 94%，所以只需要求出 λ_1、λ_2 所对应的正交化特征向量 α_i（$i = 1, 2$）。计算结果列在表 22-9 中。

表 22-9 城镇居民人均蔬菜消费量影响因素相关矩阵的主要特征向量

主成分	$\ln X_1$	$\ln X_2$	$\ln X_3$	$\ln X_4$	$\ln X_5$	$\ln X_6$
Z_1	-0.404 031	0.424 442	-0.399 539	0.408 09	0.385 7	0.426
Z_2	0.446 6	-0.344 6	0.419 7	0.403 3	0.471 4	0.347 2

根据表 22-9 可知

$$Z_1 = \alpha_1 Y^T, \quad Z_2 = \alpha_2 Y^T$$

式中，$Y = [y_1, y_2, \cdots, y_6]$，$y_1, y_2, \cdots, y_6$ 分别是 $\ln X_1$，$\ln X_2$，$\cdots$，$\ln X_6$ 的标准化变量。

$$\alpha_1 = (-0.404\ 031,\ 0.424\ 442,\ -0.399\ 539,\ 0.408\ 09,\ 0.385\ 7,\ 0.426)$$

$\alpha_2 = (0.4466, -0.3446, 0.4197, 0.4033, 0.4714, 0.3472)$

从表 22-10 结果可以得到，前面两个主成分（Z_1、Z_2）基本上反映了原来所有的信息。第一主成分与恩格尔系数、粮食相对蔬菜零售价格比例、水产品相对蔬菜价格比例密切相关；第二主成分与城镇居民人均可支配收入（元）、城镇蔬菜价格零售物价指数、肉禽相对蔬菜零售价格比例密切相关。但遗憾的是，两个主成分没有明确的含义，但这并不影响主成分回归预测模型的建立。

表 22-10　城镇居民蔬菜消费量与影响因素的三个主成分指标数据

年　份	城镇蔬菜消费量 V_1/千克	主成分 Z_1	主成分 Z_2	年　份	城镇蔬菜消费量 V_1/千克	主成分 Z_1	主成分 Z_2
1995	116.47	2.135 8	1.526 3	2002	116.52	-1.481 5	0.427 38
1996	118.51	0.286 94	0.224 63	2003	118.3	-2.910 4	-0.530 87
1997	113.34	-0.591 26	-0.359 52	2004	122.3	0.703 67	2.720 7
1998	113.76	-1.215	-0.740 83	2005	118.6	-2.016 1	0.496 34
1999	114.94	-1.492 3	-0.628 59	2006	117.6	-2.478 6	0.275 66
2000	114.74	-1.379 1	-0.053 02	2007	117.8	-1.937	0.830 75
2001	115.86	-1.200 2	0.511 32				

通过对城市蔬菜消费量的影响因素的主成分分析，我们得到影响城市蔬菜消费水平的主要因素，把原来较多的因素转化成相互独立的彼此不相关的两个主成分来代表原来的诸多因素。所得的主成分为主成分回归以及中国未来蔬菜产出的预测工作打下了一个很好的基础。

下面将 $\ln X_1$, $\ln X_2$, $\cdots$, $\ln X_6$ 转化为 y_1, y_2, $\cdots$, y_6, 并将 y_1, y_2, $\cdots$, y_6 的数据代入 $Z_1 = a_1 Y^T$, $Z_2 = \alpha_2 Y^T$ 中得到 Z_1 与 Z_2 的主成分得分，具体结果见表 22-10。

（3）建立主成分回归模型

将表 22-11 的数据建立蔬菜消费量 V_1 对两个主成分的回归方程 $\ln V_1 = a + b Z_1 + c Z_2$, 得 V_1 主成分回归方程为

表 22-11　1996～2007 年城镇居民蔬菜消费量主成分回归预测值与实际值对照表

年　份	实际值/千克	预测值/千克	相对误差/%	年　份	实际值/千克	预测值/千克	相对误差/%
1996	118.51	115.399 5	-0.599	2002	116.52	117.319 4	0.684 4
1997	113.34	114.651 8	-1.15	2003	118.3	116.070 8	0.019 1
1998	113.76	114.205 6	-0.392 6	2004	122.3	121.401 1	0.739 2
1999	114.94	114.697 7	0.208	2005	118.6	117.931 0	0.569 7
2000	114.74	116.035 9	-1.12	2006	117.6	117.742 5	-0.121 5
2001	115.86	117.307 7	-1.24	2007	117.8	118.712 0	-0.770 1

$$\ln V_1 = 4.745\ 56 - 0.006\ 8Z_1 + 0.021\ 45Z_2$$
$$(<0.0001) \qquad (0.07) \qquad (0.0014)$$

括号里为显著性概率。

将 Z_1 与 Z_2 的主成分得分代入主成分回归方程中，得到了 1996～2007 年的预测值。具体数据见表 22-11。

从表 22-11 中看出，预测值与实际值的平均误差仅有 2.83%，应该说此回归模型的预测精度是相当高的。

要预测 2008～2015 年的城市人均蔬菜消费量，必须首先预测出两个主成分 Z_1 与 Z_2 的得分值。在此，笔者采用三年移动平均法预测 2008～2015 年的两个主成分得分，将其代入主成分回归预测模型，得到了 2008～2015 年的城市人均蔬菜消费量，见表 22-12 与图 22-5。

表 22-12　2008～2015 年城市人均蔬菜消费量主成分回归预测值

年　份	主成分 Z_1 预测值	主成分 Z_2 预测值	城市蔬菜人均消费量预测值
2008	-2.2	0.75	111.87
2009	-2.19	0.75	111.90
2010	-2.19	0.75	111.87
2011	-2.19	0.75	111.87
2012	-2.19	0.75	111.88
2013	-2.19	0.75	111.87
2014	-2.19	0.75	111.87
2015	-2.19	0.75	111.87

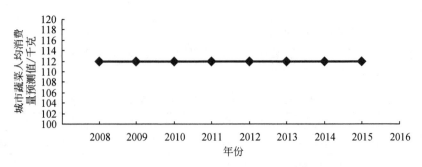

图 22-4　2008～2015 年的城镇蔬菜主成分回归预测数据散点图

图 22-4 是 2008～2015 年的预测数据散点图，从图中明显看出，未来 8 年中国城市人均蔬菜消费量将趋于稳定。

22.3.2 农村居民消费量的预测

（1）数据的收集、整理与相关分析

与城镇一样，我们将农村居民人均收入（记为 X_1）、农村恩格尔系数（记为 X_2）、农村蔬菜价格零售物价指数（记为 X_3）、粮食相对蔬菜零售价格比例（记为 X_4）、肉禽相对蔬菜零售价格比例（记为 X_5）、水产品相对蔬菜价格比例（记为 X_6）作为影响变量组，数据收集及整理见表 22-13。

表 22-13 农村居民人均蔬菜消费量与其影响因素

年 份	农村居民人均蔬菜消费量 /（千克/人）	农村居民人均纯收入 X_1/元	恩格尔系数 X_2	蔬菜价格零售物价指数（1989年＝100）X_3	粮食相对蔬菜零售价格比例 X_4	肉禽相对蔬菜零售价格比例 X_5	水产品相对蔬菜价格比例 X_6
1989	133.38	602	54.8	100	107.1	97.52	104.37
1990	134.00	686	58.8	103.2	93.7	94.38	95.06
1991	126.97	709	57.6	105.1608	98.04	95.09	96.86
1992	129.12	784	57.6	108.4208	109	100.78	101.65
1993	107.43	922	58.1	121.9734	110.8	99.64	100.36
1994	107.86	1221	58.9	171.0067	106.8	98.72	85.16
1995	104.62	1578	58.6	228.1229	102.2	93.33	85.98
1996	106.26	1926	56.3	273.7475	88.17	88.83	87.25
1997	107.21	2090	55.1	271.8313	91.04	102.22	101.81
1998	108.96	2162	53.4	277.2679	95.2	90.10	91.57
1999	108.89	2210	52.6	281.4269	95.17	90.44	90.84
2000	111.98	2253	49.1	299.1568	83.63	91.35	95.01
2001	109.30	2366	47.7	308.7298	98.55	99.13	94.19
2002	110.55	2476	46.2	317.9917	96.02	97.77	93.11
2003	107.4	2622	45.6	369.1884	88.37	88.30	89.48
2004	106.6	2936	47.2	307.8204	132.54	120.63	121.46
2005	102.28	3254	45.5	340.8067	94.41	95.90	96.40
2006	100.53	3587	43.0	345.8304	94.14	89.51	89.37
2007	98.99	4140	43.1	350.551	91.11	89.38	89.21

资料来源：根据历年《中国统计年鉴》整理而得

进行多重共线诊断，见表 22-14。

表 22-14　农村居民人均蔬菜消费量影响因素的多重共线诊断结果

编 号	特征值	条件指标	方差分量						
			截距项	X_1	X_2	X_3	X_4	X_5	X_6
1	6.98	1	4.6E-7	8.6E-7	2.94E-6	1.14E-6	2.32E-6	8.03E-7	1.32E-6
2	0.010 75	25.503	6E-005	0.001 03	0.001 2	0.002 34	0.000 8	0.000 15	0.000 32
3	0.000 29	154.8	8.7E-6	3.7E-5	0.294 85	0.001 18	0.000 1	0.008 7	0.073
4	0.000 16	203.95	0.003 91	0.000 79	0.074 23	0.000 13	0.446 07	0.001 38	0.081 92
5	3.19E-5	467.78	0.174 71	0.354 38	0.111 15	0.289 97	0.126 32	0.310 37	0.014 64
6	2.85E-5	495.46	0.008 38	0.299 91	0.034 25	0.206 23	0.226 01	0.678 03	0.290 01
7	1.5E-5	682.27	0.812 93	0.343 85	0.484 31	0.500 2	0.200 7	0.001 29	0.539 88

表 22-14 中的条件指标数据从第三行开始远远超过了严重多重共线的衡量值 30，这说明子变量间存在着严重的多重共线。而且由表中的方差比例可以粗略判定，第七行中，X_2、X_3、X_6 的方差比例数同时较大，分别为 0.484 32、0.500 2、0.539，说明这几个变量之间存在着多重共线性。同样下面先对影响变量进行主成分分析，然后再建立主成分回归预测模型。

（2）主成分分析

为了消除原来各指标的量纲，使各指标之间具有可比性，需对原数据作标准化处理，并进一步计算初期相关矩阵 R。由特征方程 $|R - \lambda I_6| = 0$ 计算出其特征值 λ_i（$i = 1, 2, \cdots, 6$）（表 22-15）。

表 22-15　农村居民人均蔬菜消费量影响因素的相关矩阵的特征值

特征值序号	特征值	相邻特征值的差	方差比例	累计方差比例
1	3.056 60	0.847 75	0.509 4	0.509 4
2	2.208 90	1.803 50	0.368 1	0.877 6
4	0.405 41	0.163 35	0.067 6	0.945 2
5	0.405 41	0.163 35	0.067 6	0.945 2
6	0.405 41	0.163 35	0.067 6	0.945 2
7	0.405 41	0.163 35	0.067 6	0.945 2
3	0.405 41	0.163 35	0.067 6	0.945 2

从表 22-15 的结果可以看出，第一、第二、第三累计解释方差的比例已经超过了 92%，所以只需求 λ_1、λ_2、λ_3 所对应的正交化特征向量 α_i（$i = 1, 2, 3$）。计算结果列在表 22-16 中。

表 22-16 农村居民人均蔬菜消费量影响因素的相关矩阵主要特征向量

主成分	$\ln X_1$	$\ln X_2$	$\ln X_3$	$\ln X_4$	$\ln X_5$	$\ln X_6$
Z_1	− 0. 466 72	0. 385 13	− 0. 490 39	0. 407 62	0. 345 33	0. 328 58
Z_2	0. 363 28	− 0. 407 67	0. 307 13	0. 365 8	0. 503 8	0. 468 92
Z_3	0. 248 78	0. 422 18	0. 261 95	0. 544 45	0. 170 22	− 0. 604 86

根据表 22-18 可知

$$Z_1 = \alpha_1 Y^T, Z_2 = \alpha_2 Y^T, Z_3 = \alpha_3 Y^T$$

式中，$Y = [y_1, y_2, \cdots, y_6]$，$y_1$、$y_2$，$\cdots$，$y_6$ 分别是 $\ln x_1$、$\ln x_2$，$\cdots$，$\ln x_6$ 的标准化变量。

$\alpha_1 = (-0.466\ 72 \quad 0.385\ 13 \quad -0.490\ 39 \quad 0.407\ 62 \quad 0.345\ 33 \quad 0.328\ 58)$

$\alpha_2 = (0.363\ 28 \quad -0.407\ 67 \quad 0.307\ 13 \quad 0.365\ 8 \quad 0.503\ 8 \quad 0.468\ 92)$

$\alpha_3 = (0.248\ 78 \quad 0.422\ 18 \quad 0.261\ 95 \quad 0.544\ 45 \quad 0.170\ 22 \quad -0.604\ 86)$

从表 22-17 结果可以得到，前面三个主成分（Z_1、Z_3）基本上反映了原来所有的信息。第一主成分与农村蔬菜价格零售物价指数密切相关；第二主成分与农村恩格尔系数、粮食相对蔬菜零售价格比例和肉禽相对蔬菜零售价格比例密切相关；第三主成分与农村居民人均收入和水产品相对蔬菜价格比例密切相关。同样遗憾的是，三个主成分并没有明确的含义。

通过对农村蔬菜消费量的影响因素的主成分分析，我们得到影响农村蔬菜消费水平的主要因素，把原来较多的因素转化成相互独立的彼此不相关的三个主成分来代表原来的诸多因素。

与城市人均蔬菜消费量影响因素的主成分分析一样，可得到三个主成分得分，具体结果见表 22-17。

表 22-17 农村居民蔬菜消费量与影响因素的三个主成分指标数据

年 份	农村蔬菜消费量 V_2/千克	主成分 Z_1	主成分 Z_2	主成分 Z_3	年 份	农村蔬菜消费量 V_2/千克	主成分 Z_1	主成分 Z_2	主成分 Z_3
1989	133. 38	2. 519	− 0. 415 8	− 0. 870 8	1996	106. 26	− 1. 216 5	− 1. 449 5	0. 346 93
1990	134. 00	1. 608	− 1. 781	− 0. 612 9	1997	107. 21	0. 029	0. 606 52	− 0. 317 2
1991	126. 97	1. 769 4	− 1. 359 7	− 0. 554 9	1998	108. 96	− 0. 964 9	− 0. 540 7	0. 275 52
1992	129. 12	2. 523 1	− 0. 247 9	− 0. 163 6	1999	108. 89	− 1. 066 2	− 0. 479 6	0. 297 86
1993	107. 43	2. 263 9	− 0. 197 1	0. 151 87	2000	111. 98	− 1. 663 4	− 0. 293 8	− 0. 887 8
1994	107. 86	0. 924 45	− 0. 956 1	1. 470 5	2001	109. 30	− 0. 859 8	0. 943 19	0. 125 89
1995	104. 62	0. 012 25	− 1. 077 1	1. 293	2002	110. 55	− 1. 249 9	0. 863 83	− 0. 046 8

年　份	农村蔬菜消费量 V_2/千克	主成分 Z_1	主成分 Z_2	主成分 Z_3	年　份	农村蔬菜消费量 V_2/千克	主成分 Z_1	主成分 Z_2	主成分 Z_3
2003	107.4	−2.445 2	−0.160 5	−0.369 5	2006	100.53	−2.540 5	0.520 61	−0.138 2
2004	106.6	1.973 3	4.886 5	0.330 86	2007	98.99	−1.264	0.120 1	1.145 23
2005	102.28	−1.615 7	1.138	−0.330 8					

（3）建立主成分回归模型

将表22-17的数据建立蔬菜消费量 $\ln V_2$ 对三个主成分的逐步回归方程，得 V_2 主成分回归方程为

$$\ln V_2 = 4.718\ 19 + 0.033\ 9Z_1 - 0.055\ 94\ Z_3$$
$$(<0.0001)\quad(0.00017)\qquad(0.0064)$$

括号里为显著性概率。

将 Z_1 与 Z_3 的主成分得分代入主成分回归方程中，得到了 1995～2007 年的预测值。具体数据见表22-18。

表 22-18　1995～2007 年农村居民人均蔬菜消费量主成分回归预测值与实际值对照

年　份	实际值/千克	预测值/千克	相对误差/%	年　份	实际值/千克	预测值/千克	相对误差/%
1995	104.62	104.77	0.140 7	2002	110.55	105.63	4.55
1996	106.26	108.27	−1.88	2003	107.4	106.1337	1.18
1997	107.21	113.06	−5.32	2004	106.6	104.9832	1.53
1998	108.96	107.56	1.29	2005	102.28	105.7841	−3.37
1999	108.89	106.8	1.86	2006	100.53	102.5346	−1.97
2000	111.98	113.35	−1.22	2007	98.99	100.6125	1.64
2001	109.30	105.56	3.48				

从表22-18中看出，预测值与实际值的平均误差仅有 3.63%，应该说此回归模型的预测精度是相当高的。

要预测 2008～2015 年的农村人均蔬菜消费量，必须首先预测出两个主成分 Z_1 与 Z_2 的得分值。在此，笔者同样采用三年移动平均法预测 2008～2015 年的两个主成分得分，将其代入主成分回归预测模型，得到了 2008～2015 年的农村人均蔬菜消费量，见表22-19。

表22-19 中显示，在未来一段时间里，中国农村人均蔬菜消费量也将趋于稳定，基本上稳定在平均每人蔬菜消费量在 100～110 千克。

表 22-19 2008～2015 年农村人均蔬菜消费量主成分回归预测值

年　份	主成分 Z_1 预测值	主成分 Z_3 预测值	农村蔬菜人均消费量预测值
2008	−1.759 33	0.291 704	106.24
2009	−1.753 41	0.284 926	106.30
2010	−1.749 31	0.300 212	106.22
2011	−1.754 02	0.292 281	106.25
2012	−1.752 25	0.292 473	106.26
2013	−1.751 86	0.294 989	106.24
2014	−1.752 71	0.293 248	106.25
2015	−1.752 27	0.293 570	106.25

22.4　结果讨论

中国蔬菜消费总量应该包括城乡居民在家里消费总量，蔬菜出口、库存、用作饲料加工以及用作工业原料，等等。在这里，我们讲的消费总量指的是蔬菜家庭消费总量。所谓家庭蔬菜消费总量指的是城市居民人均蔬菜购买量与城镇居民总人数之积和农村居民人均蔬菜消费量与农村总人数之积这两项的和，它是蔬菜消费总量的重要部分，但不是全部。要计算出家庭消费总量首先得知道城镇与农村人口数。表 22-20 就是 1990~2007 年中国城乡人口数表。

表 22-20 1990～2007 年城乡人口数

年　份	中国人口数/万人	中国人口年增长率/%	城镇人口数/万人	城镇人口占全国人口比例	农村人口数/万人
1990	114 333		30 195	26.41	84 137
1995	121 121	1.060 492	35 173	29.04	85 947
2000	126 743	0.760 816	45 906	36.22	80 836
2001	127 627	0.697 474	48 064	37.66	79 562
2002	128 453	0.647 198	50 212	39.09	78 240
2003	129 227	0.602 555	52 376	40.53	76 851
2004	129 988	0.588 886	54 283	41.76	75 705
2005	130 756	0.590 824	56 212	42.99	74 544
2006	131 448	0.529 230	57 706	43.90	73 742
2007	132 129	0.518 076	59 379	44.94	72 750

要预测出 2008～2015 年中国城乡人口数，先得预测出中国人口总数。利用

表 22-20 的数据建立 1990~2007 年中国人口年增长率对年份（1990 年为 1, 1991 年为 2, …, 2007 年为 18）的一元指数非线性回归模型：

$$\ln Y = 0.344\,69 - 0.060\,24t$$
$$(<0.0001) \qquad (<0.0001)$$
$$R^2 = 0.9518, F = 197.67 \quad (<0.0001)$$

同样也可建立 1990~2007 年城镇人口占全国人口比例对年份（1990 年为 1, 1991 年为 2, …, 2007 年为 18）的一元线性回归模型：

$$Y = 23.924\,62 + 1.085\,93t$$
$$(<0.0001)\quad(<0.0001)$$
$$R^2 = 0.9601, F = 264.56 \quad (<0.0001)$$

式中，括号里为显著性概率。

这样就可以得到两个预测数据：一是 2008~2015 年中国人口增长率，二是 2003~2015 年城镇人口占全国人口的比例。有了这两个数据就可以预测出 2008~2015 年城乡人口数，也就能预测出城乡居民蔬菜家庭消费总量和总家庭蔬菜消费总量了。具体结果见表 22-21。

表 22-21　2010~2015 年城乡居民蔬菜家庭消费总量

年份	人口增长率/%	中国人口预测值/百万人	城镇人口比例/%	城镇人口数/百万人	农村人口数/百万人	城镇蔬菜家庭消费总量预测值/万吨	农村蔬菜家庭消费总量预测值/万吨	总预测值/万吨
2010	0.423	133 974	46.729	62 604.77	71 368.928	6 952.259 82	7 398.103	14 350.3
2011	0.398	134 507	47.815	64 314.83	70 192.591	7 140.232 66	7 269.145	14 409.3
2012	0.375	135 012	48.901	66 022.20	68 989.741	7 328.464 83	7 138.369	14 466.8
2013	0.353	135 487	49.987	67 726.68	67 762.073	7 516.307 36	7 005.921	14 522.2
2014	0.333	135 940	51.073	69 428.09	66 511.187	7 703.740 93	6 872.601	14 576.3
2015	0.313	136 365	52.159	71 126.28	65 238.590	7 891.460 78	6 737.842	14 629.3

表 22-21 显示，中国蔬菜家庭消费总量在未来 8 年里增势趋缓，主要原因有：

1）随着生活水平的提高，人们在解决温饱问题之后，把更多的追求放到蔬菜的花色、品种及营养上，把更多的生活支出放到能给自己带来更高层次享受的物品上去，因而人均蔬菜消费量在减少。

2）通过几十年的计划生育政策和人们的思想观念进步之后，中国人口增长率速度下降。虽然人口绝对数量还在增加，但人口增加幅度已大大降低。这样，人口的低增长带来的只是蔬菜家庭消费总量的低水平增长。

第 23 章
中国蔬菜的对外贸易及趋势预测

蔬菜消费除了国内消费外，另外一个大的消费空间就是蔬菜出口。那么，影响中国蔬菜出口的因素到底有哪些？中国蔬菜净出口增长空间到底有多大？这是研究蔬菜供需平衡所必须要解决的问题。在本章里，首先分析中国蔬菜出口贸易现状，阐述了中国蔬菜出口的总量、结构、地理流向与省份贡献。接着对中国蔬菜出口优势与潜力及其制约因素进行了理论分析。最后，利用灰色系统理论构建了中国蔬菜净出口预测模型，并对未来一段时间（2008～2015 年）的净蔬菜出口数量进行了预测。

23.1　中国蔬菜出口贸易现状

23.1.1　出口总量分析

改革开放以来，中国蔬菜出口在数量上保持较快的增长速度。自 1988 年以来，中国对蔬菜的出口贸易除极少数商品外（如大蒜要通过出口招标）基本无政策性限制，任何一家有外贸经营权、经营范围包括食品项目的公司，都可从事蔬菜的出口贸易。

随着中国进出口体制的改革，特别是随着中国农业结构的战略性调整，中国蔬菜的进出口数量稳步上升，中国蔬菜的出口量远远大于进口量。

但伴随着蔬菜出口数量快速增长的同时，中国蔬菜单位出口金额却在下降（表 23-1）。出口均价由 1995 年的 0.99 美元/千克下降到 2007 年的 0.68 美元/千克。造成出口均价下降的主要原因有：①受蔬菜进口国的蔬菜标准化与市场竞争的影响，尽管实物量还在增加，但价值量和效益却大幅度下滑；②中国的出口商掌握国际市场信息有限、经营渠道有限、经营规模偏小，因此谈判能力相对较弱；③中国出口蔬菜的深加工程度相对较低，蔬菜的质量和新鲜度、供货的稳定性等方面与其他国家还有一定的差距。

表 23-1 1990～2007 年中国蔬菜出口贸易总量分析

年 份	出口数量 /万吨	比 1982 年 增长比例/%	出口数量占 总产量比/%	出口金额 /万美元	比 1982 年 增长比例/%	出口均价 /(美元/千克)
1990	75	88.32	0.38	36 405	139.32	0.49
1995	160	300.03	0.62	158 808	943.97	0.99
2000	248	519.89	0.58	160 182	953.00	0.65
2001	298	645	0.62	175 000	1 050.41	0.59
2002	360	800	0.68	188 771	1 140.94	0.52
2003	432	980	0.79	219 974	1 346.06	0.51
2004	470	1 075	0.85	278 114	1 728.25	0.59
2005	520	1 200	0.92	330 199	2 070.65	0.63
2006	568	1 320	1.05	397 951	2 516.03	0.70
2007	622	1 455	1.10	421 648	2 671.81	0.68

资料来源：根据历年《中国统计年鉴》整理而得

与此同时，中国蔬菜出口对国际市场的利用程度较低。从表 23-1 中可知，中国蔬菜出口量占总产量的比例从 2000 年起一直是增加趋势，但幅度很小，到 2007 年超过了 1%。

23.1.2 出口蔬菜结构分析

从加工方式上看，中国蔬菜出口主要以鲜、冷蔬菜为主。图 23-1 可以看出，2007 年，鲜、冷蔬菜的出口数量比例为 56.7%，出口金额为 43.4%；保藏蔬菜的出口数量比例为 10.2%，出口金额 10%。

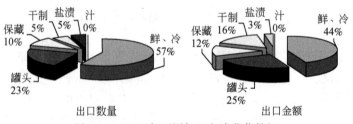

图 23-1 2007 年不同加工方式蔬菜份额

从品种结构上看，2007，中国对外出口的新鲜蔬菜品种主要有大蒜、大葱、洋葱、小辣椒、扁豆、土豆、豌豆、毛豆、生姜、食用菌、南瓜、山野菜等。日本、韩国等地的消费者特别喜爱中国的山野菜和盐渍山野菜，因为山野菜属于天然、无污染、营养价值高的纯绿色食品，主要品种有山芹菜、山菠菜、蕨菜、刺嫩芽、刺五加、竹笋、黄花菜、金银花、兰花、马蹄、各类山蘑菇、黑木耳等。

中国蔬菜罐头和蔬菜汤的出口也表现出良好的势头。在出口额中，蔬菜罐头占罐头总金额50%以上。主要品种有芦笋罐头、番茄罐头、蘑菇罐头和荸荠罐头等。而蔬菜汤适合于一些特殊人群，如野外作业、远洋航行、作战，甚至特殊疾病患者。中国的蔬菜汤加工发展比较缓慢，蔬菜汤加工品种不多，目前仅有芦笋浓汤等少数品种，尚需大量开发。

23.1.3 出口地理流向分析

从地域上看，中国内地蔬菜的出口目前多集中于周边国家和地区，如日本、中国香港、新加坡、美国、东南亚、韩国、独联体国家及少数欧洲国家等。

从出口到达的国家和地区来看，2007年蔬菜对日本出口95.4万吨，同比下降16.4%，创汇9.51亿美元，同比下降11.29%，占全部出口额的23.52%；对美国出口32.3万吨，同比增长19.63%，创汇3.67亿美元，同比增长11.21%；对中国香港出口53.84万吨，同比增长39.12%，创汇1.42亿美元，同比下降2.07%；其中出口额增幅较大的国家为印度尼西亚、马来西亚、俄罗斯，增幅分别为16.59%、14.09%、18.18%。

23.1.4 蔬菜出口省份贡献分析

2007年，中国蔬菜出口额超过一亿美元的省份（直辖市、自治区）共有9个，即山东、广东、福建、黑龙江、浙江、广西、云南、辽宁、上海。从表23-2可看出，山东省的出口量和出口额位居全国之首，成为中国蔬菜出口第一大省。广东省虽然出口量位居第二，出口额却位居第三，说明其出口主要以港澳地区价廉的馨香蔬菜为主。浙江省出口量位居第五，出口额却位居第二，主要是因为其出口价格较高的水煮竹笋罐头居多。黑龙江利用与俄罗斯的边贸口岸，出口量攀升到全国第四位。

表23-2　2007年中国蔬菜出口量前十位的省份

省　份	出口额/美元	排　序	出口量/万吨	排　序
山　东	1 773 654 814	1	271.59	1
广　东	258 701 252	3	84.85	2
福　建	480 926 362	4	39.02	3
黑龙江	84 258 959	8	33.16	4
浙　江	271 466 615	2	21.5	5
广　西	54 903 371	9	20.31	6

省　份	出口额/美元	排　序	出口量/万吨	排　序
云　南	136 335 532	7	18.06	7
辽　宁	178 162 118	5	14.19	8
上　海	145 389 757	6	11.68	9
内蒙古	17 111 963	10	9.67	10

资料来源：中国资讯行数据库

　　从出口省来看，2007 年出口数量前五位的省区依次为山东（271.59 万吨）、广东（84.85 万吨）、江苏（44.73 万吨）、福建（39.02 万吨）、黑龙江（33.16 万吨）；出口增幅前五位的省区依次为西藏（160.51%）、青海（52.05%）、甘肃（34.73%）、浙江（31.62%）、山西（30.09%）。

23.2　中国蔬菜出口的优势与潜力及其制约因素

　　中国农产品的生产要立足于国内外两个市场，发展蔬菜等劳动密集型、具有价格竞争优势的产品，用劳动力资源的优势来补偿耕地不足的劣势，以量大、质优的产品占领国际市场，形成我们参与国际大市场竞争的独特优势。

23.2.1　中国蔬菜出口优势与潜力分析

　　1）中国蔬菜优势明显。首先，国内蔬菜价格优势明显，蔬菜出口价格趋于下降。业内专家普遍认为，蔬菜的生产属于劳动密集型产业，生产的机械化程度较低，绝大多数农活需要人工操作，劳动强度大，不易实现资本对劳动的有效替代，而发达国家的劳动力价格相对较高。中国有丰富的蔬菜资源和良好的自然条件，各地名特优蔬菜种类繁多，为出口贸易创造了良好的基础条件。其次，蔬菜在中国的农产品贸易中优势明显，抵御贸易风险能力增强，蔬菜历来是出口业绩显著的产业。在中国加入世界贸易组织之后，中国农产品贸易面临着各种各样的挑战与机遇，对于蔬菜贸易来说，更是如此。从 2000 年 5 月发生的中韩大蒜贸易战来看，加入 WTO 意味着中国蔬菜出口必将会有一个新的机遇，可以避免由于进口国对出口国不进行事先通报就单方面决定骤增关税而带来的贸易风险；但对等的贸易往来也意味着中国要承受来自美国等国家对中国蔬菜出口量增加的冲击。

　　2）中国蔬菜发展机遇良好，农产品出口市场准入条件将会明显改善。中国可以充分享受世贸组织 135 个成员国给予的最惠国待遇和国民待遇，享受农业协议期内发达国家给予的 36% 和发展中国家给予的 24% 的大幅度关税减让，从而进一步提高蔬菜出口效益和价格竞争力。目前，我国最具有竞争优势的蔬菜价格比国际市场低40%～60%，加工成本也相对较低，再加上关税减让，同时，随着中国进口关税降低和市场化进程的加快，为企业更大范围地引进优良品种、先进技术设备和国外资金，扩大与国外企业的合作创造了更为有利的条件。

3）蔬菜出口的市场潜力巨大。从我国蔬菜出口的市场结构分析，进口中国蔬菜居前3位的国家和地区分别是日本、韩国和中国香港，这3个国家和地区每年的食品消费额在3500亿美元以上，但其共同特点是农业资源相对贫乏、劳动力价格昂贵，在WTO体制下其农业将全面进入衰退期，蔬菜的进口量必然愈来愈大。欧盟、独联体、中东等地区，或农业相对落后，或劳动力相对短缺，对有机食品和精深加工产品需求量也很大。在亚太地区，近几年蔬菜贸易有逐渐扩大的趋势，其中，日本已是世界上最大的蔬菜进口国，中国是世界上最大的蔬菜出口国。而且，中国蔬菜出口数量呈现急剧增长的势头，这和经济全球化的发展趋势相一致。据中国农业信息网资料显示，一些发达国家的蔬菜自给率持续下降，如加拿大为77%、英国为76%、日本为50%、瑞士为42.6%；而中国蔬菜出口量呈逐年上升的趋势。在这种需求背景下，目前国际市场蔬菜贸易额已达到100亿美元，其中又以番茄、食用菌、洋葱和大蒜等的增幅最为显著。全球蔬菜的需求量剧增，为中国的蔬菜出口带来了巨大的机遇。

4）由于中国蔬菜出口数量只占蔬菜总产量的1%左右，因此中国蔬菜出口数量的确有较大的上升空间。1982～2002年中国蔬菜出口平均增长率为12.28%，而且值得注意的是，2001～2007年蔬菜出口数量增长都超过了54万吨，这预示着在加入WTO的今后一段时间将是中国蔬菜出口速度增长较快的黄金时期。根据经验，中国蔬菜出口非常符合Logistic指数增长曲线规律，预计今后中国蔬菜出口增长速度将会维持在50万吨左右。

23.2.2 影响蔬菜出口的制约因素

（1）蔬菜产业本身制约因素

从蔬菜产业本身上看，中国蔬菜存在着加工滞后、蔬菜价格持续下降以及经营风险加大的制约因素。

（2）中国蔬菜加工产业落后

蔬菜出口加工产业始终是中国蔬菜产业发展的弱项和"瓶颈"，与中国的蔬菜生产创汇相比存在很大差距：一是粗加工产品多，高附加值、高科技含量、高创汇产品少。企业缺少精深加工技术和设备，加工增值链条短，很难获得国际质量认证和卫生检疫认证，应对国际市场非关税壁垒的能力较弱。二是加工品种单一，并过分依赖单一的销售市场，在贸易摩擦经常化的今天，极易受到市场制约，经营风险非常大。三是间接出口创汇多，自营出口创汇少，蔬菜出口受制于代理商的情况比较普遍，企业自我开拓国际市场的能力较低，多数企业享受不到国家的退税政策。四是中小型规模企业多，大规模企业少。五是出口产品知名品牌少。中国出口日本、韩国的蔬菜大多使用日本、韩国企业的商标，没有创出自身的知名品牌，不能有效地站稳市场，开拓新领域，因此严重地制约了出口创汇的发展。

（3）中国蔬菜单价持续下降

低价位是中国参与国际竞争的最有利的条件，但过分依靠低价位竞争优势，或缺乏行业自律而竞相杀价出口，对进一步拓展国际市场并不一定有利。第一，反对暴利是世界各国的通行做法，价位低于一定水平，对于目标市场国的进口商来说，绝对利润反而要降低。第二，价位过低将加剧与进口国竞争对象的矛盾，导致其丧失正常竞争的信心，转而诉诸采取非市场竞争手段限制中国的蔬菜输入，引起贸易摩擦。第三，竞相杀价出口势必降低出口企业的利润，影响其发展壮大。中国出口蔬菜的年平均价格 1996～2007 年仅 12 年时间就下降了 36%。因此，虽然蔬菜出口量是不断增加的，但其单价下降得却更快，以致出口量增加所带来的出口增加额已经不能补偿价格降低所带来的出口减少额。

（4）农业生产经营的风险问题困扰着出口贸易

除了农业所面临的一般自然风险性外，鲜活农产品出口还面临伴随高技术、高投入和高价值、高质量而带来的高风险，而且这种风险有加大的趋势。例如病毒、瘟疫、品种退化以及产量丰歉年等风险，然而中国工农价格"剪刀差"一直使农业处于负保护和风险暴露之中，阻碍鲜活农产品生产及其出口贸易。21世纪初，已有的农业保险不断萎缩，据《羊城晚报》1997 年 12 月 28 日报道，珠江三角洲农业保险承保率仅占应保率的 5% 左右，农业保险费占 2% 以下。

（5）国内环境制约因素

从国内环境上看，蔬菜出口存在着出口秩序和管理体制、环境污染与资源减少、出口市场单一、产品单一以及经营规模小等制约因素的影响。

1）出口经营秩序的问题，使中国失去了许多蔬菜出口机会。中国鼓励农产品出口生产经营者开拓国际市场，但缺乏一致对外的协调机制，一些生产经营主体缺乏出口经营权，不能直接参与出口贸易和了解国际市场信息，而有外贸经营权的企业对生产经营缺乏指导和信息沟通，致使生产经营盲目性大，出现自相残杀的恶性竞争，时常出现货源奇缺而失去机会与供给过剩而拥挤在单一的出口市场上竞相压价的并存局面。

2）农业资源减少和环境污染严重阻碍着中国蔬菜的生产和开发。中国农村工业化和经济发展，使农用耕地特别是区位优越的可用于鲜活农产品生产的耕地不断减少；乡镇企业废水、废气、烟尘及固体废弃物排放量迅速增加，既破坏生存环境，又破坏农业资源环境，严重影响中国蔬菜生产的卫生与安全。

3）蔬菜出口市场单一、品种单一，潜伏着危机。中国农产品出口市场主要集中在亚洲，1994～1995年，亚洲市场占中国农产品出口总值的76%左右，而且主要集中于日本和中国香港市场，这两个市场占50%左右。这样单一的市场结构很脆弱，难以抵御各种风险，如进出口双方经贸关系不良、进口国（地区）市场疲软或经济危机、其他出口国竞争等带来的风险。

长期以来，中国农产品出口创汇一直没有成为农业生产的主要目的，外向型只占一小部分。因此，蔬菜出口受到改善消费质量的制约。蔬菜及其制品扩大出口、改善质量和优化结构在一定范围内调整提高是可以的，但大幅度调整比较困难，因此使蔬菜出口品种单一、出口规模不稳定。

4）蔬菜产品的国际市场竞争力受到小规模分散经营的困扰。中国农产品低成本是密集投入廉价劳动力带来的。随着农村工业化和劳动力的转移必将失去这一优势，而且农民家庭生产经营体制难以改变。小规模分散经营阻碍了农业改进技术和提高管理水平，难以降低成本和参与国际市场竞争。

（6）国内经贸形势制约因素

从国际经贸形势来看，蔬菜出口受到挑战。在WTO倡导的自由贸易环境中，区域性保护贸易仍然盛行。中国虽已进入WTO，但作为进入WTO的条件，中国要削减关税和非关税壁垒，农业生产和国内市场将受到冲击，鲜活农产品出口贸易也将受到影响。尽管各国农产品非关税壁垒"关税化"和削减国内支持，使国际农产品价格上升，使中国低成本、低价格的鲜活农产品具有一定的市场竞争力，但中国鲜活农产品质量及保鲜处理和包装将受到挑战。与此同时，其他出口国家竞争对中国的影响也较大。目前，泰国、越南等国家的出口蔬菜也有一定优势，与中国形成了竞争。在中国"以价取胜"的出口空间在缩小的同时，其他国家，特别是一些东南亚国家的蔬菜出口价格优势日趋明显。因此今后的中国蔬菜出口一方面在继续维护价格优势之外，另一方面应在蔬菜品质、营养、进口国家的消费喜好上进一步挖掘出口的潜力，以避免陷入价格战的泥潭之中，从而走出蔬菜出口增量不增值的怪圈。

（7）国际经贸形势制约因素

从农产品国际贸易发展趋势来看，中国作为发展中国家，鲜活农产品出口贸易受到较强的压抑。第一，世界正朝着一体化方向发展，随着贸易自由化程度的加深，技术性贸易壁垒将普遍成为各国保护贸易和产业的重要手段。第二，对加工质量的要求愈来愈高，进口国拒绝接受滥用食品添加剂、防腐剂、人工合成色素的食品。第三，卫生标准愈来愈高，尤其关注产品是否有农药残留污染、重金属污染、细菌超标等现象。WHO和FAO为此制定了许多检测和管理目标。第四，强制性的认证制度。美国食品与药物管理局（FDA）强制实行的HACCP

（危害分析关键控制点技术方案），已被联合国食品法典委员会及许多发达国家认可，美国、日本等国将对进口蔬菜实施 HACCP 体系管制。第五，中国蔬菜产品品质较差。尽管近几年农业科技投入不断增加，但蔬菜产品生产"绿色意识"尚未普及，还缺乏"无污染、营养、卫生"的标准，特别是中国蔬菜生产管理水平落后、加工粗糙、包装简陋、装运水平较低，达不到消费国的要求，不能很好地与进口国文化及消费习惯相吻合，从而限制了出口贸易的发展。中国蔬菜检验检疫标准与国际标准尚有距离，受到各国兴起的"绿色贸易壁垒"的限制。

23.3　构建中国蔬菜净出口预测模型及净出口量预测

23.3.1　背景分析

国际贸易是指世界各国（地区）之间的商品以及服务和技术交换活动，包括进口和出口两个方面。从一个国家的角度看这种交换活动称为对外贸易。从国际上看，世界各国对外贸易的总和就构成了世界贸易。中国加入 WTO 意味着全国的进出口贸易额在长期趋势上将会有大幅增长，但从短期上看其增长应该是稳步的。为科学地管理对外贸易活动、合理组织国际物流，有必要对进出口贸易额进行科学的预测。国际贸易系统是一个多影响因素、多层次、多目标的复杂系统。首先，由于交易的双方处于不同的国家和地区，所以交易过程中要涉及各自不同的制度、政策、经济形态、法律、惯例及其他条件的影响。而且，其中间环节也相当繁多。除进出口双方当事人外，还涉及商检、运输、保险、金融、车站、港口和海关等部门以及各种中间商和代理商。其次，交易双方的成交量通常较大，而且要经过长途运输，途中会遇到各种自然灾害、意外事故和其他外来风险。综合以上因素我们可以看到，国际贸易系统无论是在信息、状态、结构还是在边界关系等方面都具有较强的不确定性，属于典型的灰色系统。因此，当采用量化、模型化和实体化的方法对一个国家和地区未来的对外贸易进行预测时，采用灰色预测模型是一种十分有效的方法。

中国是一个蔬菜产出量大于国内蔬菜消费量的国家，结构型剩余与结构型短缺、季节性剩余与季节性短缺同时并存，在蔬菜大量出口的同时，也存在蔬菜少量进口，以填补局部地区蔬菜品种短缺的局面。理想的蔬菜供需平衡应该是，蔬菜产出量 = 蔬菜城乡居民消费量 + 蔬菜净出口量 + 库存 + 损耗，其中蔬菜净出口量 = 蔬菜出口量 − 蔬菜进口量。因此预测对外贸易量，应该预测蔬菜净出口量。下面我们将对蔬菜净出口量作灰色系统预测。表 23-3 列出了 1995～2007 年中国蔬菜进出口数量以及净出口量。

表 23-3　1995～2007 年中国蔬菜进出口数量与金额

年　份	蔬菜出口数量/万吨	蔬菜进口数量/万吨	蔬菜净出口量/万吨	出口金额/万美元	进口金额/万美元	净出口金额/万美元
1995	160	2.2	157.8	15 808	1 537	14 271
1996	169	4	165	154 836	1 998	152 838
1997	169	6.9	162.1	149 090	2 816	146 274
1998	203	8	195	148 779	3 527	145 252
1999	227	11.2	215.8	149 369	5 934	143 435
2000	248	11.8	236.2	160 182	7 666	152 516
2001	298	12	286	175 000	9 000	166 000
2002	360	12.2	347.8	188 771	10 000	178 771
2003	432	13.6	418.4	219 974	8 829	211 145
2004	470	16.6	453.4	278 114	11 071	267 043
2005	520	16.7	503.3	330 199	10 527	319 672
2006	568	19.7	548.3	397 951	12 432	385 519
2007	622	17.5	604.5	421 648	13 845	407 803

资料来源：根据《中国统计年鉴》整理而得

23.3.2　灰色预测过程

给定原始时间 1995～2007 年数据列，运用 MATLAB 程序计算出 1996～2007 年蔬菜净出口的灰色系统预测值与实际值，见表 23-4。通过比较发现，相对误差平均为 4.5%，精度还是相当高的。

表 23-4　蔬菜净出口灰色系统预测值与实际值比较

年　份	预测值/万吨	实际值/万吨	残差 q	相对误差 ξ_1/%
1996	179.1	165	14.1	8.545
1997	181.1	162.1	19	11.72
1998	190.3	195	−4.7	−2.41
1999	220.1	215.8	4.3	1.993
2000	250.4	236.2	14.2	6.012
2001	300.3	286	14.3	5

年 份	预测值/万吨	实际值/万吨	残差 q	相对误差 ξ_1/%
2002	359.4	347.8	11.6	3.335
2003	420.6	418.4	2.2	0.526
2004	476.1	453.4	22.7	5.007
2005	525.5	503.3	22.2	4.411
2006	591.2	548.3	42.9	7.824
2007	626.1	604.5	21.6	3.573

利用还原方程，预测出 2008～2015 年的蔬菜净出口量，见表 23-5。

表 23-5　2008～2015 年蔬菜净出口的灰色系统预测

年 份	预测值/万吨	年 份	预测值/万吨
2008	701.98	2012	1 174.1
2009	798.31	2013	1 335.2
2010	907.86	2014	1 518.5
2011	1 032.4	2015	1 726.8

灰色系统预测模型是一个典型的指数增长模型，随着时间推移，增长曲线上扬加快。表 22-5 显示，2008 年蔬菜净出口量预测值为 701.98 万吨，到了 2015年净出口量为 1726.8 万吨，增长 2 倍多，平均年增长率为 20.85%。我们认为这个预测结果是符合中国国情与世界蔬菜产业发展趋势的。从前两章的结论看，中国蔬菜产量要比蔬菜实际消费量大出许多，当然这里有些消费量并未记入总消费量中，如城市居民的外出就餐、旅游者的蔬菜消费等。但是中国蔬菜产业供大于求，蔬菜消费增长缓慢确实是一个不争的事实，而且中国蔬菜出口量占蔬菜总产量的比例还不足 1%，因此蔬菜出口有很大的上升空间。近些年来，中国劳动力严重过剩，各级政府把解决劳动力就业、提高人民收入和生活水平作为工作重点。对于农民，发展蔬菜产业正是发挥劳动力优势、脱贫致富的良好途径。特别是在加入 WTO 以后，在适应 WTO 规则与各个进口国的各种安全标准之后，中国蔬菜外贸出口量将会迎来一个快速增长的时期。与此同时，中国蔬菜进口量可能会有所增长，但对蔬菜净出口量的快速增加影响较小。当然，要达到蔬菜出口快速增长的目的，就必须看清中国蔬菜出口的优势与困难，就必须有针对性地、切合实际地采取一些方法与对策。

第24章
中国蔬菜供需平衡

蔬菜供需是一个问题的两个方面,供需双方相互影响、相互制约。蔬菜产业发展的理想境界是达到供需平衡,即总供给等于总需求。自20世纪90年代以来,中国蔬菜产量增加迅猛,而蔬菜国内消费增速趋缓,蔬菜出口虽然增长很快,但由于基数太低,出口量占蔬菜产量的比例仍非常低。中国蔬菜产业已进入买方市场,蔬菜的供需平衡问题越来越引起人们的注意。

本章首先对第21~第23章的结论作综合,并从供需平衡的角度上分析中国蔬菜产业发展所存在的问题,并指出问题存在的可能性原因。然后预测今后中国蔬菜供需发展趋势,最后探讨要达到蔬菜供需平衡所应采取的对策。

24.1 中国蔬菜供需平衡现状分析

24.1.1 中国蔬菜供需状况

表24-1列出了1990~2015年中国蔬菜供需状况,其中2008~2015年为预测值。从表中可以看出,蔬菜总产量数据都大于蔬菜家庭消费总量数据,特别是从1995年开始,中国蔬菜产量迅速增加,而蔬菜家庭消费总量增加缓慢,蔬菜净出口量虽也快速增长,但基数太小,致使蔬菜总产量与蔬菜家庭消费总量、净出口量之差,即蔬菜剩余量一直呈上升趋势,蔬菜剩余量占蔬菜总产量的比例也越来越大,见图24-1。

表 24-1 1990~2015 年中国蔬菜供需平衡状况

年 份	蔬菜总产量/万吨	蔬菜家庭消费总量/万吨	家庭消费总量占总产量的比例/%	蔬菜净出口量/万吨	蔬菜剩余量/万吨	蔬菜剩余量占总产量的比例/%
1990	19 519	15 463	79. 2	—	—	—
1995	25 723	13 088	50. 9	157. 8	12 477. 2	48. 51
2000	42 400	14 319	33. 8	236. 2	27 844. 8	65. 67

年　份	蔬菜总产量/万吨	蔬菜家庭消费总量/万吨	家庭消费总量占总产量的比例/%	蔬菜净出口量/万吨	蔬菜剩余量/万吨	蔬菜剩余量占总产量的比例/%
2005	64 061	14 055	21.9	477.3	49 528.7	77.31
2006	67 507	14 134	20.9	542.79	52 830.2	78.26
2007	73 104	14 173	19.4	617.28	58 313.7	79.77
2008	76 442	14 235	18.6	701.98	61 505.0	80.46
2009	79 257	14 297	18	798.31	64 161.7	80.95
2010	83 823	14 350	17.1	907.86	68 565.1	81.8
2011	86 471	14 409	16.7	1 032.4	71 029.6	82.14
2012	88 550	14 467	16.3	1 174.1	72 908.9	82.34
2013	92 012	14 522	15.8	1 335.2	76 154.8	82.77
2014	94 460	14 576	15.4	1 518.5	78 365.5	82.96
2015	95 842	14 629	15.3	1 726.8	79 486.2	82.93

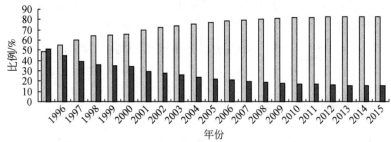

图 24-1　蔬菜剩余量占总产量的比例

图 24-1 充分显示了表 24-1 所列的供需数据严重失衡，蔬菜家庭消费量占总产量的比例不断缩小，而且在总产量中，每年有 40% ~ 80% 的蔬菜成为剩余量，这么多的蔬菜到哪里去了？ 这是一个值得人们高度关注的问题。

24.1.2　蔬菜供需数据失衡可能存在的原因

（1）蔬菜损耗相当严重

中国蔬菜的产量近年来维持在 4 亿 ~ 5 亿吨，蔬菜的品种数量、产量、人均消费量和出口量均居世界前列。 但是长期以来，只重视采前栽培，却忽视采后的保鲜储备。 由于产地基础设施和条件缺乏，不能很好地解决产地果蔬分选、分级、清洗、预冷、冷藏运输等问题，致使它们在采后流通过程中损失严重。据统计，中国果蔬每年的腐烂损耗，几乎可以满足 2 亿~3 亿人口的基本营养需求。尽管中国的果蔬产品在国际上具有一定竞争优势，但是却受到保鲜储备能力的制约。果蔬保鲜设施对果蔬的流通是十分必要的，只有建立起完善的流通保鲜系统，才能使中国的果蔬损失率降到 20% 以下。20 世纪 80 年代，中国模仿发达国家的做法，耗资数亿元先后修建了一百多座气调储藏库，使中国在果蔬保鲜方面有了较快发展，极大地改善了中国食品市场的供应现状。尽管近年来中国的果蔬储藏保鲜技术有了很大提高，但从储藏技术上讲还不很合理，例如，许多冷藏库建于大城市，而且多属简易库。冷库和气调库应建在产地以保证果蔬能及时入库，销地建库应作为周转库，即形成"产地储藏，销地周转"这一国外典型的储运模式，发达国家的储藏能力可达商品量的 70%~80%，而中国仅为 25% 左右。而且，中国蔬菜市场还不完善，信息还不流畅，经常出现大量蔬菜浪费的令人痛心现象。2003 年，武汉市黄陂区就出现了由于信息不通导致 20 万千克包菜因找不到买主而面临腐烂的境地。中国一些地区菜农市场意识薄弱、观念落后，没有抓住市场规律，不能根据市场需要种菜，蔬菜品种单一、品质落后，导致收获时大量蔬菜卖不出去，增产而不增收。对于蔬菜这种易腐性的食品来讲，交通运输能力也相当重要。虽然中国交通能力已有较大改善，但与发达国家相比，差距明显。一些地区，特别是山区，由于交通的限制，蔬菜不能及时输出。中国每年因这些原因致使蔬菜浪费的数量相当惊人。虽然各种调查的途径不一样，但大家都有相似的结论：中国每年因各种原因导致蔬菜浪费的数量占蔬菜总产出的 25%~35%。而且，随着中国蔬菜产量的增加，蔬菜消费竞争会日趋激烈，蔬菜浪费的比例很难下降。

（2）城市居民外出就餐次数增多，超市购买熟菜成为时尚

由于我们对城镇居民消费数据是以城镇家庭人均鲜菜购买量来代替的，而城镇居民在外就餐的机会相当多。随着社会经济的发展，人们生活节奏的逐步加快，买鲜菜自己做菜吃已不是大多数城镇居民特别是中青年人的首选了。况且，就业压力的增加导致了许多居民的工作地点与住地相隔一般较远，回家做饭特别是做早中饭已不现实。据有关部门统计，目前城镇居民除周末外，平均每天至少在外就餐 1 或 2 次，再加上工作应酬、出差等多种原因城市居民在外就餐的次数已超过在家就餐的次数了。

在很多城镇里，许多年轻人倾向于全天在外就餐，或者是在超市去购买一些经过加工的熟食。对武汉市大型超级市场调查后发现，超市购菜已成为时尚。超市的蔬菜主要由两种类型，一类是经过简单整理的普通蔬菜；一类是经过拣择清洗的净菜，其中包括一部分与其他副食品搭配好的菜。这样每年城市居民在外就餐和在超市购买熟菜所消费的蔬菜总量为 0.30 亿~0.35 亿吨。而且随着中国经

济的快速发展，这一数据还会提高。

（3）蔬菜加工与库存

蔬菜加工可以消费掉大量的蔬菜。蔬菜加工在发达国家占80%以上，而中国只占25%左右。蔬菜加工品以高品质与方便性逐步为人们所青睐。随着生活节奏的加快，这种经过加工的蔬菜可以为人们节约大量的时间。国家经济越发达，蔬菜加工品的销量就越大，蔬菜加工品所需的原料蔬菜也将大幅增加。

库存在一段时间内可以调节蔬菜的供需平衡。中国目前在全国兴建了大量的冷库。每年有不少数量的蔬菜进入冷库，而未被人们消费。但是从长期看，库存的蔬菜最终还是要拿出来消费，因此要研究长期的蔬菜消费总量，就不需要单独研究库存量了。

（4）用作饲料与工业原材料

蔬菜主要是供人们消费，但我们也不能完全排除一些蔬菜直接供给家禽与牲畜。现在动物饲料价格昂贵，不少食草动物饲养者为了节约成本，将大量价廉的蔬菜作为家禽与牲畜的食物。在山东一些地区，不少农民种小白菜不是自己食用，而是留给家禽如鸡、鸭、鹅吃。在中国其他地区，农民把剩余的蔬菜作为猪、牛、羊的饲料是屡见不鲜的。

蔬菜除了食用外，还可以用作工业原料。蔬菜可以治病，因此蔬菜现在已大量的用作药品的原材料。中国是世界药品生产大国，生产的药品大量出口。随着中医在世界的推广与普及，中国中医药品数量需求增多，对原材料的需求也就自然增多。除此之外也有少量蔬菜用在其他工业上，如淀粉、酱油等调料以及美容化妆品的生产。中国每年有数量不少的蔬菜是作为工业原料被消费掉。

（5）其他原因

随着国家经济的发展，打工已成为农民增加收入、改善生活的主要手段。目前在农村，70%的劳动力都有打工的经历，常年在外打工的劳动力也在半数以上。加上老人与孩子，外出打工人数比例占农村人口的30%~40%。这么多农村人口进城，在蔬菜消费上，他们享有与城里人一样的"待遇"，即要靠买菜维持蔬菜消费。而《中国统计年鉴》的城市人均蔬菜消费量要高于农村人均蔬菜消费量，因此农村居民蔬菜消费总量计算就显得有些偏低。

另外，近些年来，中国旅游事业蓬勃发展。旅游人员中也有相当部分是自家有菜地的农民。旅游人数的增加也会极大增加蔬菜的消费量，而这部分蔬菜消费量在表24-1中并未体现。而且，中国农村第三产业与第二产业也发展较快，这些从事第二产业、第三产业的人中也有相当数量的蔬菜消费是靠购买，因此计算他们的蔬菜消费量也有些偏低。

24.2 中国蔬菜供需平衡所存在的问题

随着生产的发展，中国蔬菜已由卖方市场转为买方市场，蔬菜总量上说已能满足人们生活对蔬菜的基本需要，但从深层次的平衡来说仍存在着一些问题。

1）总量上国内需求增长趋缓，总量上供大于求，蔬菜季节性剩余与季节性不足、结构型剩余与结构型不足、区域性剩余与区域性不足的局面同时并存。从人均占有量看，中国人均蔬菜占有量已达到400多千克，人均消费量2007年官方统计的只有100多千克，加上未统计在内的，估计人均蔬菜消费量不足200千克。中国蔬菜人均消费量是美国的2~3倍，也超出了日本的水平。由于中日饮食文化最为接近而日本的人民生活水平要大大高于中国，所以可以推断今后随着中国经济的进一步发展与人民收入的进一步提高，中国人均蔬菜消费量不可能有大的增加，或许还有可能进一步下降。今后蔬菜的消费将以品质改善为主。但是由于近十多年发展蔬菜产业的过程中，宏观调控不力，各地区发展没能做到统筹布局，生产方式与品种结构雷同导致结构性剩余等问题的出现。

2）蔬菜生产有些过热。由于中国农村劳动力剩余问题突出，农民收入增长缓慢，许多地区就把安排剩余劳动力提高农民收入的任务压在种植经济作物和发展第三产业上。增加蔬菜种植面积、大力发展蔬菜产业已成为许多地方政府解决农民问题的主要措施。由于缺乏统筹安排和信息交流，生产雷同、重复建设问题就普遍存在。这种一哄而上的蔬菜生产，虽然大大地提高了蔬菜的产量，但也造成了蔬菜的极大浪费。另外，在蔬菜出口上相互竞争、相互压价现象屡见不鲜，导致蔬菜价格下降、增产而不增收，极大地损伤了菜农的利益。

3）蔬菜品质未能满足人们蔬菜消费上日益增长的多元化、多样化、营养化、保健化的要求。人们的蔬菜消费方式已经开始由粗放型向精细型变化。但目前蔬菜产业从质量上作的文章仍未能跟上要求。一方面蔬菜大量过剩，另一方面高档精细蔬菜又不足。作为蔬菜生产第一大国，中国绿色健康蔬菜的发展与发达国家相比才刚刚起步，而蔬菜加工业只占整个蔬菜产业的一小部分。中国居民喜食蔬菜，但以自我料理为主，含有较多的服务附加值的消费方式还没有形成气候。

4）中国居民消费的绝大部分蔬菜产品链过短。国内市场消费的蔬菜大部分只经过基本生产—粗放流通—家庭直接消费的基本环节就结束了全过程，附加值太少。因此发展蔬菜产业要注意提高各环节技术含量，大力发展蔬菜加工业，利用中国劳动力价格相对低廉的优势扩大出口。通过这些方式使得蔬菜的产品链得到延伸与扩展，提高整个蔬菜产业的经济效益，为一直以数量扩张为主要增长方式的蔬菜产业开拓出更广阔的发展空间。

5）流通不畅，导致蔬菜损耗严重。尽管蔬菜产品进入市场经济的轨道较早，但由于整个农业的市场环境和市场发育程度，以及流通秩序等方面的因素，加之农户经营规模普遍偏小，小生产与大市场的矛盾越来越突出。农民既不能及时地得到全国各地的产销信息，又没有与其经济利益密切联系的经销企业，而且由于资金和政策配套的原因，农民自身的产销合作组织也不多，使得农民在市场交易中始终处于被动和从属的不平等地位，在产品的销售上没有主动权，许多合理的利益被流通环节盘剥，这些问题不仅影响了农民收入的提高，也制约了农民的投入能力。而且产后处理、包装、运输及储藏、加工落后，蔬菜产品滞运、积压、霉烂的情况时有发生，蔬菜的地区间、季节间的调剂手段不强，这也是导致蔬菜损耗严重的主要原因。

6）蔬菜质量不高。尽管蔬菜外观品质近些年来有较大的提高，但在花色品种上、时令上、营养成分以及无污染产品的开发上，与满足消费者的需求尚有差距。近年来，由于农区蔬菜面积特别是温室栽培的增加，蔬菜病虫害呈加重危害的趋势，加上农区的农民普遍缺乏安全使用农药的知识和意识，蔬菜农药残留量超标的问题时有发生，危害人们身体健康。此外，蔬菜生产设施化栽培的程度仍然不高，对不利气候和复杂的市场需求应变能力不强，生产的季节性与消费的周年均衡性需求的矛盾依然存在。

24.3　对策与建议

随着中国市场经济改革的进一步深入，蔬菜生产可能会出现这样或那样的新情况、新问题，遇到一些困难和挫折，但不管怎样，为解决蔬菜供需平衡中出现的一系列问题，坚持其市场化改革的取向是不会改变的。一方面，要改革土地制度、提高农户经营规模、加强行业规划、提高产区规模，并在实现规模化经营的前提下，引导菜农实施长期有计划生产。另一方面，改善蔬菜品质，调整供给结构。优先发展蔬菜储藏、加工转化与出口，缓解供需矛盾。

24.3.1　认清形势，改善蔬菜品质

蔬菜品质包括蔬菜的营养结构、卫生保健、口味以及加工包装等各个方面。由于在总体上，中国蔬菜供给已经过剩，而且人们的消费开始趋向多元化。因此中国政府应加大果蔬科研与推广投入，加快品质改造，调整供给结构。具体来讲蔬菜品质改造应向下列几个方面转化。

1）向营养保健型转化。在市场开放、菜源扩大、品种增多的情况下，挑好选优、讲质量、重营养、讲合理搭配，已成为大多数消费者的基本要求。一些营养价值高、风味好的豆类、瓜类、食用菌类、茄果类蔬菜，由数量型向质量型发

展、花菜、生菜、绿菜花、紫甘蓝等营养价值高、风味好的菜销势看好的同时，一些具有保健作用和较高营养价值的野菜，如野生蘑菇、蔬菜等，已引起人们重视。

2）向加工转化。净菜上市适应了城市的快节奏、高效益的需求，如今正向净菜小包装阶段发展，即在生产地整理、消毒灭菌、分级和薄膜包装密封，然后上市出售。速冻菜、真空保鲜菜便于储藏和运输，出口创汇附加值很高，外销潜力大、市场广阔。

3）向"绿色食品"型转化。使用生物农药和高效、低毒、低残留化学农药，禁止使用剧毒农药，尽量少施化肥，多施有机肥，以避免和减少对蔬菜的污染，已成为目前蔬菜生产的趋势。这种无公害蔬菜正渐向高阶段发展，即采用温室和无土栽培方法培养出的清洁蔬菜，完全与化学农药、化学肥料"绝交"，是典型的卫生清洁蔬菜。

在此，要特别强调进一步重视无公害蔬菜的问题。近些年来随着农区蔬菜面积尤其是保护地面积的迅速扩大，蔬菜病虫害呈加重危害的趋势，加上农区的农民普遍缺乏安全用药知识和意识，蔬菜的农药污染中毒事故时有发生。

首先，各地要加大力度，做好无公害蔬菜的产销工作。首先是加强监测工作，禁止在蔬菜上使用高毒、高残留农药，做好产地和销区市场蔬菜农药残留量超标的检测工作，建立健全从产地到市场比较完备的监测体系，配备一定的人员和必要的检测设备，避免有毒蔬菜混入市场，危害人们的身体健康。中国已经组织有关单位，制订全国性的无公害蔬菜生产技术规程，进一步规范各地无公害蔬菜的生产；开展了防虫网覆盖栽培技术的协作攻关，把蔬菜病虫害的综合防治技术措施与防虫网等设施措施相配套，推动无公害蔬菜的发展。

其次，要加强无公害蔬菜生产的指导与推广工作。及时总结、推广广州、深圳、上海、宁波等城市在发展无公害蔬菜生产中的经验与做法。加大宣传力度，提高生产环节和消费环节的"无公害"意识，引导各地以农业产业化经营为纽带，逐步创立无公害蔬菜产品品牌，树立品牌意识，提高无公害蔬菜的知名度和市场竞争力，把无公害蔬菜的生产与销售工作和净菜上市，品牌农业、标牌上市等结合起来，使其成为蔬菜生产中新的增长点和结构调整的重要内容。

4）向多样化转化。目前，在菜源扩大、品种增加的情况下，挑好选优、讲究营养已成为消费者的基本要求。不少居民的口味向自然化回归，对天然野生型蔬菜的需求量不断增加，芥菜、山芋、竹笋等品种在菜市上成为固定"角色"。保健型蔬菜日趋流行。芦笋能养心安神、百合可消肿、南瓜能消炎止痛等。人们还趋向购买应时菜和反季节菜，对香料型蔬菜的消费也日益增多，如荷兰芹、姜芽、牛至、留兰得、茴香等。

24.3.2　加速蔬菜产业的市场化、区域化与专业化建设

1）市场化主要有三个内容。一是要建立市场体系和信息网络体系，尤其是加大产地批发市场的建设力度，要通过信息网络及时反馈各地的市场批发价格和主要产地的蔬菜生产状况，沟通、衔接蔬菜产销。二是要求生产者要进行市场预测，研究消费，必须改变以前不搞市场调研、不顾市场前景，盲目扩大生产规模的做法，要根据消费者需求向多元化、多样化、营养化和保健化发展的趋势，及时调整生产布局和品种结构，发展适销对路的产品。在注重生产的技术进步与管理的同时，下大力气去开拓市场，通过宣传扩大产品的知名度、引导消费。三是积极发展农民自己的产销合作组织，抓好产品的产销衔接工作，有条件的地方要积极发展"订单农业"。

2）区域化就是要使蔬菜实行区域化种植。只有实行区域化种植，才能形成合理规模生产能力，从而获得高质量的产品，这也是世界各国农业发展的成功经验。根据国内外的需要，搞好蔬菜的沿边、沿江、沿路（主要高速公路、铁路）的发展规划；继续稳定五大蔬菜基地，积极发展北方地区的节能型日光温室和高山蔬菜；城市郊区的蔬菜基地要不断提高设施化栽培水平，提高抗御自然灾害的快速反应能力。具有较高经济水平的大城市可以借鉴北京、上海、深圳正在实施的城郊农业、都市农业的经验，把蔬菜生产与新的生物技术革命、现代农业展示、旅游观光农业结合起来，提高蔬菜生产的竞争力。

3）蔬菜生产专业化就是要积极发展多种形式的蔬菜龙头企业，特别是农民自己的合作经济组织，逐步改变"小而全"的生产结构与经营方式，根据各地自然条件与社会经济条件，着重从事最适合的某种蔬菜或蔬菜生产环节的生产，使生产活动趋于专一化，并实行产销一体化，通过农业的产业化经营带动农户的小规模生产，增强农民的质量意识，提高产品的档次和规模，使千家万户的生产与千变万化的市场能够较好地连接，让农民更多地实现生产过程所创造的价值并获得流通环节的增值。

24.3.3　积极采取措施，促进蔬菜出口

从前面的分析已经知道，中国蔬菜的产出水平大大超过了蔬菜的国内消费能力。而且，随着中国市场经济体制的不断完善与蔬菜储运水平的提高，蔬菜损耗率会有下降的趋势。这样使得蔬菜供给显得更加过剩。解决供给过剩最有效的方法就是加大蔬菜出口力度，以缓解国内蔬菜消费能力不足的局面。结合中国加入WTO后的实际情况，蔬菜出口产业应采取以下对策与措施。

（1）提高蔬菜质量标准，防范技术性的非关税贸易壁垒

尽管中国的蔬菜出口面临巨大的机遇，但国际贸易往来中"绿色壁垒"也明显加强，近几年表现特别突出。入世后关税壁垒正逐渐消除，而技术性的非关税贸易壁垒则有加强趋势，其中强制性的国际标准质量认证已被广泛应用。为此中国应积极采取措施，努力提高蔬菜卫生与包装标准，具体做法有：①制订和实行中国具有权威性的检验检疫标准体系，提高出口农产品的检验检疫、安全和卫生水平，促进中国"绿色"标准的形成；②加强农业生产环境、生产过程、加工工艺等的环保检测，保证中国蔬菜产品既符合无污染、安全、卫生、营养等标准，又能通过"绿色包装"，提高蔬菜产品的附加值与国际竞争力；③搞好"质量监督保证体系"试点，尽快做好推广工作。

（2）增加科技投入，调整、优化蔬菜出口结构

在扩大出口蔬菜生产规模的同时，更要注重提高蔬菜产品质量。要满足国内外市场对蔬菜产品的广泛选择和越来越高的质量要求，必须在提高蔬菜产品质量及花色品种、提高单位面积产量、降低成本以提高产品的竞争能力方面下工夫。对具有出口创汇优势的蔬菜种类如根菜类、叶菜类等蔬菜要在政策扶持、资金投放、信息引导、技术辅导等方面给予积极地支持。同时加强科技攻关，增加科研投入，在加工品结构上也要加大调整力度，在确保规模效益的同时，快速抢占农产品加工领域的制高点，在传统的保鲜出口和冷冻出口的基础上，积极增加调味食品、真空冷冻干燥食品、浓缩果菜汁、蔬菜卷等高科技含量的深加工产品，实现与国际市场的高点对接。还应研究相应的配套技术，改进出口蔬菜加工工艺和包装，搞好管理，以提高产品质量、开发新品种。而且中国应利用中国农业资源优势，同时加速引进国外优良品种和先进技术，开发和培植出口新产品，充分挖掘风味独特、品质优良的蔬菜品种，把零星种植的地方性特产开发为商品化的大规模生产，并培育为出口商品。

（3）培植和打造品牌

品牌化经营成为关键，国际化趋势明显。北京市延庆县蔬菜办的负责人称，蔬菜也要增强品牌意识，将产品优势转化为品牌优势、名牌优势、出口优势。有了这种优势，就有了经营国际化的基础。农产品注册商标对推进农业产业化经营、提高农产品科技含量和在国内外市场的竞争力、促进地方经济发展起到了较好作用。品牌意识目前已逐渐在中国深入人心。例如，山东寿光田马镇的"王婆香瓜"无形资产2001年4月被上海新世纪服务公司评估为3.3亿人民币。现在，"王婆香瓜"已成为该镇的支柱型产业，每年大量出口日本、韩国、俄罗斯和东南亚国家。

（4）发展行业协会，深化蔬菜生产经营管理体制改革，推进农业产业化进程

1）由于蔬菜出口总量供大于求，技术含量低，国内各出口企业为争夺

客户，竞相压价，致使各单位创汇利润逐年下降，而外商坐收渔翁之利。建议有关部门牵头建立农产品生产企业的行业协会，建立完善的协商、谈判制度，切实加强对行业的指导和约束，避免恶性竞争，保证既可多出口又能多创汇。

2）推进农业市场化和组织化建设，提高蔬菜产品出口的产业化程度，要求扶持一批蔬菜产品出口企业，实行贸工农一体化和企业集团经营。①可采取"公司＋农户"的组织形式，实现蔬菜产品出口生产的规模化经营。②组成联合销售公司，即由生产者联合组建销售公司来批发或零售股东（大多是中小蔬菜生产者）生产的产品，国家给予适当信贷资金或政策予以扶持。通过产业政策扶持原有出口基地，兴建一批体现支柱产业和重点产品等出口生产体系的蔬菜出口生产基地，因地制宜，组织各种产品的区域性大产区，在各产区，形成一批规模大的生产、销售、加工、仓储、运输等企业以推动规模经营。

3）目前在尚未形成势力强大的贸易跨国公司的情况下，可由政府划拨专门资金用于在蔬菜进口国进行公共协调、公益宣传、产品介绍等，以影响其法律和政策的制定，保证输出国的利益。另外，还要保持出口鼓励政策的稳定性。①加强政策性金融支持，完善出口信贷和出口信用保险的经营机制，为扩大蔬菜产品出口提供优惠的融资条件及配套的金融和保险服务。②制定合理的出口退税率并保证实施，以增加出口企业的经营信心和维护正常出口秩序。要搞好蔬菜出口市场的信息交流及生产经营指导工作，以便及时调整生产经营品种，适应国际市场变化。③要搞好蔬菜出口市场的整顿与管理。为适应国际市场经济秩序的要求，用法律手段加以管理，促进出口，并注重出口秩序，形成"协调一致、统一对外"的秩序。

（5）培养营销人才，建立营销网络

造就一支开拓国内国际市场的农民购销大军很重要。例如，山东金乡县大蒜的农民购销组织发展很快，1994 年前，有的人还是地道的农民，现在已是拥有相当固定资产的产、供、销公司的经理，并把金乡大蒜销售到了国内外市场。其中，大蒜出口一项就占全国总出口量的七成，到 1998 年已达 12.3 万吨，"中国金乡大蒜"驰名日本、东南亚、中国港澳农产品市场，并已与美国、日本、澳大利亚、俄罗斯、英国等地的一百多家客商建立了稳固的业务关系，出口合格率居全国最高，达 90% 以上。

因此，蔬菜的购销组织迫切需要以海尔式的人才为榜样，培育、引进大批人才，而这些人才在蔬菜市场的国际竞争中，必须要具备下列意识：①既然要"与狼共舞"，你就必须先成为"狼"，否则就会被吃掉，也就失去了生存的资格。②在新经济时代，要按订单进行生产，要减少库存。新经济不仅仅是眼球经济，还是订单经济。

24.3.4　结合市场，进行蔬菜结构调整

在蔬菜产业化发展与形成时期，蔬菜产业结构主要包括蔬菜产业项目结构、蔬菜种植结构与蔬菜生产的技术结构。蔬菜产业结构的调整首先应着重于产业项目结构的调整，同时相应的进行技术结构的调整，而不能理解为仅仅是种植结构的调整。建立带动千家万户生产发展的龙头企业是发展蔬菜产业化的切入点，也是启动产业结构整体调整的一把钥匙，是产业结构调整的核心。要建立龙头企业，必须选准适合当地发展的主导产业，选定主导产业时必须遵循以下主要原则：①充分利用当地的资源（气候、地理、交通、人力、资金、技术等）优势，形成在市场上有竞争力的优势蔬菜产业。②产业的形成应以生物适应环境为基础，进行必要而可能的环境调控，以达到生物与环境的统一，取得最大的生态效益与经济效益。③以获得最大的经济产出投入比为目标。选择适合的产业项目与发展模式，既能受益于当前，又能发展于未来。④产业的选择应重视整个蔬菜生态经济系统水平的提高，为此，系统的"加环"与增值不可忽视。

当前，应特别注意的问题是，在主导产业的选择上缺乏特色，同样存在"趋向"现象；过于强调环境适应生物，能耗大、效益低；热衷于"大手笔"，忽视了资本积累、企业缺乏扩大再生产的能力，甚至到了难以维持的地步；在规划上缺乏整体性，由于环节衔接不上而影响整体效益的提高等。值得提出的是，产业的选择是否合适与技术结构的调整是否到位关系很大，如果不能做到国外生产经验与中国国情相结合、现代科学技术与中国传统农业精华相结合、产业的形象与其经济效益相结合，即使选择了合适的产业项目，也会由于技术路线不正确而使得优势产业变为缺乏竞争力的劣势产业。

一般来说，蔬菜产业结构调整的步骤是：产业分化、调整技术、形成特色、扩大规模、争取效益。其中，产业分化是结构调整的前提，保持现有的小而全且毫无特色的一般种菜模式，产业不可能升级；技术调整是保证，应在产业分化时就确定其技术路线；产品的特色必须立足于较高的技术含量与较强的市场竞争力；一旦形成了具有市场竞争力的产业，就必须有较大的发展规模，才能获得较大而持久的规模效益。

24.3.5　其他措施

1）加快城市化建设步伐可以在一定程度上缓解蔬菜供需矛盾。从第22章所论述的结论可以看出，城市居民蔬菜人均消费量比农村居民蔬菜人均消费量高出不少。因此加快城市化建设步伐，可以将更多的人从土地上解放出来，加入到非

农产业中去。这样一来就有更多的居民改变了自给自足的蔬菜供应方式，从而从量上增加了蔬菜消费绝对量。与此同时，更多的人成为城市居民以后，第三产业特别是贸易、加工、运输等行业发展速度将加快。与之相应的，参与蔬菜销售、蔬菜储藏加工、蔬菜运输以及蔬菜出口等方面的人员数量增多、素质提高。这些都将有利于蔬菜产业信息网络的畅通，有利于调整蔬菜产业结构，提高蔬菜品质，增加蔬菜出口。

2）加强市场调研，掌握蔬菜市场消费动态，从而以此为据指导蔬菜生产，避免了蔬菜生产的盲目性、无序性与重复性，从而也可以缓解蔬菜供需矛盾。在中国，的确存在着市场信息不充分、信息不准确以及信息滞后等现象，导致了许多菜农缺乏对市场需求的预测特别是长期市场需求的预测，盲目跟风、重复生产，从而导致过度竞争、资源浪费。因此，必须对蔬菜市场进行科学的、系统的调查研究，准确地、及时地掌握蔬菜市场信息，从而为指导蔬菜生产服务。

3）政府应加强数据统计工作。一方面政府应扩大蔬菜调查的范围，力争为蔬菜供需双方提供更为全面的信息，另一方面，应规范统计工作，积极采取措施，防止由于统计人员工作不负责任而导致数据不真实。错误的数据带来了错误的信息，从而也带来了错误的政策与决策。错误的决策将会导致蔬菜生产的混乱，造成经济的极大的损失。

受传统的统计制度所限以及统计法规的不健全的影响，中国蔬菜生产和消费统计数据的准确性常常受到怀疑，也引起了一些学者对此研究和讨论。卢峰（1998）从逻辑上全面分析了肉、蛋、水产品产量与消费量的巨大差异的原因，并得出结论产量数据夸大了 40% 以上。蔬菜统计数据同样也存在着这样的问题。但由于存在着小样本调查的技术性障碍与经费不足的实际困难，想对蔬菜供给量与消费量进行调整也非常困难。就生产而言，由于中国蔬菜生产的分布极为广泛、地域差异非常明显，组织形式与规模大小又千差万别，抽样调查的样本框往往不能代表生产的总体特征。就需求而言，城乡的差异、在外饮食特别是公款消费量的难以获得性、不同消费者对蔬菜质量计量的模糊性和不统一性、库存和损耗的不确定性以及加工蔬菜数据统计的空缺，都严重影响了需求量数据的准确性。

产生统计数据虚假的原因有很多，但主要原因还是统计工作人员工作的不负责任以及各级地方政府为夸大政绩而造成的。国家应尽快出台统计法规，对统计工作进行规范，对上报虚假数据的统计人员或政府工作人员进行处罚，与此同时，还应加大统计投入，努力使得中国统计准确、及时、高效。

参 考 文 献

［美］乔治·G. 贾奇等 . 1993. 经济计量学理论与实践引论 . 周逸江，赵文奇译 . 北京：中国

统计出版社.

曹春田,梅红,王俊香等.用灰色系统理论分析稻瘟病流行因素.北京:第三届全国青年植物保护科技工作者学术研讨会.

陈殿奎.1998.中国蔬菜的生产消费与流通.蔬菜,(2).

陈锋.1999.现代医学统计方法与STATA应用.北京:中国统计出版社.

陈锡康,郭菊娥等.1996.中国粮食生产发展预测及其保证程度分析.自然资源学报,(3).

陈云.2003.中国蔬菜产业出口竞争力的实证研究.武汉:华中农业大学.

邓聚龙.1993.灰色控制系统.武汉:华中理工大学出版社.

方积乾,徐勇勇,余松林等.1997.医学统计与电脑实验.上海:上海科学技术出版社.

方开泰.1989.实用多元统计分析.上海:华东师范大学出版社.

冯彪,徐兆亮.1995.城市蔬菜供需平衡问题的优化研究.西北师范大学学报(自然科学版),(1).

葛晓光.2002.怎样进行蔬菜产业结构调整.西北园艺,(1).

国家发展计划委员会,国家经济贸易委员会,农业部等.1990.全国农产品成本收益资料汇编.北京:中国统计出版社.

国家发展计划委员会,国家经济贸易委员会,农业部等.1991.全国农产品成本收益资料汇编.北京:中国统计出版社.

国家发展计划委员会,国家经济贸易委员会,农业部等.1992.全国农产品成本收益资料汇编.北京:中国统计出版社.

国家发展计划委员会,国家经济贸易委员会,农业部等.1993.全国农产品成本收益资料汇编.北京:中国统计出版社.

国家发展计划委员会,国家经济贸易委员会,农业部等.1994.全国农产品成本收益资料汇编.北京:中国统计出版社.

国家发展计划委员会,国家经济贸易委员会,农业部等.1995.全国农产品成本收益资料汇编.北京:中国统计出版社.

国家发展计划委员会,国家经济贸易委员会,农业部等.1996.全国农产品成本收益资料汇编.北京:中国统计出版社.

国家发展计划委员会,国家经济贸易委员会,农业部等.1997.全国农产品成本收益资料汇编.北京:中国统计出版社.

国家发展计划委员会,国家经济贸易委员会,农业部等.1998.全国农产品成本收益资料汇编.北京:中国统计出版社.

国家发展计划委员会,国家经济贸易委员会,农业部等.1999.全国农产品成本收益资料汇编.北京:中国统计出版社.

国家发展计划委员会,国家经济贸易委员会,农业部等.2000.全国农产品成本收益资料汇编.北京:中国统计出版社.

国家发展计划委员会,国家经济贸易委员会,农业部等.2001.全国农产品成本收益资料汇编.北京:中国统计出版社.

国家发展计划委员会,国家经济贸易委员会,农业部等.2002.全国农产品成本收益资料汇编.北京:中国统计出版社.

国家统计局城市社会经济调查总队. 1990. 中国城市统计年鉴. 北京：中国统计出版社.

国家统计局城市社会经济调查总队. 1991. 中国城市统计年鉴. 北京：中国统计出版社.

国家统计局城市社会经济调查总队. 1992. 中国城市统计年鉴. 北京：中国统计出版社.

国家统计局城市社会经济调查总队. 1993. 中国城市统计年鉴. 北京：中国统计出版社.

国家统计局城市社会经济调查总队. 1994. 中国城市统计年鉴. 北京：中国统计出版社.

国家统计局城市社会经济调查总队. 1995. 中国城市统计年鉴. 北京：中国统计出版社.

国家统计局城市社会经济调查总队. 1996. 中国城市统计年鉴. 北京：中国统计出版社.

国家统计局城市社会经济调查总队. 1997. 中国城市统计年鉴. 北京：中国统计出版社.

国家统计局城市社会经济调查总队. 1998. 中国城市统计年鉴. 北京：中国统计出版社.

国家统计局城市社会经济调查总队. 1999. 中国城市统计年鉴. 北京：中国统计出版社.

国家统计局城市社会经济调查总队. 2000. 中国城市统计年鉴. 北京：中国统计出版社.

国家统计局城市社会经济调查总队. 2001. 中国城市统计年鉴. 北京：中国统计出版社.

国家统计局城市社会经济调查总队. 2002. 中国城市统计年鉴. 北京：中国统计出版社.

国家统计局城市社会经济调查总队. 2003. 中国城市统计年鉴. 北京：中国统计出版社.

国家统计局城市社会经济调查总队. 2004. 中国城市统计年鉴. 北京：中国统计出版社.

国家统计局城市社会经济调查总队. 2005. 中国城市统计年鉴. 北京：中国统计出版社.

国家统计局城市社会经济调查总队. 2006. 中国城市统计年鉴. 北京：中国统计出版社.

国家统计局城市社会经济调查总队. 2007. 中国城市统计年鉴. 北京：中国统计出版社.

国家统计局城市社会经济调查总队. 1990. 中国农村统计年鉴. 北京：中国统计出版社.

国家统计局城市社会经济调查总队. 1991. 中国农村统计年鉴. 北京：中国统计出版社.

国家统计局城市社会经济调查总队. 1992. 中国农村统计年鉴. 北京：中国统计出版社.

国家统计局城市社会经济调查总队. 1993. 中国农村统计年鉴. 北京：中国统计出版社.

国家统计局城市社会经济调查总队. 1994. 中国农村统计年鉴. 北京：中国统计出版社.

国家统计局城市社会经济调查总队. 1995. 中国农村统计年鉴. 北京：中国统计出版社.

国家统计局城市社会经济调查总队. 1996. 中国农村统计年鉴. 北京：中国统计出版社.

国家统计局城市社会经济调查总队. 1997. 中国农村统计年鉴. 北京：中国统计出版社.

国家统计局城市社会经济调查总队. 1998. 中国农村统计年鉴. 北京：中国统计出版社.

国家统计局城市社会经济调查总队. 1999. 中国农村统计年鉴. 北京：中国统计出版社.

国家统计局城市社会经济调查总队. 2000. 中国农村统计年鉴. 北京：中国统计出版社.

国家统计局城市社会经济调查总队. 2001. 中国农村统计年鉴. 北京：中国统计出版社.

国家统计局城市社会经济调查总队. 2002. 中国农村统计年鉴. 北京：中国统计出版社.

国家统计局城市社会经济调查总队. 2003. 中国农村统计年鉴. 北京：中国统计出版社.

国家统计局城市社会经济调查总队. 2004. 中国农村统计年鉴. 北京：中国统计出版社.

国家统计局城市社会经济调查总队. 2005. 中国农村统计年鉴. 北京：中国统计出版社.

国家统计局城市社会经济调查总队. 2006. 中国农村统计年鉴. 北京：中国统计出版社.

国家统计局城市社会经济调查总队. 2007. 中国农村统计年鉴. 北京：中国统计出版社.

国家统计局城市社会经济调查总队. 1990. 中国物价统计年鉴. 北京：中国统计出版社.

国家统计局城市社会经济调查总队. 1991. 中国物价统计年鉴. 北京：中国统计出版社.

国家统计局城市社会经济调查总队. 1992. 中国物价统计年鉴. 北京：中国统计出版社.

国家统计局城市社会经济调查总队.1993.中国物价统计年鉴.北京：中国统计出版社.

国家统计局城市社会经济调查总队.1994.中国物价统计年鉴.北京：中国统计出版社.

国家统计局城市社会经济调查总队.1995.中国物价统计年鉴.北京：中国统计出版社.

国家统计局城市社会经济调查总队.1996.中国物价统计年鉴.北京：中国统计出版社.

国家统计局城市社会经济调查总队.1997.中国物价统计年鉴.北京：中国统计出版社.

国家统计局城市社会经济调查总队.1998.中国物价统计年鉴.北京：中国统计出版社.

国家统计局城市社会经济调查总队.1999.中国物价统计年鉴.北京：中国统计出版社.

国家统计局城市社会经济调查总队.2000.中国物价统计年鉴.北京：中国统计出版社.

国家统计局城市社会经济调查总队.2001.中国物价统计年鉴.北京：中国统计出版社.

国家统计局城市社会经济调查总队.2002.中国物价统计年鉴.北京：中国统计出版社.

国家统计局城市社会经济调查总队.2003.中国物价统计年鉴.北京：中国统计出版社.

国家统计局城市社会经济调查总队.2004.中国物价统计年鉴.北京：中国统计出版社.

国家统计局城市社会经济调查总队.2005.中国物价统计年鉴.北京：中国统计出版社.

国家统计局城市社会经济调查总队.2006.中国物价统计年鉴.北京：中国统计出版社.

国家统计局城市社会经济调查总队.2007.中国物价统计年鉴.北京：中国统计出版社.

国家统计局农村社会经济调查总队.2000.新中国五十年农业统计资料.北京：中国统计出版社.

国家统计局.1990.中国统计年鉴1989.北京：中国统计出版社.

国家统计局.1991.中国统计年鉴1990.北京：中国统计出版社.

国家统计局.1992.中国统计年鉴1991.北京：中国统计出版社.

国家统计局.1993.中国统计年鉴1992.北京：中国统计出版社.

国家统计局.1994.中国统计年鉴1993.北京：中国统计出版社.

国家统计局.1995.中国统计年鉴1994.北京：中国统计出版社.

国家统计局.1996.中国统计年鉴1995.北京：中国统计出版社.

国家统计局.1997.中国统计年鉴1996.北京：中国统计出版社.

国家统计局.1998.中国统计年鉴1997.北京：中国统计出版社.

国家统计局.1999.中国统计年鉴1998.北京：中国统计出版社.

国家统计局.2000.中国统计年鉴1999.北京：中国统计出版社.

国家统计局.2001.中国统计年鉴2000.北京：中国统计出版社.

国家统计局.2002.中国统计年鉴2001.北京：中国统计出版社.

国家统计局.2003.中国统计年鉴2002.北京：中国统计出版社.

国家统计局.2004.中国统计年鉴2003.北京：中国统计出版社.

国家统计局.2005.中国统计年鉴2004.北京：中国统计出版社.

国家统计局.2006.中国统计年鉴2005.北京：中国统计出版社.

国家统计局.2007.中国统计年鉴2006.北京：中国统计出版社.

黄季琨,（美）斯·罗泽尔.1998.迈向21世纪的中国粮食.北京：中国农业出版社.

黄正甫.1995.医用多因素分析.（第3版）.长沙：湖南科学技术出版社.

蒋乃华,辛贤,尹坚等.2003.中国畜产品供给需求与贸易行为研究.北京：中国农业出版社.

雷海章.1991.农业经济学.北京：中国科学技术出版社.

李宏标.1996.1996年我国玉米供求预测.中国流通经济,（1）.

李加旺,张文珠.2001.21世纪我国蔬菜生产的发展趋势与对策.中国农学通报,（2）.

李鹿贵,张晓昱.1996.我国蔬菜食品产销浅议.商业研究,（2）.

李子奈.1992.计量经济学——方法相应用.北京：清华大学出版社.

刘树泽,张宏铭,兰鸿第.1987.作物产量预测方法.北京：气象出版社.

刘玉萍,张明娜.2002.入世后我国蔬菜产业面临的形势及对策.中国蔬菜,（1）.

刘元根,赵学君.1989.安图县粮食产量预测模型.农业系统科学与综合研究,（2）.

刘振亚.1995.计量经济学教程.北京：中国人民大学出版社.

柳江.2000.21世纪初中国农业发展战略.北京：中国农业出版社.

吕春修.1995.对辽宁省蔬菜产业结构调整的探讨.中国蔬菜,（5）.

罗发友,肖国安.2002.农户收入水平及其影响因素的相关分析.农业系统科学与综合研究,（5）.

马承需.1990.我国粮食单产和总产的预测.粮食经济研究,（3）.

祁春节.2001.中国柑橘产业的经济分析与政策研究.武汉：华中农业大学.

苏帆.1994.湖北省粮食产量的灰色预测.武汉食品工业学院学报,（4）.

谭向勇等.2001.中国主要农产品市场分析.北京：中国农业出版社.

唐兴文.1999.用回归分析看广西粮食发展.广西经济,（7）.

唐妍.1998.我国蔬菜市场供求特点分析.经济与信息,（5）.

田瑾,项静恬,李宝慧等.2001.经济环境等非线性系统的预测和调控.北京：中国统计出版社.

汪晓银,周保平.2010.数学建模与数学实验.北京：科学出版社.

文风.2002.日本市场需要哪些中国蔬菜.当代农业,（10）

谢静华,李岳云.2002.提高蔬菜卫生质量 促进蔬菜出口.江苏农业科学,（3）.

薛彦斌.2002.加入WTO后我国出口蔬菜面临的形势和对策——寿光市出口蔬菜创汇剖析.保鲜与加工,（3）.

王红玲,徐桂祥.1998.农业经济增长因素分析的一种统计分法.中国农村经济,（4）.

余家林.1993.农业多元试验统计.北京：中国农业大学出版社.

袁嘉祖.1991.灰色系统理论及其应用.北京：科学出版社.

张真和.2002.我国蔬菜出口存在的主要问题及对策.北京农业,（8）.

张真和.2002-01-31.蔬菜产业风景独好.农民日报.

中国农业年鉴编委会.1981.中国农业年鉴1980.北京：中国农业出版社.

中国农业年鉴编委会.1982.中国农业年鉴1981.北京：中国农业出版社.

中国农业年鉴编委会.1983.中国农业年鉴1982.北京：中国农业出版社.

中国农业年鉴编委会.1984.中国农业年鉴1983.北京：中国农业出版社.

中国农业年鉴编委会.1985.中国农业年鉴1984.北京：中国农业出版社.

中国农业年鉴编委会.1986.中国农业年鉴1985.北京：中国农业出版社.

中国农业年鉴编委会.1987.中国农业年鉴1986.北京：中国农业出版社.

中国农业年鉴编委会.1988.中国农业年鉴1987.北京：中国农业出版社.

中国农业年鉴编委会 . 1989. 中国农业年鉴 1988. 北京：中国农业出版社 .

中国农业年鉴编委会 . 2000. 中国农业年鉴 1999. 北京：中国农业出版社 .

中国农业年鉴编委会 . 2001. 中国农业年鉴 2000. 北京：中国农业出版社 .

中国农业年鉴编委会 . 2002. 中国农业年鉴 2001. 北京：中国农业出版社 .

中国农业年鉴编委会 . 2003. 中国农业年鉴 2002. 北京：中国农业出版社 .

中国农业年鉴编委会 . 2004. 中国农业年鉴 2003. 北京：中国农业出版社 .

中国农业年鉴编委会 . 2005. 中国农业年鉴 2004. 北京：中国农业出版社 .

中国农业年鉴编委会 . 2006. 中国农业年鉴 2005. 北京：中国农业出版社 .

中国农业年鉴编委会 . 2007. 中国农业年鉴 2006. 北京：中国农业出版社 .

朱春泗 . 2001. 我国蔬菜出口可持续发展的障碍——面对世界绿色贸易壁垒的思考 . 山东农业农村经济，（3）.

朱孔来，于祥卿，刘文涛 . 1990. 应用马尔柯夫链预测粮食产量 . 农业系统科学与综合研究，（1）.

LeSter R Brown. 1995. Who will feed China-wake-up call for a Small planet. Washington：Worldwatch Institute.

Pandit S M，Wu S M. 1983. Time series and system analysis with applications. Florida：Krieger Pub.

Pindyck R S，Rubinfeld D L. 1986. Econometric models and econometric forecasts. New York：McGra-Hill Book Company.

第五部分 推进我国园艺产品出口的对策研究

鉴于扩大园艺产品出口可以促进我国农业战略调整、增加国家外汇收入、促进农民增收、扩大农业劳动就业、促进农业竞争力的提高和带动相关行业的发展等，研究我国园艺产品出口的现状和对策具有重要意义。本部分分别在水果、蔬菜、花卉三个方面对全球园艺产品进使出口的贸易形势、我国园艺产品进出口的贸易现状和我国园艺产品出口竞争力等方面作了详细的数据分析，并探讨了影响我国扩大园艺产品出口的国内外的阻碍因素。

结果表明世界上园艺产品的贸易量在同类产品产量中都占有很大的比例，但园艺产品的进出口主要集中在少数几个国家。水果的主要出口国有美国、法国、西班牙等，主要集中在美洲和欧洲国家。水果的主要进口国家有德国、英国、美国、法国等。蔬菜出口国依次是中国、西班牙、荷兰、加拿大。蔬菜主要进口国是美国、德国、法国，其中美国进口量最大。花卉产品荷兰是最大的出口国，在整个植物贸易中占了很大比例。

我国园艺产品近几年的进出口量都有一定的增长，总体上是出口量大于进口量。蔬菜的出口量远远大于进口量。进口和出口国家也是集中在少数几个国家。但并非所有的产品的出口额都随着出口量的增加而增加。如蔬菜的出口量不断增加，但由于蔬菜价格的下跌使出口额并没有随着出口量的增加而增加。我国国内虽然都有园艺产品的进出口，但贸易也是集中在少数几个省份。

通过国内外园艺产品的贸易情况发现我国园艺产品进出口具有以下特点。园艺产品是我国最主要的出口农产品，出口金额占农产品出口总额的四分之一以上；近几年来，进出口增长都很快，但出口的价格呈下降趋势，而进口产品的价格比较稳定；贸易伙伴主要在亚洲，其次是欧洲、美洲，非洲和拉丁美洲都很少。出口以一般贸易产品为主，高附加值的加工产品较少。而进口基本上都是技术含量较高的产品；国内园艺产品进出口都主要集中在东部沿海省区，中部和西部所占比例都很小。

本部分根据《商品名称和编码协调制度（HS）》进行的海关统计分析表明，我国园艺产品出口竞争力指标值较大即我国园艺产品具有比较优势。但园艺产品中不同种类和不同品种的比较优势有大有小，甚至某些种类或品种不具有比较优势，或完全没有比较优势和竞争力。所以应该保持已有的优势，加大不具有优势产品的改进。

目前我国园艺产品的贸易量持续增加，但仍然存在许多不足，针对具体情况，本部分从国内外的多个方面探讨了影响我国园艺产品贸易的障碍并给出针对性的建议。

第25章
扩大园艺产品出口的重要性和意义

25.1　促进农业战略性结构调整

　　20世纪90年代以来我国园艺产业发展迅速，在农业和农村经济发展中的地位和作用越来越突出。从我国农业种植业结构演变来看，90年代以来我国粮棉种植面积不断下降，水果、蔬菜、花卉等的种植面积不断攀升。据统计，2007年全国蔬菜播种面积1732.86万公顷，总产5.6452亿吨；水果种植面积1047.1万公顷，总产1.813 63万吨；花卉75.033 19万公顷。1990年水果面积占全国农作物种植面积3.49%，2007年则为6.82%；蔬菜种植面积前者为4.27%，后者为11.29%（表25-1）。茶叶种植面积比较稳定，花卉栽培面积快速增长。据匡算，2007年全国园艺作物（水果、蔬菜和花卉）总产值约11 640.197 06亿元，占农业总产值的47.21%，占经济作物总产值的70%以上，在种植业中仅次于粮食作物，是农民现金收入的重要来源和农村经济的增长点。

表 25-1　中国园艺作物在农业（种植业）中的地位　　　　单位:%

项　目	1978	1980	1985	1990	1995	2000	2003	2004	2005	2006	2007
粮食作物	80.34	80.09	75.78	76.48	73.43	69.34	65.22	66.17	67.07	68.98	68.84
棉　花	3.24	3.36	3.58	3.77	3.62	2.58	3.35	3.71	3.26	3.82	3.86
油　料	4.15	5.42	8.22	7.35	8.74	9.85	9.83	9.40	9.21	7.72	7.37
糖　料	0.59	0.63	1.06	1.13	1.21	0.87	1.09	1.02	1.01	1.03	1.17
烟　叶	0.52	0.35	0.91	1.07	0.98	0.92	0.83	0.82	0.88	0.78	0.76
蔬　菜	2.22	2.16	3.23	4.27	6.35	9.74	11.78	11.44	11.40	10.94	11.29
水　果	1.12	1.22	1.90	3.49	5.40	5.71	6.19	6.36	6.45	6.65	6.82
茶　叶	0.70	0.71	0.73	0.72	0.74	0.70	0.79	0.82	0.87	0.94	1.05
花　卉								0.41	0.52	0.47	0.49

　　注：种植结构按种植面积占农作物播种面积比例计算

　　资料来源：根据《新中国五十年农业统计资料》和《中国农业统计资料》整理而得。其中花卉数据来源于 http://zzys.agri.gov.cn

扩大园艺产品出口，可以促进沿海及发达地区发挥区域比较优势，发展高效特色经济作物，给中部地区大宗农产品提供消费市场。从种植业结构调整来看，我国蔬菜、水果、经济作物和优质品种的种植面积不断扩大，有利于发挥我国的比较优势，为扩大出口打下基础。因此，扩大出口，不仅可以缓解以园艺产品为主的优势农产品目前的市场饱和问题，而且可以大大缓解国内市场的大宗农产品日趋饱和的问题，为结构调整增加空间。

25.2　增加国家外汇收入

据联合国商品贸易统计数据库数据显示，2006 年我国农产品进出口总值为602.9 亿美元，其中，出口值为 224.4 亿美元，进口值为 378.5 亿美元，农产品贸易逆差 154.1 亿美元。蔬菜和水果进出口均保持良好增长势头，其中，蔬菜出口量比 2000 年增长 113.5%，达到 576.3 万吨，进口增长 12.06 倍，达到 536.9 万吨。水果出口增长 1.43 倍，达到 215.3 万吨，进口增长 35.4%，达到 132.03 万吨。2006 年蔬菜出口额为 37.15 亿美元、水果为 12.84 亿美元、花卉为 1.05 亿美元，这三类作物产品的出口创汇额为 51.04 亿美元。

25.3　促进农民增收，扩大农业劳动就业

扩大出口，有利于农业产业化的进一步深化，不仅可以促使农业企业和农民更新品种和技术，提高产品质量，降低成本，发展规模化、专业化生产，而且强化农业产业链，促进农业产前、产中和产后等领域的整合，导致农业增效、农民增收。

扩大出口，增加了农民就业的新途径，有利于农村劳动力的就地转移，特别是园艺产品等生产是城乡经济发展的重要纽带，有利于乡镇企业的发展和加快城镇化的步伐，进而对农村稳定、农村社会经济的全面进步起重要作用。

25.4　促进农业素质和竞争力的提高

扩大出口，可以转变企业和农民经营观念，增强市场意识，促进联合生产和销售，形成产业化发展格局；同时可以改变流通方式，发展拍卖、网上销售等现代交易方式，形成大生产、大流通的发展格局。

园艺产品在国际市场竞争中条件好、潜力大，是处于相对有利的竞争地位的产品，有必要参与国际农产品贸易大流通。在种植业结构调整的新形势下，要保持我国园艺产品生产稳定发展，除了国内产业的有效调整以外，还要将扩大出口

作为战略性调整的重要动力，既可以缓解国内市场的日趋饱和问题，更能解决质量问题、加工问题，同时还可以转变经营观念、改变流通方式，使我国园艺产业发展素质得到全面优化。必须因势利导，引导园艺产业走向世界，使我国成为世界上名副其实的园艺产品生产和出口大国。

25.5　带动相关行业的发展

随着出口销售的增长，园艺业不仅会创造更多的就业机会，而且将会从销售、出口、储藏、海运、运输、保险、冷藏和其他相关活动中赚取利润，带动这些行业的迅速发展。

总之，扩大园艺产品出口，对促进农业战略性结构调整、农民增收、农业剩余劳动力就地转移、农产品出口结构改善以及整个农村经济的发展和农村稳定都具有重要意义。在新形势下，种植业发展除了国内产业的有效调整以外，要借势而上，将扩大以园艺产品为主的优势农产品的出口作为重要动力来推动，作为整个农村经济发展和农民增收的增长点来筹划，作为农业结构调整的重要措施来抓。同时，也是适应加入 WTO 后促进农业发展必须采取的有效举措。

第 26 章
全球园艺产品进出口贸易的形势分析

自 20 世纪 80 年代以来，世界园艺产品生产稳步发展，国际贸易持续增长。据 FAO 统计，2006 年世界水果和蔬菜出口约 1.5 亿吨，占总产量 10.8%，出口金额达 1210.07 亿美元，占农产品出口总额 17.03%。花卉的主要贸易商品是切花和盆花，这两大类商品占花卉贸易额的 90% 以上。2006 年茶叶出口 162.92 万吨，出口金额 37.51 亿美元。水果、蔬菜、花卉的进出口贸易主要集中在欧洲和北美，这两大市场均表现为大进大出的特点。美国、荷兰、法国都是园艺产品出口大国，日本是世界园艺产品最大进口国。可以预见，未来世界园艺产品的进出口贸易将持续发展，园艺产品的出口中心将逐步转向发展中国家，市场竞争将会更加激烈。

26.1　水　　果

26.1.1　贸易量

据统计，参与国际贸易的水果数量平均占世界水果产量的 10% 以上。2006年，贸易量最大的水果是香蕉，年贸易量 3264 万吨，占其产量的 40.78%，占世界水果贸易量的 20.3% 以上；其次是柑橘，2990 万吨，分别占其产量 29.5% 和占世界水果贸易量 18.6% 左右；苹果 1843 万吨，分别占其产量 28.9% 和占世界水果贸易量 11.5%；葡萄 1000 万吨，分别占其产量 15.0% 和占世界水果贸易量 6.2%；梨 554 万吨，分别占其产量 24.2% 和占世界水果贸易量 3.5%；热带水果 88 万吨，分别占其产量 27.3% 和占世界水果贸易量 0.5%。

26.1.2　主要水果出口国

从出口量看，2006 年，主要水果出口国有美国、法国、西班牙、意大利、智利、南非、墨西哥、厄瓜多尔、菲律宾等。美国主要出口柑橘、苹果、葡萄、梨等水果，是世界第二大柑橘出口国、第二大苹果出口国、第三大葡萄出口国、第四大梨出口国；法国主要出口苹果，是世界第一大苹果出口国；西班牙柑橘产量虽然排世界第四位，但出口量却达 342.8 万吨，居世界第一位，同时还是世界第二大鳄梨出口国；意大利主要出口葡萄、苹果、柑橘、梨等，是世界第二大葡萄出口国、第四大苹果出口国、第五大梨出口国，葡萄出口量达 45.97 万吨，仅居智利之后；南非主要出口柑橘、葡萄以及鳄梨等热带水果，是世界第三大柑橘出口国、第四大葡萄出口国；墨西哥主要出口热带水果，墨西哥水果产量仅是印度的 1/8，但出口量却是印度的近十倍，位居世界第一，木瓜出口量也居世界第一位；厄瓜多尔是世界第一大香蕉出口国，出口量占世界香蕉出口量 30%；阿根廷是世界第一大梨出口国，出口量占世界梨出口量近 1/5；菲律宾主要出口香蕉和热带水果，是世界第二大芒果出口国、第四大香蕉出口国。

　　从整体衡量，智利是水果出口最成功的国家之一，虽然巴西是拉美最大的水果生产国，但拉美头号水果出口国却是智利。从产量来看智利葡萄年产量 230 万吨，在世界排第 10 位，但出口量达 90.9 万吨，居世界第 1 位；梨年产量 38 万吨，排世界 9 位，但出口量达 23 万吨，排世界 3 位；苹果在世界排第 10 位，但智利是世界第三大苹果出口国，仅次于法国和美国，2006 年达 79.1 万吨，其中，向拉美国家出口约占 40%、对欧洲的出口约占 30%，其他出口市场是中东、美国和远东。据 FAO 统计，2006 年度智利共出口水果 271.4 万吨，比 2005 年度增长 7.19%。

26.1.3　主要水果进口市场

　　按进口量计，世界主要的水果市场是欧洲、北美和亚洲，主要进口国家和地区有德国、英国、美国、法国、荷兰、比利时、加拿大、日本和东南亚等。美国是世界最大的水果进口国，每年进口各种水果达 1000 万吨之多，进口量最大的是香蕉，2006 年进口 383.9 万吨，占当年世界香蕉贸易量的 11.8%，其次是柑橘，达 105 万吨，还有葡萄 80 万吨、苹果 53 万吨、西瓜 37.7 万吨以及梨 28 万吨。法国、荷兰、比利时等欧洲国家的市场情况均与德国类似，是世界最主要的水果进口市场，每年进口量都分别在 100 万吨以上，进口种类包括所有主要水果，同时，欧洲国家也是世界最主要的热带水果消费市场，对热带水果的需求量逐年增大。德国的水果年进口量为 700 万吨，其中柑橘进口量居世界第一，2006 年达 147 万吨，对香蕉的需求量也很大，2006 年进口 129 万吨，同时还是苹果、葡萄、梨的主要进口市场。加拿大主要进口香蕉、柑橘、葡萄、苹果、梨和热带水果，年进口量也达 200 万吨以上。日本主要进口香蕉、柑橘等亚热带水果，是世界第四大香蕉进口市场，每年进口各种水果约 200 万吨。包括新加坡、中国香港在内的东南亚地区是世界另一主要水果进口市场，主要进口苹果、葡萄、柑橘、梨等水果，中国香港和新加坡还是主要的国际水果贸易中转市场。俄罗斯也是主要水果进口国，主要进口苹果、葡萄、柑橘、梨和香蕉等水果，年进口量达 500 万吨，由于其近年经济状况好转，社会购买力增强，水果进口量呈上升趋势。此外，中东市场也值得注意，中东地区虽然人口少，但国民富有，购买力强，而且基本没有水果生产，是纯粹的水果消费地区。

26.2 蔬 菜

26.2.1 贸易量

据统计，全球蔬菜的国际贸易量大约占蔬菜产量的 13.09%，2006 年总出口量为 5260.01 万吨，总进口量为 5130.54 万吨。发达国家供给不足，自给率为 96.4%，总进口量为 3024.90 万吨；发展中国家供大于求，自给率为 101.2%，总出口量为 1370.96 万吨。从各大洲和地区来看，北美发达国家和欧洲、南亚和东南亚、东欧、西欧、非洲供给不足，南美、亚洲、东亚和大洋洲供给有余。

表 26-1 2006 年全球各大洲蔬菜进出口平衡与自给率

地 区	产量/吨	进口量/吨	库存变动/吨	出口量/吨	国内供应量/吨	自给率/%
世 界	793 926 410	51 305 422	− 3 747	52 600 052	792 628 033	100
欧 洲	85 722 856	23 640 243	− 122 617	19 474 650	89 765 832	95.496 4
东 欧	31 945 387	3 936 091	0	2 000 011	33 881 467	94.286
西 欧	15 635 166	11 265 837	6 800	9 615 436	17 292 367	90.417
北 美	37 502 362	7 560 989	0	6 857 603	38 205 748	98.159
南 美	23 337 492	1 096 804	0	1 592 435	22 841 861	102.170
亚 洲	550 581 114	15 238 055	7 263	17 048 434	548 777 998	100.329
东 亚	367 516 562	4 139 020		6 998 239	364 657 343	100.784
东南亚	31 301 454	2 517 080	0	1 847 671	31 970 863	97.906
南 亚	107 554 990	4 236 945	0	3 661 293	108 130 642	99.468
非 洲	74 267 591	1 966 287	88 274	1 393 874	74 928 278	99.118
大洋洲	7 114 867	327 209	23 333	1 221 631	6 243 778	113.951

注：自给率定义为国内生产量占实际消费量的比例，实际消费量 = 国内生产量 + 进口量 − 出口量 − 库存量的变化

资料来源：联合国粮食及农业组织 FAOSTAT 数据资料库

26.2.2　主要蔬菜出口国

从出口量看，主要蔬菜出口国依次是中国、西班牙、荷兰、加拿大、美国、印度、法国、意大利。2006 年中国出口量为 560.39 万吨、西班牙为 453.89 万吨、荷兰为 414.39 万吨、加拿大为 341.52 万吨、美国为 270.86 万吨、印度为 215.58 万吨、法国为 205.53 万吨、意大利为 191.03 万吨。马来西亚和德国两国的蔬菜严重供给不足，自给率低于 50%。日本、韩国、印度尼西亚、美国、巴西、法国、葡萄牙以及俄罗斯等国蔬菜供给也不足，自给率低于 100%，需要进口。荷兰自给率最高，达到 309.78%；其次是澳大利亚，自给率为 141.24%；再次是新西兰，自给率为 139%，西班牙的自给率为 134.69%、以色列的自给率为 120.35%、泰国的自给率为 108.77%、意大利自给率为 105.7%、中国自给率为 101.44%。蔬菜净出口的国家还有印度、泰国、以色列、葡萄牙、澳大利亚和新西兰。

26.2.3　主要蔬菜进口国

从进口量来看，主要蔬菜进口国依次是美国、德国、法国、日本、俄罗斯、印度、加拿大、荷兰和西班牙。2006 年美国为 558 万吨、德国进口量为 410.69 万吨、日本为 219.37 万吨、法国为 117.78 万吨、加拿大为 182.48 万吨、俄罗斯为 216.68 万吨、荷兰为 160.52 万吨、意大利为 117.78 万吨。除加拿大外，这些国家几乎都是蔬菜的净进口国，国内蔬菜供给不足。蔬菜自给率最低的国家是马来西亚，为 42.08%；其他依次为德国、日本、俄罗斯、法国、韩国、美国、葡萄牙、印度尼西亚等国。中国澳门几乎没有蔬菜生产，全部依靠进口；中国香港蔬菜自给率也很低，年进口量为 40 万吨。

表 26-2　世界主要国家（地区）蔬菜进出口平衡及自给率

国家（地区）	产量/吨	进口量/吨	库存/吨	出口量/吨	国内供应量/吨	自给率/%
中国内地	347 255 347	667 145	0	5 603 907	342 318 585	101.44
中国香港	0	400 223	0	42 628	357 595	0
中国澳门	0	35 012	0	47	34 965	0
日　本	9 038 700	2 193 725	0	13 918	11 218 507	80.57
韩　国	7 316 267	724 543	0	59 069	7 981 741	91.66
印　度	77 318 000	2 159 414	0	2 155 823	77 321 591	100
泰　国	2 647 064	200 310	0	413 671	2 433 703	108.77
马来西亚	409 800	870 385	0	306 269	973 916	42.08

国家（地区）	产量/吨	进口量/吨	库存/吨	出口量/吨	国内供应量/吨	自给率/%
印度尼西亚	6 738 573	199 499	0	118 278	6 819 794	98.81
以色列	1 307 886	46 403	0	267 592	1 086 697	120.35
美　国	31 641 956	5 580 409	0	2 708 634	34 513 731	91.68
巴　西	10 945 074	331 859	0	245 182	11 031 751	99.21
加拿大	5 855 778	1 824 834	0	3 415 192	4 265 420	137.28
德　国	2 758 404	4 106 895	0	806 867	6 058 432	45.53
法　国	6 563 798	2 665 001	3 000	2 055 269	7 176 530	91.46
荷　兰	3 748 894	1 605 238	0	4 143 946	1 210 186	309.78
意大利	13 595 312	1 177 789	0	1 910 348	12 862 753	105.7
西班牙	11 791 000	1 501 859	0	4 538 902	8 753 957	134.7
葡萄牙	2 168 065	352 570	0	161 159	2 359 476	91.89
俄罗斯	13 299 850	2 166 794	10 000	140 828	15 335 816	86.72
澳大利亚	2 346 000	209 357	23 333	917 737	1 660 953	141.24
新西兰	1 047 800	60 729	0	354 690	753 839	139

注：自给率定义为国内生产量占实际消费量的比例，实际消费量＝国内生产量＋进口量－出口量－库存量的变化；中国的数据应以国家统计局为准

资料来源：联合国粮食及农业组织 FAOSTAT 数据资料库

26.3 花　卉

26.3.1 鲜花贸易

2007 年鲜花产品交易额超过了 332.88 亿美元。其中鲜切花占 40.4%，鲜活植物和插条占 40.9%，观叶和其他鲜切植物占 18.8%。

荷兰仍然是世界上最大的鲜花出口国，出口交易额占世界出口总额的 56.8%，主要出口到德国（24.9%）、英国（21.3%）、法国（14.1%）、俄罗斯（5.9%）、意大利（5.3%）等国家。中国的出口交易额为 4396 万美元，位居第 20 多位，比例不足 1%。

德国是世界上最大的花卉产品进口国，进口额占世界进口总额的 15.8%，英国位居第二，占 11.6%，美国占 11.1%，荷兰占 9.5%，法国占 8.8%。总的看来，德国的花卉市场在缓慢地增长，美国、法国和英国发展较好，荷兰市场本身的销量和销售额都保持增长，但其在世界市场所占份额保持不变，与 5 年前一样

都为9%左右。

2007年世界鲜切花交易额超过了134.55亿美元,与1998年的34.63亿美元相比,世界鲜切花交易额增长迅速。原因一是欧洲货币兑美元的比例下降;其次,荷兰与德国或其他欧洲国家之间的鲜切花的交易额减少了,而荷兰与德国之间的交易额占了世界交易额7.6%以上;再加上降价出口以避税也变得越来越普遍。世界鲜切花贸易的增长至少与世界经济的增长一样快是可能的。

世界上有65个以上的国家进行了花卉出口贸易。最主要的鲜切花出口国及其出口比例如下:荷兰56.8%、哥伦比亚16.4%、厄瓜多尔6%、肯尼亚3.9%、津巴布韦2.3%、西班牙3%、意大利3%。而比利时、新西兰、美国、德国、墨西哥、泰国、法国和哥斯达黎加各1%。其他国家报道2007年从荷兰进口近10.8亿美元的花卉。

2002~2007年,尽管在鲜切花交易额方面荷兰的进口比例下降了3%,但哥伦比亚、奥地利、厄瓜多尔和西班牙却分别上升了20.4%、5.6%、30.4%和15.4%。一些小的出口国或地区的出口额有很可观地回升:奥地利上升91.3%、立陶宛上升了160倍、瑞士上升了5倍。

2006年,德国仍然是最大的鲜切花进口,但德国市场并不特别具有活力。虽然德国2006年进口交易额为10.6亿美元,显得较稳定。但是,2007年,英国取代德国成为世界上最大的鲜切花进口国,五年来进口额上升了20%,2007年进口交易额为10.8亿美元,德国为10.7亿美元。美国鲜切花进口额在过去的五年里略有下降,下降幅度为5%,交易额达10.3亿美元,只在2004年和2005年间有一些小的增长。法国五年来进口额上升了5.3%,交易额达到4.76亿美元,显示出强劲的力量。而荷兰五年来鲜切花进口额上升了40.3%,交易额达到6.6亿美元,成为世界上第四大鲜切花进口国,但是2004~2005年只上升了4%。意大利的鲜切花进口五年来增长28%,交易额达到2.32亿美元。瑞士的鲜切花进口从其2003年的交易额1.57亿美元上升到2007年的1.77亿美元,2004~2005年略有下降。比利时五年来鲜切花进口额上升了45.6%,交易额达到1.5亿美元。奥地利进口上升50%,交易达到1.3亿美元。日本五年来鲜切花进口上升了47%,交易额达到2.39亿美元。俄罗斯进口额上升幅度很快,从2003年的0.59亿美元上升到2007年的4.86亿美元。其他的进口国包括加拿大、丹麦、西班牙、捷克、爱尔兰、挪威、希腊、芬兰、斯洛伐克、斯洛文尼亚和中国香港地区。尽管中国鲜切花进口额仅136万美元,但是中国五年来上升了15.6倍。

26.3.2 植物贸易

2007年全世界的植物交易额达到了136.23亿美元。荷兰是最大的出口国,占整个出口市场的45%，但其过去五年来占有市场份额减少了，而其他的竞争对手所占份额总和增加了，其中比利时占7.2%、意大利占8.7%、丹麦占6.9%、德国占6.8%、西班牙占3.4%、加拿大占3.3%、美国占2.6%和法国占2.5%。像以往一样，发达国家主宰了植物的出口。而发展中国家里最大的植物出口国是哥斯达黎加，仅占不足2%的市场份额。

2007年世界鲜切叶方面出口交易额达到13.26亿美元，各竞争者之间所占的市场比例如下：荷兰19.3%、美国10.2%、意大利9.8%、丹麦9.6%、比利时6.1%、肯尼亚5.8%、哥斯达黎加5.4%、加拿大4.1%、德国3.4%、以色列3.4%、中国2.4%、法国不足1%。

第27章
我国园艺产品进出口贸易的现状

27.1 水　果

27.1.1 进出口总量分析

我国水果近几年出口量持续增长，进口量波动性增长，出口量大于进口量，但2000年进口量增长速度远大于出口量增长速度。由于水果出口价格也在下降，因此近几年水果出口金额呈波动性增长，增长幅度略低于同期出口量的增长幅度。由于进口价格坚挺，故进口金额随着进口量的增长而同步增长。具体情况见表27-1。

表 27-1　1995～2007 年我国水果进出口情况统计表

年　份	出口量/万吨	增长率/%	出口金额/亿美元	增长率/%	进口量/万吨	增长率/%	进口金额/亿美元	增长率/%
1995	52.1		4.8		23.7		0.8	
1996	59.5	14.20	4.6	-4.17	64.5	172.15	2.0	150
1997	72.2	21.34	4.6	0	76.5	18.60	2.4	20
1998	71.9	-0.42	4.4	-4.35	75.9	-0.78	2.4	0
1999	80.5	11.96	4.2	-4.55	68.7	-9.49	2.6	8.33
2000	88.6	10.06	4.2	0	97.5	41.92	3.7	42.31
2001	89.1	0.56	4.3	2.3	95.3	-2.26	3.7	0
2002	123.2	38.27	5.5	27.9	101.7	6.72	3.8	2.70
2003	162.8	32.14	7.5	36.36	107.9	6.10	5.0	31.58
2004	191.9	17.87	9.2	22.67	114.1	5.75	6.2	24
2005	219.3	14.28	10.7	16.30	118.4	3.77	6.6	6.45
2006	215.3	-1.82	12.8	19.63	132.0	11.49	7.4	12.12
2007	262.1	21.74	16.3	27.34	139.5	5.68	9.2	24.32

27.1.2 进出口国别分析

我国水果出口到世界上 100 多个国家（地区），但贸易量主要集中在少数几个国家。2007 年出口目的地国（地区）前 10 位国家（地区）是俄罗斯、日本、印尼、马来西亚、美国、荷兰、泰国、菲律宾、越南和中国香港，出口到这些国家（地区）的贸易量占总量的 60% 以上。

我国水果进口来源国有 50 多个国家（地区），贸易量也主要集中在少数几个国家（地区）。2007 年进口来源国前 10 位国家（地区）是泰国（27.53%）、美国（12.49%）、越南（12.25%）、菲律宾（12.10%）、智利（7.17%）、俄罗斯（3.76%）、新西兰（3.70%）、伊朗（3.33%）、瑞典（2.35%）和韩国（1.87%），从这些国家（地区）进口量占总量的 86.55%。

27.1.3 进出口省（自治区、直辖市）分析

我国各省（自治区、直辖市）也基本上有水果及其加工品出口贸易，贸易量也主要集中在少数省份。2007 年 1～11 月出口量前 5 位省份是山东（11.06 亿美元）、陕西（5.01 亿美元）、浙江（2.42 亿美元）、福建（1.48 亿美元）、广东（1.39 亿美元）。

我国有 20 多个省份有水果及其加工品进口贸易，贸易量也主要集中在少数省份。2007 年 1～11 月进口量前 5 位省份是广东、上海、北京、辽宁、山东（图 27-1）。

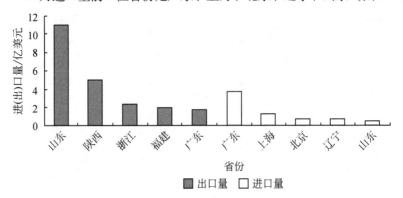

图 27-1　2007 年 1～11 月我国各省份水果进出口量

资料来源：黑龙江农业信息网

27.1.4 进出口品种分析

2007 年我国出口金额在 1000 万美元以上的水果品种有：柑橘属水果罐头

26 088 万美元、苹果汁 124 398 万美元、鲜苹果 51 264 万美元、桃罐头 12 848 万美元、鲜鸭梨及雪梨 16 177 万美元、柿饼 7801 万美元。

2007 年我国进口金额在 100 万美元以上的水果品种有：在水果中，鲜（干）香蕉 11 122 万美元、鲜葡萄 6318 万美元、橙 2998 万美元、龙眼干及肉 5938 万美元、鲜榴莲 7124 万美元、鲜苹果 3467 万美元、冷冻橙汁 11 787 万美元、鲜（干）山竹果 6419 万美元、鲜荔枝 12 876 万美元、鲜（干）芒果 6419 万美元、猕猴桃 1716 万美元、鲜梅及李 1237 万美元、柠檬及酸橙 519 万美元、柚 283 万美元、未冷冻橙汁 189 万美元、梅干及李干 150 万美元。

27.2 蔬 菜

27.2.1 进出口总量分析

我国蔬菜近几年进出口量均持续增长，出口量远大于进口量，但进口量增长速度大于出口量增长速度。由于蔬菜出口价格下降，因此蔬菜出口金额总体上没有随着出口量的增长而同步增长，这种情况在 2004~2007 年得到改善。而蔬菜进口金额却总是随着进口量的增长同步增长。具体情况见表 27-2 和图 27-2。

表 27-2 1995~2007 年我国蔬菜进出口情况统计表

年 份	出口量/万吨	增长率/%	出口金额/亿美元	增长率/%	进口量/万吨	增长率/%	进口金额/亿美元	增长率/%
1995	240.07		17.13		47.81		0.78	
1996	202.37	−15.70	15.42	−9.98	29.51	−38.28	0.77	−1.28
1997	205.76	1.68	15.13	−1.88	44.3	50.12	0.74	−3.90
1998	226.16	9.91	14.83	−1.98	45.17	1.96	0.71	−4.05
1999	279.13	23.42	15.19	2.43	48.66	7.73	0.83	16.90
2000	269.9	−3.31	15.44	1.65	41.11	−15.52	0.82	−1.20
2001	333.75	23.66	17.46	13.08	215.09	423.21	2.1	156.10
2002	402.86	20.71	18.83	7.85	191.44	−11.00	1.94	−7.62
2003	482.21	19.70	21.8	15.77	246.41	28.71	2.42	24.74
2004	494.7	2.59	25.37	16.38	356.84	44.82	4.05	67.36
2005	545.69	10.31	30.52	20.30	363.84	1.96	5.24	29.38
2006	576.32	5.61	37.15	21.72	536.93	47.57	7.56	44.27
2007	629.01	9.14	40.43	8.83	496.6	−7.51	8	5.82

资料来源：联合国统计署统计，1995~2007

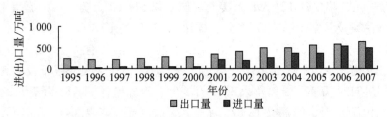

图 27-2　1995~2007 年我国蔬菜进出口情况示意图

27.2.2　进出口国别分析

我国蔬菜出口到世界上 150 多个国家（地区），但贸易量主要还是集中在少数几个国家。2007 年出口目的国家（地区）前 10 位是日本、美国、朝鲜、马来西亚、印度尼西亚、中国香港、俄罗斯、意大利、德国和荷兰，出口到这些国家（地区）的贸易量占总量的 66.8%。

我国蔬菜进口来源国有 40 多个国家（地区），但贸易量也主要还是集中在少数几个国家。2000 年进口来源国前 10 位国家是泰国、越南、加拿大、印度、美国、印度尼西亚、缅甸、朝鲜、巴基斯坦和德国，从这些国家进口量占总量的 73.91%。

27.2.3　进出口省区市分析

我国有 30 多个省份有蔬菜出口贸易，贸易量主要还是集中在少数省份。2007 年进出口量前 5 位省份是山东、广东、江苏、福建和黑龙江，这些省份进口量占总量的 76.13%。

我国有 20 多个省份有蔬菜进口贸易，贸易量主要还是集中在少数省份。2007 年进口量前 5 位省份是福建、上海、广东、北京和山东，这些省份进口量占总量的 81.60%。

27.2.4　进出口品种分析

2007 年我国出口金额在 1000 万美元以上的蔬菜品种有：鲜或冷藏的马铃薯 8057.5 万美元、鲜或冷藏的番茄 2750.3 万美元、鲜或冷藏的洋葱 13 668.2 万美元、鲜或冷藏的蒜头 80 112.0 万美元、鲜或冷藏的蒜薹及蒜苗（青蒜）2042.1 万美元、鲜或冷藏的大葱 2911.6 万美元、小白蘑菇（洋蘑菇）罐头 42 556.7 万美元、竹笋罐头 14 663.8 万美元、芦笋罐头 26 194.4 万美元、番茄酱罐头

53 670.6万美元、鲜或冷藏的松茸 3948.5 万美元、冷冻菠菜 2811.9 万美元、清水马蹄罐头 2567.7 万美元、蕨菜干 2729.9 万美元、鲜或冷藏的胡萝卜及萝卜 12 464.9 万美元、暂时保藏的黄瓜及小黄瓜 1314.8 万美元等。

2007 年我国进口金额在 100 万美元以上的蔬菜品种有：冷冻甜玉米 1565.3 万美元、冷冻豌豆 441.7 万美元、盐水的其他蔬菜及什锦蔬菜 216.1 万美元、干洋葱 128.9 万美元、蕨菜干 111.9 万美元、未列名干蔬菜及什锦蔬菜 287.7 万美元、其他干豌豆 6673.5 万美元、其他干绿豆 1050.9 万美元、其他未列名脱莱干豆 2946.1 万美元、木薯干 65 905.4 万美元。

27.3 花　　卉

27.3.1 进出口总量分析

根据海关统计，2007 年我国花卉进出口总额为 18 260.73 万美元，其中，出口总额为 9969.02 万美元，进口总额为 8291.71 万美元。

从出口额上看，2007 年我国花卉出口总额是 9969.02 万美元，还不到世界花卉贸易总额（约 332.88 亿美元）的千分之三。按同年花卉种植面积 75.033 19 万公顷计算，每公顷花卉出口创汇 132.92 美元。

近三年，中国花卉出口持续增长。据统计，1990 年以前我国花卉出口量很少，最多年份仅 700 万美元，1990 年出口达 2285 万美元，之后花卉出口迅速增长，到 2007 年出口创汇 1.315 亿美元。不过，此期间我国出口的传统花卉某些种类出现了下滑现象。例如，1994 年广东盆景出口额为 600 多万美元，1998 年下降到 390 多万美元；江苏盆景出口由 1994 年的 15 万盆降到 1998 年的 6 万盆。这主要是由于我国花卉是在完全市场调节的环境中发展起来的，缺乏政府的引导与宏观调控，花卉生产者和经营者的技术水平较低。另外，在花卉发展初期，高利润刺激了国内花卉生产者的生产积极性，迅速扩大生产面积而不求提高质量，造成产品供大于求的局面。同时由于出口渠道少，缺乏信息与组织，导致生产者互相压价以争夺客户，外商乘机压价，花卉价格下降，严重影响了我国花卉产品在国外市场的信誉和出口量。

据海关统计，2007 年我国花卉出口总额为 13 150.21 万美元，花卉出口大于进口，但进口增长幅度大于出口增长幅度，表现为进口产品的种类多、数量大、增长快（表 27-3）。

表 27-3　1995～2007 年我国花卉进出口情况统计表　　单位：万美元

年　份	花　卉		种　子		装饰用花		苗木及接穗	
	出口金额	进口金额	出口金额	进口金额	出口金额	进口金额	出口金额	进口金额
1995	2 759.11	609.36	119.81	71.78	344.27	38.91	915.83	464.05
1996	2 997.88	530.24	114.79	98.56	349.02	48.64	1 068.72	374.84
1997	3 151.74	815.16	225.65	135.11	341.75	71.47	1 142.60	578.48
1998	2 964.52	1 112.62	121.32	288.59	541.62	100.47	983.40	706.39
1999	3 083.97	1 677.65	101.03	552.58	589.73	103.86	996.16	980.38
2000	3 183.07	2 069.56	125.29	717.13	456.70	146.78	1 105.31	1 176.14
2001	3 490.83	2 214.46	81.77	858.60	540.20	108.65	1 219.39	1 212.58
2002	4 306.24	3 294.05	134.91	1 478.85	654.22	135.85	1 768.67	1 636.62
2003	4 930.28	4 526.90	143.42	2 187.65	1 010.82	156.08	2 238.25	2 144.93
2004	6 432.96	5 138.27	88.51	2 568.25	1 657.88	201.11	3 149.43	2 323.43
2005	7 710.00	6 867.50	171.71	3 642.29	2 051.96	250.85	3 888.59	2 913.22
2006	10 519.24	6 953.42	151.36	3 282.89	3 295.54	978.60	4 798.74	2 630.90
2007	13 150.21	8 388.62	222.66	3 688.81	3 570.01	1 533.94	6 176.35	3 068.96

　　注：花卉包括种子、装饰用花、苗木及接穗（杜鹃、玫瑰、其他）
　　资料来源：联合国统计署统计，1995～2007

27.3.2　进出口国别分析

　　我国花卉出口到世界上 60 多个国家（地区），但贸易量也主要集中在少数几个国家（地区）。2007 年出口目的国（地区）前 10 位国家（地区）是日本、荷兰、韩国、美国、中国香港、新加坡、马来西亚、意大利、泰国和德国，出口到这些国家（地区）的贸易量占总量的 88.8%，具体情况见图 27-3。日本是亚洲最大的花卉消费国，据日本进口花卉统计协会统计，我国花卉对日出口的数量逐年增加，其中鲜切花出口量增长速度十分惊人，1991 年为 1746 万枝，1993 年为 1.16 亿枝，1995 年为 3.8 亿枝，1996 年为 6.3 亿枝，2000 年上半年仍表现出增长的势头。这表明我国花卉正在逐步进入日本市场，而出口到欧美市场上的花卉产品较少。目前在我国的云南和广东等地建立了直接面对国际市场的花卉生产企业，这将对进一步开拓日本和东南亚、欧美市场具有一定作用。

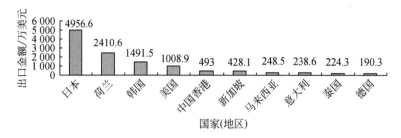

图 27-3　2007 年中国花卉出口额前 10 位对象国家（地区）

我国花卉进口来源国有 35 个国家（地区），但贸易量也主要还是集中在少数几个国家。2007 年进口来源国前 10 位国家（地区）是荷兰、泰国、韩国、智利、新西兰、哥斯达黎加、美国、日本、西班牙和比利时，从这些国家（地区）进口量占总量的 78.7% 以上，具体情况见图 27-4。

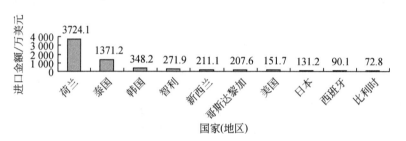

图 27-4　2007 年中国花卉进口额前 10 位的来源国家（地区）

27.3.3　进出口省区市分析

我国 27 个省份有花卉出口贸易，出口贸易也主要集中在少数省份。2007 年出口量前 5 位省份是广东、云南、福建、上海和浙江，这些省份出口量占总量的 30% 强，具体情况见图 27-5。从产地分布上看，出口产品集中在花卉主产区和一些沿海城市。

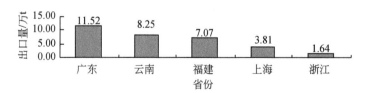

图 27-5　2007 年花卉出口量前 5 位省份

我国有 20 多个省份有花卉进口贸易，进口贸易量也主要集中在少数省份。2007 年进口量前 5 位省份是云南、北京、广东、浙江和上海，这些省份进口量占总量的近 25%，具体情况见图 27-6。

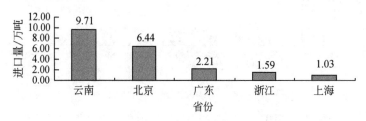

图 27-6　我国花卉进口量前 5 位的省份

27.3.4　进出口品种分析

从产品结构上看，中国内地出口的花卉产品主要是装饰用花和苗木及接穗。2007 年装饰用花出口额为 3570.05 万美元，苗木及接穗 6176.35 万美元，主要出口品种是原产我国的传统名花，如牡丹、芍药、国兰、水仙、荷花，另外是盆景和庭院绿化花木类如红枫、竹类。最近几年才增加了鲜切花、切枝和切叶、干花制品、种苗和试管苗，另外出口一些草坪花卉种子，但品种与数量都很有限。如出口的切枝类中主要是杨桐，出口的草坪种子中主要是中华结缕草，出口的花草种子绝大多数属于外国公司在中国委托制种的产品。从花卉出口对象上看，国产的盆景主要出口欧洲，鲜切花（包括切枝和切叶）出口地集中在云南、上海和广东，主要出口的对象为日本和东南亚的一些国家和地区。

从进口品种结构上看，2007 年我国种球、装饰用花和苗木及接穗进口金额分别为 3688.81 万美元、1533.94 万美元和 3068.96 万美元。近几年来我国花卉种苗、种子、鲜切花和盆花等均有批量进口，进口时间也有所扩展，由过去主要集中在春节前后，发展到最近两年的周年进口，并且数量猛增。因而表现出国内高档花卉市场基本被进口花占领；草坪种子、草花种子、优质种球绝大多数领先进口；花肥、花药、花器及园艺工具进口量也相当大。

27.4　我国园艺产品进出口贸易的主要特点

我国园艺产品的进出口具有如下几个特点：园艺产品是我国最主要的出口农产品。出口金额占农产品出口总额的四分之一以上；近几年来，进出口增长都很快，但出口的价格呈下降趋势，而进口产品的价格比较稳定；贸易伙伴主要在亚洲，其次是欧洲，美洲、非洲和拉丁美洲都很少。我国园艺产品出口到亚洲约占出口总额的三分之二；蔬菜、水果的进出口都有几个拳头产品。如蔬菜中的蘑菇、洋葱、大蒜、冷冻菠菜等，水果中的苹果、柑橘、梨以及苹果汁、柑橘罐头等。水果进口主要是香蕉，约占常年水果进口总量的80%；出口以一般贸易产品为主，高附加值的加工产品较少。而进口基本上都是技术含量较高的产品；国内园艺产品进出口都主要集中在东部沿海省区，中部和西部所占比例都很小。

27.4.1 水果

1）我国水果出口仍以苹果、柑橘类水果及梨为三大主要品种，并且三大品种的出口量均保持增长；水果加工品如柑橘属水果罐头、苹果汁、桃罐头、柿饼等的出口量大幅度上升。

2）出口市场已开始出现多元化局面，但贸易量主要集中于日本、中国香港和东南亚等传统出口市场；对美国、德国等发达国家市场出口量增加。

3）香蕉、菠萝等传统大宗进口品种进口量减少，苹果、葡萄、橙等柑橘属水果、荔枝、鲜梅及李、桃等进口量大幅度增长。

4）东南亚国家、美国、南美洲国家为我国进口水果的主要来源地，从非洲国家进口大起大落，从欧洲、大洋洲和北美洲进口大幅度增长。

表 27-4 1995～2007 年中国水果进出口的变化

年 份	干鲜水果				加工水果				水果类合计			
	出　口		进　口		出　口		进　口		出　口		进　口	
	数量/万吨	金额/亿美元	数量/万吨	金额/亿美元	数量/万吨	金额/亿美元	数量/万吨	金额/亿美元	数量/万吨	金额/亿美元	数量/万吨	金额/亿美元
1995	49.56	4.47	23.69	0.837	2.58	0.331	0.015	0.001	52.15	4.80	23.71	0.84
1996	56.38	4.19	64.47	1.97	3.08	0.420	0.013	0.001	59.50	4.61	64.48	1.97
1997	68.55	4.19	76.39	2.35	3.69	0.457	0.082	0.003	72.24	4.64	76.47	2.35
1998	66.09	3.71	75.82	2.41	5.90	0.647	0.068	0.006	71.99	4.35	75.89	2.42
1999	72.65	3.43	68.62	2.58	7.85	0.821	0.036	0.004	80.51	4.25	68.66	2.58
2000	82.14	3.49	97.41	3.67	6.47	0.679	0.156	0.013	88.61	4.17	97.52	3.68
2001	81.23	3.54	95.17	3.65	7.86	0.807	0.198	0.019	89.09	4.35	95.37	3.67
2002	112.5	8.79	101.03	3.72	10.73	0.897	0.657	0.064	123.25	5.55	101.7	3.78
2003	146.0	6.05	105.70	4.71	16.90	1.46	2.237	0.251	162.85	7.52	107.9	4.96
2004	175.0	7.72	112.21	5.95	16.94	1.44	1.847	0.242	191.91	9.16	114.1	6.19
2005	200.0	9.06	116.49	6.27	19.22	1.61	1.937	0.319	219.26	10.67	118.4	6.59
2006	198.4	10.99	129.73	6.82	16.93	1.85	2.300	0.569	215.30	12.84	132.0	7.39
2007	240.6	13.79	136.65	8.33	21.51	2.53	2.862	0.819	262.12	16.32	139.5	9.15

27.4.2 蔬菜

（1）保鲜蔬菜出口急剧增加，蔬菜出口价格趋于下降

典型的是 1996~1999 年，虽然和冷冻蔬菜、调理加工蔬菜等的出口量相比，保鲜蔬菜出口量的增加是最大的，但其出口额却呈现了下降趋势。而且在各种蔬菜中，虽然保鲜蔬菜和冷冻蔬菜在全国蔬菜出口总量中的比例上升了，但在全国蔬菜出口总额的比例中，只有冷冻蔬菜的比例是上升的。其次，出口蔬菜的年平均价格 1996~1999 年仅 3 年时间就下降了 26%。从不同的蔬菜类型来看，除蔬菜汁以外价格均下降。其中，保鲜蔬菜出口价格下降幅度最大，达到了 41.4%，脱水蔬菜下降了 21.1%，调理加工蔬菜下降了 18.1%，冷冻蔬菜下降了 5.4%。由此可见，越是深加工的蔬菜产品，它的出口价格下降速度越慢；越是初级产品，它的出口价格下降速度越快。此外，从蔬菜出口的总体趋势来看，虽然蔬菜出口量是不断增加的，但其单价下降得却更快，以至于出口量增加所带来的出口增加额已经不能补偿价格降低所带来的出口减少额，结果使蔬菜贸易额从 1996 年的 19.6 亿美元下降到 1999 年的 18.6 亿美元。

（2）蔬菜对日、韩出口比较集中，欧洲市场正处于开拓之中

中国蔬菜出口的主要国家和地区是日本、美国、韩国、马来西亚、印尼、中国香港、俄罗斯、意大利、德国和荷兰等。其中，蔬菜对日出口急剧增加，从 1998 年的 79.9 万吨增加到 2006 年的 114.3 万吨；对韩国出口也急剧增加，从 1998 年的 8.58 万吨增加到 2006 年的 50.47 万吨；对德国和荷兰的出口也有所增加，分别从 1998 年的 3.44 万吨、4.57 万吨增加到 2006 年的 6.11 万吨、8.15 万吨。

（3）以冷冻蔬菜为主的蔬菜进口正在增加

1998~2006 年，蔬菜进口量从 45.17 万吨增加到了 536.93 万吨，进口额由 7129.21 万美元增加到 75 553.41 万美元。其中，仅冷冻蔬菜进口就增加了 1196.45 万美元，从而使 2006 年冷冻蔬菜进口额达到了 1990.49 万美元。在中国蔬菜进口中，从泰国进口量最大，其进口量从 1998 年的 18.79 万吨增加到了 2006 年的 386.6 万吨，占总进口量的 72%。从进口额来看，其进口额约占总进口额的 63.68%。其中，木薯干所占比例较大，进口增加也较快。

27.4.3 花卉

1）我国花卉种植面积大、效益差，出口花卉种类单调且批量小、出口对象少、出口速度增长慢而不稳定，花卉生产与出口贸易的潜力很大。

2）近年来我国花卉出口增长速度慢，而进口速度猛增，可能会出现花卉贸

易逆差。由于我国花卉商品化起步较晚，适度进口先进的设施设备与技术成果、优良的种子种苗种球以及部分名优特花卉成品是十分必要的，由此而形成的适度贸易逆差是合理的。目前值得深思的总是如何发展中国自己的花卉产业、如何进一步扩大我国花卉产品的出口。

3）我国花卉进口增长率远大于出口。表现为进口产品的种类多、数量大、增长快。花卉种苗、种子、鲜切花和盆花等均有批量进口，进口时间也有所扩展，由过去主要集中在春节前后，发展到最近两年的周年进口，并且数量猛增。因而表现出国内高档花卉市场基本被进口花占领；草坪种子、草花种子、优质种球绝大多数领先进口；花肥、花药、花器及园艺工具进口量也相当大。

第28章
我国园艺产品出口的竞争力判断

　　根据《商品名称和编码协调制度（HS）》进行的海关统计分析表明（表28-1），其一，从总体上看，我国园艺产品的出口竞争力指标值较大，一般为0.45以上，这说明我国园艺产品具有比较优势。其二，从时间序列上看，我国园艺产品的比较优势处在动态变化中，活树及其他活植物等、食用蔬菜、根及块茎、食用水果及坚果、编结用植物材料；其他植物产品、烟草、烟草制品等制品五类的出口竞争力指标值在变小，其他两类的出口竞争力指标值在变大。其三，与全国其他农产品和工业产品共98类（HS分类）产品总体比较来看，我国多数园艺产品出口竞争力的排序在时间序列上向后偏移，食用水果及坚果由1992年的0.747下降到2000年的0.062后稳步的缓慢增强；蔬菜、水果、坚果等制品虽然从1995年后一直下降，但总在0.90左右，一直处于较高水平。编结用植物材料和其他植物产品的竞争力最弱。

表28-1　按HS分类我国园艺产品与全国各类产品的出口竞争力比较

商品类别 / 年份	06 活树及其他活植物等	07 食用蔬菜、根及块茎	08 食用水果及坚果	09 咖啡、茶、马黛茶及调味香料	14 编结用植物材料；其他植物产品	20 蔬菜、水果、坚果等的制品	24 烟草、烟草制品等
1995	0.647	0.913	0.702	0.938	-0.192	0.973	0.471
1998	0.463	0.909	0.285	0.926	0.023	0.954	0.690
2000	0.212	0.899	0.062	0.914	-0.322	0.913	0.192
2001	0.22	0.79	0.08	0.92	-0.20	0.89	0.18
2002	0.13	0.81	0.19	0.92	-0.01	0.88	0.28
2003	0.04	0.80	0.21	0.91	-0.22	0.88	0.23
2004	0.11	0.72	0.19	0.93	-0.34	0.90	0.28
2005	0.06	0.71	0.24	0.91	-0.16	0.90	0.17

商品 类别 年　份	06 活树及其 他 活 植 物等	07 食用蔬 菜、根及 块茎	08 食用水果 及坚果	09 咖啡、茶、 马黛茶及 调味香料	14 编结用植 物 材 料； 其他植物 产品	20 蔬菜、水 果、坚果 等的制品	24 烟 草、 烟草制 品等
2006	0.20	0.66	0.27	0.90	−0.30	0.90	0.10
2007	0.22	0.67	0.28	0.87	−0.19	0.90	0.08

注：本节采用衡量出口竞争力的方法来分析中国园艺产品的比较优势和出口竞争力。出口竞争力指标亦称为净出口绩效指标：$E_{jk} = (X_{jk} - M_{jk}) / (X_{jk} + M_{jk})$。式中，$E$ 代表出口竞争力指标；J 代表商品；K 代表国家；X 代表出口值；M 代表进口值。也就是说一国一产品的出口竞争力指标等于一国该产品出口值减去进口值再除以进出口总值。或者说是某种产品的净出口值与进出口总值的比例。E 值在 −1 和 +1 之间。如果 E 越大，则该国该产品生产和外贸越有比较优势

资料来源：根据历年《中国海关统计年鉴》（1995～2007）整理而得

通过研究发现：

1）水果鲜果及加工制品。水果类及苹果、柑橘类水果、梨都具有较高的比较优势，但水果类的比较优势从总体上出现下降趋势；柑橘类水果中蕉柑、杂交柑橘和金橘等其他柑橘类水果具有很强的出口竞争力，而橙、柠檬及酸橙、柚则完全没有竞争力。水果加工制品中水果罐头、柑橘罐头、梨的加工品等具有很强的比较优势，而鲜冷冻水果及柑橘汁、橙汁则完全没有优势。

2）蔬菜类及加工制品。蔬菜类、加工保鲜蔬菜、鲜（冷冻）蔬菜、蔬菜罐头、干蔬菜和蔬菜汁都具有很强的比较优势，其程度比水果类更高。就具体的鲜蔬菜品种来看，芹菜没有比较优势，马铃薯有较小的比较优势，其他如蘑菇及其加工品、菠菜、番茄、胡萝卜及萝卜、姜、洋葱及青葱、鲜或冷藏大蒜和豌豆等都具有很强的比较优势。

3）茶叶类。花茶、绿茶、乌龙茶和红花茶等都具有很强的比较优势，近五年来这一趋势一直稳定地得到保持；但值得注意的是，茶叶的包装质量的不同，其比较优势存在着差别。除绿茶外，内包装每件净重超过 3 千克的具有比较优势的有花茶、乌龙茶和红花茶。

4）花卉类。从花卉总体上看，具有一定的比较优势；花卉中除装饰用花、鲜插花及花蕾、鲜植物枝叶草具有很强的比较优势外，其他种类的优势不太明显。

通过上述分析，可以作出这样的判断：学术界普遍认为我国园艺产品具有比较优势和国际竞争力的结论是正确的。但必须指出园艺产品中不同种类和不同品种其比较优势有大有小，甚至某些种类或品种不具有比较优势，或完全没有比较优势和竞争力。

293

在 WTO 框架下，从理论上讲，当具有贸易扭曲效应的政府支持政策被取消、常规关税被削减以后，农业的比较优势就主要表现为价格优势。一国农产品的价格水平越低，该国农产品就越具有竞争优势。而支持价格优势的又是成本优势（包括生产成本和营销成本）和效率优势，即是说，一国农业的生产效率越高、生产成本越低，则该国农产品的价格优势就越强，农业的贸易竞争优势就越强。

我国园艺产品的比较优势主要来源于价格优势，而这种价格优势又主要来自于生产成本优势，但却不是来自于营销成本优势和效率优势。在我国园艺产品的生产成本优势主要来自于劳动力成本低即属于劳动密集型产品，而主要不是来自于技术的投入即绝大多数不属于技术密集型产品。随着投入在园艺产业中的土地、劳动等生产要素的机会成本的逐渐增加，我国园艺产品现有的生产成本优势将难以继续保持。因此今后较长时期内，保持我国园艺产品的优势和竞争力、挖掘园艺产品竞争潜力的主要领域在于：推进技术进步、降低产后营销成本以及提高经营管理效率。

第 29 章
影响扩大园艺产品出口的障碍因素

29.1 生产与经营

29.1.1 园艺产业内在素质方面的问题

目前我国园艺产业发展仍处于初级水平，园艺产品生产过剩，主要是结构性问题突出。园艺产品的结构特征表现为"四多四少"特点，即一般产品多，名、优、特、新产品少；中熟或集中上市的产品多，早晚熟或能周年供应的产品少；初级产品多，加工增值产品少；低档次产品多，高品质、高附加值、高科技含量的产品少。这一结构特征直接导致园艺产品滞销，不仅影响其国内销售，而且也影响出口市场的开拓。

29.1.2 食品安全状况问题

园艺产品质量不仅影响到出口量，而且影响出口价格。当前，国外对蔬菜类产品的质量要求远远高于国内，不少国家还以此作为限制进口的非关税技术壁垒。我国出口的蔬菜，发生过多次因质量达不到标准而被退回、销毁的情况，很多企业因产品农药残留超标，被欧洲国家取消注册资格，而一旦被退回，就多年被拒之门外。在质量问题上，食品安全状况最受国际市场关注，也是我国在质量控制中最难解决的问题。蔬菜的质量问题尤其严重，在很多地方甚至发生蔬菜食用的中毒事件。我国食品出口因安全问题已进入国际市场的狭窄通道而受到黄牌警告。目前，许多国家开始或即将实行质量标准限制，如美国对我输美蔬菜实行HACCP 体系管理，日本于 2000 年开始实施。

29.1.3 经营体制问题

水果等园艺产品是我国农村最早实现商品化和市场化的产品之一，自实行农村家庭联产承包责任制不久，1984年国家就实行了放开水果经营的政策。目前我国水园艺产品生产的经营方式以个人或家庭承包种植经营为主，即便是一些规模较大的基地也被分解为"各自为战"的小生产经营单元。尽管园艺产品进入市场经济的轨道较早，但由于整个农业的市场环境、市场发育以及流通秩序等方面的因素，加之农户经营规模普遍偏小，园艺产品小生产与大市场的矛盾越来越突出，产供销、贸工农严重脱节。农民既不能及时得到全国各地的产销信息，又没有与其经济利益密切联系的经销企业，而且由于资金和政策等的原因，农民自身的产销合作组织不够发育。农民在市场交易中始终处于被动和从属的不平等地位，在产品销售上没有主动权，许多合理的利益被流通环节盘剥。此外，蔬菜等园艺产品低成本是密集投入廉价劳动力带来的。随着农村工业化和劳动力的转移必将失去这一优势。小规模、分散经营阻碍了改进农业技术和提高管理水平，难以降低成本和参与国际市场竞争。我国蔬菜等园艺产品的小规模分散经营影响了国际竞争力。

29.2　商品化处理及加工

29.2.1　产后商品化处理薄弱

要将园艺产品出口到国际市场上，不进行商品化处理绝对不行。商品化处理的内容有哪些？商品化处理的环节从采收要进行挑选、修整、加工、分级、清洗、预冷、愈伤、药物处理、吹干、打蜡、催熟、包装，这些环节叫采后商品化处理。只有经过这样处理，采后的产品才能成为商品。水果出口必须经过采后处理在国际上已成惯例，国内销售也同样需要采后处理。目前发达国家以普遍采用水果采后从预冷、储藏、洗果、涂蜡和冷冻运输等规范配套的流通方式，产后商品化处理几乎达到100%。而我国包括手工分级在内的简单化处理不到总产量的1%。果品储藏保鲜能力占总量的20%，其中冷藏库和气调库储藏占总量的6.5%。如在山东烟台市场上，一箱未经采后处理的红富士苹果价格仅为50~54元，经过采后处理的身价可升至120元左右；在中国香港市场上10港币仅能买到2或3个脐橙，原因就是这样的脐橙经过了采后处理。我国绝大多数水果从树上采摘下来就进入市场，采后处理手段薄弱致使国内不少果品公司失去了大量的出口机会。

采后商品化处理有很高的科技含量，必须掌握产品的采后生理特点。而且各个环节有具体的要求，有各自的标准和操作规范。因此，需要有懂行的人，需要有产品经营这方面的人详细做这方面的工作。同时，需要配备一些跟采后处理有关的设备设施，掌握出口的标准和网络信息，知道哪些国家有什么要求，因为国际上有关农药残留、化肥使用都有很多标准。

29.2.2 加工业发展滞后

发达国家积极进行蔬菜加工或半加工制品的研制、开发，注重蔬菜的加工增值。据统计，目前全日本生产的萝卜，30% 用作加工成酱菜类；番茄中的 40% 加工成各种食品；黄瓜和茄子中也有很大比例被加工成酱菜。近年来市场最受欢迎的菜汁汽水就是全部用蔬菜加工成的。通过加工，蔬菜产品迅速实现增值，有效地带动了菜农生产的积极性，促进了蔬菜产销的良性循环发展。而我国蔬菜产品用于加工的比例不足 10%。

这几年我国在园艺生产和加工增值方面做了不少工作，开发了出口脱水蔬菜和精加工制品，增加了出口品种，但由于我国农产品生产和加工企业大多规模小，生产条件、技术、基础管理等水平差，信息不灵，组织化程度低，小规模分散经营阻碍了技术改进和管理水平的提高，难以步入规范化生产、标准化分级、品牌化销售的发展轨道，生产出产品质量差，特别是近几年随着工业化的发展，造成农产品污染严重，产品规格、档次、卫生等不符合国际市场的要求。加上近几年日本、欧盟国家、美国等发达国家加强了动植物卫生检疫和食品质量的保障措施，增加了检测项目，尤其对直接上餐桌的食品要求更为苛刻，因而多数企业很难适应。

长期以来，我国水果加工业严重滞后于水果种植业的发展。就柑橘而言，据统计，目前仅大约 10% 的柑橘果实用于加工。加工产品以糖水橘瓣罐头为主，年产量 30 万~40 万吨；其次是柑橘汁大约 10 万吨；橘饼和柑橘果酱等制品产量仅 1 万~2 万吨。我国曾在 20 世纪 70 年代后期到 80 年代中期从国外引进了 20 多条柑橘浓缩汁生产线，但由于当时市场、原料和管理都存在严重问题，大量盲目引进造成了这些生产线大部分经营不善而被关闭或转卖。据不完全统计，我国 2000 年有柑橘加工厂 500 多家，年加工能力超过了 300 万吨。造成这种状况的主要原因有：产品单调、质量差，不符合市场要求；大部分加工技术设备陈旧落后；适宜加工的优良品种数量不足，成熟期多集中在 11~12 月，加工期很短，且缺少大规模相对集中的优质原料基地；现有加工企业的体制不适应市场经济的发展要求，大都经营管理不善、经济效益差；科技投入太少，无力解决生产中的关键问题；加工产品储、运、销的运作条件和体系不健全，配套设施不足。

29.3　流通与贸易

29.3.1　国内流通不畅

目前，中国园艺产品的市场体系不完善，机制不健全。广大果农、菜农、花农集生产与销售于一身，缺乏灵通的市场信息，没有闯大市场的能力；水果、蔬菜等产品主产地普遍缺乏设施条件好、辐射能力强的产地批发市场，缺乏组织销售的龙头企业，缺乏生产者与消费者联系的大中间商。加之交通运输、金融服务、信息服务滞后，使水果、蔬菜和花卉等园艺产品在市场上流通不畅。有的果菜产区尽管建立了一些果菜批发市场、果菜公司，但由于缺乏对果农、菜农、花农的引导和服务，很多专业市场和果菜公司名不副实，不足以带动果菜流通。

29.3.2 农产品外贸运行机制缺乏效率

目前，我国农产品严重存在产销脱节，产供销、内外贸一体化的行业管理体制混乱，国外产加销与市场是一体的，而我国仍然是产供销分离、贸工农分割的条块管理体制。这种体制下，各项管理、各类服务、各种支持无法统筹协调，也无法有效到位，不适应入世后农产品国际、国内市场一体化的要求。在对外贸易中，现行的外贸体制使销售与生产严重脱节，生产者对国际市场信息和价格行情知道甚少，外贸对国内的生产情况也不甚了解，各地方、各部门各抓各的品种，各搞各的基地，无法形成一个强有力的、高效的运行机制，也难以做到按国际市场需求动态组织对外贸易。另外，我国农产品出口管理混乱，农产品出口缺乏一致对外的协调机制，一些生产经营主体没有出口经营权，不能直接参与出口贸易和了解国际市场信息，而有外贸经营权的企业对生产经营缺乏指导和信息沟通，致使生产经营盲目性大，出现自相残杀的恶性竞争，时常出现货物奇缺失去机会与供给过剩而拥挤在单一的出口市场上竞相压价并存的局面。

29.3.3 出口秩序不规范

目前，各出口企业大多单兵作战，相互之间无序竞争。一方面，出口企业竞相压低出口产品的价格。很多加工企业在没有客户、没有销路、没有流动资金、没有国际贸易常识的情况下，单凭压价来竞争。而外商在对付国内企业上则很有策略，他们不急于订货，总是分头了解各个企业的产品质量和价格，然后由首席谈判代表用一个价格同我们谈判。中国企业都怕自己的产品卖不出去，竞相报出低价，处处被动。另一方面，我国企业间相互缺乏协作和联系，企业间信息保密。中国果蔬加工企业大都是单枪匹马出国考察市场，自己花大力气获得的信息不愿与别的企业分享。与我们相反，国外客商在与我们进行贸易往来时，已实现信息共享，日本在我国各大城市都设有办事处，收集信息，并且互通情报，占据主动。我国内部环境无序竞争使我国蔬菜等园艺产品出口蒙受损失。随着出口蔬菜等园艺产品的发展，其当初的巨额利润刺激了部分国有、集体、个体、合资及外方独资企业的加盟，甚至许多化工进出口公司、纺织进出口公司、汽车进口公司等贸易公司也纷纷做起了出口蔬菜等园艺产品贸易，多方并举的格局虽然促进了蔬菜等园艺产品的出口，但由于缺乏一致对外的协调机制，再加上市场信息不灵，贸易经验不足致使盲目进行生产经营，有时为一己之利，甚至出现恶性竞争。

29.3.4 交通运输等基础设施落后

我国农业界急切盼望加入世界贸易组织后，能扩大中国农产品的出口，使中国农产品更多地进入国际市场。但问题是由于我国目前交通运输等基础设施落后，中国内地农民要想把他们生产的产品，特别是大宗农产品运往沿海港口是非常困难的。相比之下，美国政府在道路等运输设施方面进行了大量投资，使美国农产品能很便捷地从产地运往港口，致使美国农产品的30%用于出口。

29.4 国际市场

29.4.1 国际贸易发展趋势对我国蔬菜等园艺产品出口形成新的压力

当今国际蔬菜等园艺产品市场出现了扩大化、分散化及多元化趋势，虽然世界贸易组织倡导自由贸易，但从各国贸易政策来看，保护主义依然盛行。特别是不引起贸易扭曲的"绿箱政策"为各国保护贸易提供了更隐蔽的空间，其严格的检验检疫制度对发展中国家来说，无疑是一种壁垒。从价格和质量上看，出口蔬菜等园艺产品数量增加，质量呈上升趋势，出口价格总体上呈下跌趋势；从结构上看，蔬菜等园艺产品由初级产品为主逐步转向并呈现以初级产品、精加工品加工制品等多项并举的局面；从营销手段来看，兴起了"绿色营销"，对发展中国家形成了一道"绿色贸易壁垒"。以上诸方面，在一定程度上压抑了我国蔬菜等园艺产品的出口贸易。

29.4.2 国际市场对园艺产品进口限制增多

随着国际市场竞争日趋白热化，美国和欧盟等对进口农产品和食品提出了越来越高的要求，使我国农产品和食品出口面临的技术性限制增多。如美国FDA于1998年4月公布了《最大限度减少新鲜水果、蔬菜细菌污染危险的食品安全卫生指南》，要求在水果、蔬菜汁生产过程中强制推行HACCP体系，在果汁、蔬菜汁产品上推行标签计划；对浓缩果汁的检验范围不断扩大，检验项目达 26 项。对于进口的标有"健康"的生鲜及冷藏食品，美国要求必须符合低脂肪及饱和脂肪含量，规定了每 50 克食物中钠的含量必须降低到 360mg 以下，胆固醇的含量一般不得超过 60mg。新鲜水果和蔬菜食品必须含有 10% 的维生素 A、维生素 C、钙、蛋白质和纤维素等摄取量。对于食品标签的要求，FDA 更是规定得十分详细，其中强制性要求主要包括在食品标签上必须标注产品特性（产品通用或常用名称）、净含量、制造商、包装商或销售商的名称或地址。如果含有两种以上的成分以其通用或常用名称，按所占比例递减的顺序列出。

29.4.3　其他蔬菜等园艺产品输出国与我国出口竞争激烈

以蔬菜为例，目前，美国、泰国、越南等国家和我国台湾地区的蔬菜出口也呈上升趋势，与我国内地出口蔬菜形成一定的竞争。如仅向日本输出蔬菜的国家（地区）多达 70 余个，有几个国家（地区）的蔬菜特别有竞争力，排名前几位的国家和地区为中国内地、美国、新西兰、中国台湾、泰国，特别是美国，近几年来输入日本市场的蔬菜数量显著增加，大有赶超中国内地之势。

29.4.4　我国蔬菜等园艺产品出口品种较少，规模较小，市场单一，潜伏危机

我国农民文化素质偏低，信息不灵和市场意识缺乏，使出口品种较少，规模小，不利于形成大市场、大流通格局。另外，我国蔬菜等园艺产品出口市场主要集中在亚洲，单一的市场结构十分脆弱，难以抵御市场风险，诸如进出口双方经贸关系不良、进口国市场疲软或经济危机等。亚洲金融危机对我国的影响就是明显的教训。近年来韩国、日本等对我国蔬菜出口采取的紧急限制措施等，就是重要的教训。

29.4.5　国际市场开拓力度不足

我国园艺产品及初加工产品的出口市场比较狭窄，绝大部分集中在日本、韩国等亚洲国家，出口市场单一，难以抵御各种风险。造成销售市场不平衡的原因有地域距离、饮食习惯、销售渠道、出口品种等多方面因素。日本、韩国等亚洲国家离我国最近，出口到这些国家的保鲜蔬菜等农产品，几十个小时后就能在市场上销售。这是我们的区位优势的发挥。目前我国企业市场拓展能力仍不强、企业基础管理薄弱、出口品种不对路，也是造成对我国农产品出口少的不容易忽视

的原因之一。此外，一方面我国没有专门从事农产品特别是园艺产品国际市场调研的研究机构，政府职能部门、科研机构对世界园艺产品市场行情的调研不够，导致对国际园艺市场缺乏了解；另一方面企业对我国名、特、优、稀的园艺产品在国际市场上宣传、促销不力，导致外国消费者对我国园艺产品缺乏了解，更不用说大量进口我国产品。

29.4.6 外向拓展人才不足

一是缺乏外向型农业人才，我国农业科技人员中，大部分以从事粮食、棉花栽培技术研究为主，而目前农产品出口则以蔬菜、水果等经济作物为主，农业科技人员不适应结构调整的需要，部分农技人员存在知识老化等问题。二是农民科技文化素质较低，急需加强培训，但缺少足够的师资力量和培训条件。三是缺少外向型农业复合型人才，一些外贸公司从事农产品出口的业务员不懂得农业方面知识，而农产品加工企业的管理人员多数是当地农民，缺乏与外商直接联系和商谈的知识和经验，更缺乏外语基础。

第 30 章
扩大园艺产品出口的对策与建议

30.1 发展战略

　　由于土地资源和财力有限，我国农业不可能也没有必要追求所有的大宗农产品完全自给，应集中农业资源发展收益高、市场潜力大的园艺产品生产，提高农业资源配置效率，通过参与国际竞争获取国际分工和交换的巨大利益。同时，园艺产品比较优势和国际竞争力是相对、动态可变的，需要国家采取持续、有力政策措施强化现有的比较优势，否则其优势有可能在激烈的国际竞争中逐步丧失。在符合 WTO 允许的"绿箱"政策和可免于减让的其他措施的名义下，国家一方面应通过调整国民经济资源分配格局，改变目前农业负保护状态；另一方面要集中财力重点扶持优势产品的生产与贸易，既保证农村稳定，又保证农业比较优势的发挥。加入 WTO 后，只有用好用足 WTO 农业规则，加强国内支持力度，改善园艺产品品质，降低成本，提高生产效率和市场竞争力，才能使园艺产业真正迎接加入 WTO 及农业国际化的挑战。

　　今后外向型园艺产业发展的指导思想是：以国内外市场需求为导向，以科技进步和改革开放为动力，以调整结构与优化布局为主线，以发挥比较优势和提高国际竞争力为核心，改良品种、提高品质、突出加工，建立品牌，降低成本，努力扩大出口，振兴园艺产业，为我国农业和农村经济发展作出更大的贡献。其战略目标是：加快我国园艺产业化、现代化、国际化步伐，尽快实现我国由园艺产品生产大国向园艺产品出口强国的跨越。其主要任务是：力争实现"四大转变"，实施"四大战略"：由粗放经营向集约经营转变，实施发挥比较优势战略；由数量型增长向质量效益型增长转变，实施以质取胜战略；由注重生产和产中环节向突出加工增值和产前、产中与产后三领域整合转变，实施外向型产业化经营战略；由单一出口市场向多元化出口市场转变，实施出口市场多元化开拓战略。

30.2 对策建议

30.2.1 优化生产布局，调整品种结构

按照区域比较优势原则，调整园艺产品的区域布局，以市场为导向，使园艺产品种植向最适应生态区、适宜生态区集中；调整果树树种结构，适当压缩苹果、宽皮柑橘的面积，控制梨的面积，根据国内外市场需求，积极发展名特优新品种和具有特色应时小水果；调整早、中、晚熟品种结构，积极发展早、晚熟品种和反季节栽培，实现早、中、晚熟品种合理搭配，均衡上市；建立规模化的优质园艺类产品生产基地、加工原料供应基地和出口（加工）基地。蔬菜应在现有鲜菜生产布局的基础上，增加花色品种，积极发展无公害蔬菜和绿色食品。优化各类蔬菜加工品的生产布局，形成初加工和保鲜蔬菜、腌制品、干制品（脱水蔬菜）、蔬菜罐头以及蔬菜汤等结构合理格局。花卉的生产布局重在进一步深化发展，花卉产品结构应向切花、时鲜盆花、大型盆栽观叶植物、干（绢）花、室外观赏花卉、绿墙攀缘植物、草坪用绿色草本植物、各类盆景、插花工艺植物等并举的方向发展。当前世界花卉贸易主要品种是鲜切花、盆栽和切叶，三者比例大约为 6∶4∶1，而我国花卉消费中鲜切花产值很低，草坪植物及花卉产品加工业刚刚起步，这方面亟待加强。

30.2.2 强化对园艺产业的科技投入支持

目前，园艺产业的投资基本以农民和企业为主。国家对涉及园艺产业的基础设施、种子种苗体系建设以及新品种选育、技术推广远没有像粮、棉、油那样重视。许多出口产品生产所需的种子（种苗）不得不花费外汇从国外高价购买，成本上升，竞争力减弱。当前，园艺科技人员匮乏、科技水平落后、科技含量低已成为制约我国园艺业发展的重要因素。因此，今后要把促进科技进步摆到重要位置上来抓。一是要把园艺新品种选育和应用新技术研究作为重点，组织科技攻关，加快开发新品种和实用新技术；二是加大科技成果的推广力度，促进科技成果的转化；三是加强园艺科学知识的普及和实用新技术培训。

今后加大投入的重点是增加科技投入，优化产品结构：①利用我国农业资源优势，开发和培植出口新产品，充分挖掘风味独特、品质优良的蔬菜等园艺品种，把零星种植的地方性特产开发为商品化的大规模生产，并培育为出口商品；②加强科技攻关，增加科研投入，除利用高新技术培育高产值新品种外，还应研究相应的配套技术，改进出口园艺产品加工工艺和包装，搞好管理，以提高产品

质量、开发新品种；③加速引进国外优良品种和先进技术，经"本土化"后培育成出口新品种。

30.2.3 建立健全收入支持体系

根据 WTO 国内支持"微量允许标准"条款，我国对农产品价格支持和补贴还有较大的调节空间，今后的重点是加大对出口产品的价格支持和相关的生产资料补贴力度。借鉴国际经验逐步减少对流通环节的补助，把支持与补贴的重点转向生产者。同时，还应通过建立农业收入支持体系来稳定农业生产者收入。国家可以考虑成立政策性农业保险机构，向外向型园艺产品生产提供保险，由各级财政设立灾害保险补助金，对农业保险提供保费补助。既保证了生产者在发生自然灾害时不受大的经济损失，保持外向型园艺产品的生产能力，又能使农业保险经营者正常运行。

30.2.4 制订优惠的税收政策和金融政策

建议免征外向型园艺产品的农林特产税，生产所需进口的种子免征进口关税，将其产品的出口退税率达到与其他产品同等水平。对出口规模较大、产品质量高、效益好和资信度高的龙头企业，国家应给予政策性信贷支持，提供长期低息的出口企业专项贷款以及出口基金补助。对符合条件的大型民营出口企业，准许上市发行股票，直接到社会融资。

30.2.5 加强良种繁育、标准与监测、市场信息服务三大体系建设

园艺作物良种繁育体系是园艺产业发展的基础。"十五"期间，在"种子工程"中，重点向园艺作物倾斜，加大投入力度，实施园艺作物种苗工程。建设国家级和省级蔬菜工厂化育苗中心、组培中心、果树脱毒中心、种质资源保存中心、果茶花良种苗木繁育场。各地也要增加相应投资，建设地、县级母本园和苗圃。

建立健全园艺产品标准和监测体系，对于发展外向型园艺产业至关重要。"十五"期间，要以提高园艺产品质量、安全、卫生水平为目标，组织实施"无公害食品行动计划"。加快制（修）订园艺产品品种、生产、加工、质量安全、包装、储运方面的国家标准和行业标准，优先制订符合国际市场要求食用园艺产品的无公害、绿色、有机标准，尽快与国际标准接轨。宣传推广良好农业规范（GAP）、良好操作规范（GMP）、危害分析和关键点控制（HACCP）、国际标准体系（ISO9000、ISO14000）等现代卫生安全质量保证体系。同时，要建立健全

园艺产品质量监督检验中心，推行质量认证和标志制度，建立双边和多边质量互认机制。对我国特有的、具有自主知识产权的园艺产品，要加强保护。组织开展原产地保护试点。

市场与信息体系建设滞后是当前园艺产业发展的"瓶颈"。要按照园艺产品大多是鲜活、易腐以及商品率高等特点，在主产区改、扩建一批产地批发市场。积极发展配送、连锁等多种业态的现代物流方式，扩大电子商务、拍卖等现代交易手段。加强国内市场流通体系建设，打破地区封锁和垄断，减少园艺产品流通的中间环节，以降低成本，并建设好农产品集散、配送、储藏、拍卖及营销信息系统。加快建立果品、蔬菜、花卉、茶叶、中药材等专业信息网站，及时、准确地收集、分析、预测、发布园艺产品的生产、加工和进出口贸易信息。建立出口市场信息网络，在蔬菜、果树、花卉网上设立专栏，及时向出口企业发布国际市场产品信息、各国农产品市场情况、进口标准和法律法规。

30.2.6 提高园艺产品质量和产后处理水平

没有高档、优质的园艺产品，就难以开拓和占领国际市场，甚至连已有的市场份额和优势都会丧失，要大力开发和推广符合国际市场需求的优质品种，通过技术创新，普及配套技术，进行标准化生产，发展深加工、精加工产品出口，开拓国际高档农产品市场。改善园艺产品加工、包装、储藏、运输条件，加强产后商品化处理和储运设施的硬件建设，保证产品及时得到处理，以及根据市场供需状况，灵活上市，延长供应期。

积极调整出口结构，发展园艺深加工产品出口。目前，我国农产品的出口结构不合理，初级农产品出口占80%，深加工产品仅占20%，而据有关方面分析测算，发达国家农产品的加工品占其总生产量的90%以上，加工转化后产值至少可增加2至3倍。而我国农产品加工量只占其总产量的25%左右，加工产值只增加30%左右。

30.2.7 积极培育参与市场竞争的经营主体

鼓励和规范农民专业合作经济组织，提高农民的组织化程度。改善政策环境，推动农业产业化经营，加强农业社会化服务体系建设，扶持龙头企业、专业性服务组织和市场中介组织，大力培育民营企业，使其成为参与市场竞争的主体。建议中央和地方设立专项资金，扶持一批外向型园艺产业化经营的重点项目，发挥示范作用和带动效应。积极扶持一批园艺产品营销公司，树立中国名优园艺产品形象，做好产品广告宣传。园艺产品生产上的比较优势只是参与国际竞争、扩大市场份额的潜在基础，没有竞争主体、营销公司的介入，园艺产品的比较优势并不能真正实现。应通过政策倾斜，培育竞争主体、发展营销公司、加强产品形象策划、创立名牌产品、促进国际竞争、扩大国际市场占有率，这是实现园艺产品比较优势的关键。开拓国际市场所需费用，除主要由企业或行业组织负担外，国家财政也应给予适当补助。

扶持一批产业化经营的园艺产品出口企业，鼓励大型企业进入园艺产品出口领域。大型企业更容易达到产品出口的国际标准，不少还具有国际分支机构，能保证市场稳定。因此，国家应采取各种形式，按照市场规律，引导组建综合性的企业集团，按照国际标准组织生产，走向出口，同时扶持一批中小型产业化经营的出口企业，提供政策和资金支持，帮助它们成为"龙头企业"。

30.2.8　理顺出口管理体制及其他扶持政策

制订支持农产品出口的系列政策如增加农产品出口信贷、提高农产品出口退税比例、改变现行农产品出口配额方法、适当降低农业特产税，等等。①要保持出口鼓励政策的稳定性。一是加强政策性金融支持，完善出口信贷和出口信用保险的经营机制，为扩大蔬菜产品出口提供优惠的融资条件及配套的金融和保险服务；二是制订合理的出口退税率并保证实施，以增加出口企业的经营信心和维护正常出口秩序。②要搞好蔬菜等园艺产品出口市场的信息交流及生产经营指导工作，以便及时调整生产经营品种，适应国际市场变化。③要搞好蔬菜等园艺产品出口市场的整顿与管理。为适应国际市场经济秩序的要求，用法律手段加以管理，促进出口，并注重出口秩序，形成"协调一致、统一对外"的秩序。④国家外经贸部对符合条件的大型农业运销企业，优先给予出口权，并简化出口手续。商检部门要搞好服务，简化检疫手续。出口企业用水、用电的收费要按照农业企业对待。

参 考 文 献

祁春节.1997.中国外向型农业发展的模式与对策研究.农业现代化研究,(4).

祁春节.1997.发展外向型农业的依据、模式与对策研究.江西农业经济,(1).

祁春节.2000.从加入WTO对农业的影响看中国园艺产业的发展前景.华中农大学报（自然科学版增刊）32,(8).

祁春节.2000.加入WTO对中国园艺产业的影响.农业结构调整与农业产业化问题研究（中国农学会2000年学术年会论文集）.北京：中国农业出版社.

祁春节.2001."入世"与中国水果业：影响及应对措施.国际贸易问题,(1).

祁春节.2001."入世"后县域农业经济的发展战略与应对策略.经济问题,(4).

306